AF571097

EUL
VERLAG

Universität Augsburg
Wirtschaftswissenschaftliche Fakultät

Internet Kills the Physical Store!?
Der Einfluss einer Multikanalstrategie auf den Unternehmenserfolg im Vergleich zur internetbasierten oder stationären Einkanalstrategie: Empirische Überprüfung eines Kontingenzmodells

Dissertation zur Erlangung des Doktorgrades der Wirtschaftswissenschaften (Dr. rer. pol.)

vorgelegt von
Julia Vogel, Master of Arts (Medienmanagement)
im Juni 2015

Erstgutachter:	Prof. Dr. Michael Paul
Zweitgutachter:	Prof. Dr. Heribert Gierl
Vorsitzender der mündlichen Prüfung:	Prof. Dr. Marcus Wagner

Datum der mündlichen Prüfung:	24.09.2015

Reihe: Marketing und Medien · Band 8

Herausgegeben von Prof. Dr. Thorsten Hennig-Thurau, Münster

Dr. Julia Vogel

Internet Kills the Physical Store!?

Der Einfluss einer Multikanalstrategie auf den Unternehmenserfolg im Vergleich zur internetbasierten oder stationären Einkanalstrategie: Empirische Überprüfung eines Kontingenzmodells

Mit einem Geleitwort von Prof. Dr. Michael Paul, Universität Augsburg

Bibliografische Information der Deutschen Nationalbibliothek

Die Deutsche Nationalbibliothek verzeichnet diese Publikation in der Deutschen Nationalbibliografie; detaillierte bibliografische Daten sind im Internet über <http://dnb.d-nb.de> abrufbar.

Dissertation, Universität Augsburg, 2015

ISBN 978-3-8441-0426-4
1. Auflage November 2015

JOSEF EUL VERLAG GmbH
Brandsberg 6
D-53797 Lohmar
Tel.: +49 (0) 22 05 / 90 10 6-6
Fax: +49 (0) 22 05 / 90 10 6-88
http://www.eul-verlag.de
info@eul-verlag.de

Bei der Herstellung unserer Bücher möchten wir die Umwelt schonen. Dieses Buch ist daher auf säurefreiem, 100% chlorfrei gebleichtem, alterungsbeständigem Papier nach DIN 6738 gedruckt.

Geleitwort

Die Handelswelt hat sich in den letzten zwei Jahrzehnten dramatisch verändert. Der wachsende Onlinehandel führt in einem stagnierenden Gesamtmarkt bei meist schwachen Margen zu einem Verdrängungswettbewerb, der traditionelle stationäre Händler massiv unter Druck gesetzt hat. Durch die rückläufigen Kundenfrequenzen in den Ladengeschäften drohen die Innenstädte kleinerer und mittelgroßer Städte zu veröden, der Einkaufsbummel wird immer seltener und die Abwärtsspirale des stationären Handels weiter angetrieben. Herstellerunternehmen bauen mit vertikalen Konzepten weiteren Wettbewerbsdruck auf. Einige große traditionelle Händler sind durch diese Entwicklungen bereits in Schieflage geraten oder sogar vom Markt verschwunden.

Die Antworten des stationären Handels auf diesen Strukturwandel bestehen neben der Schaffung von Erlebniswelten im Ladengeschäft, vor allem in der Einführung des Internets als Vertriebskanal hin zu einer Multikanalstrategie. Die Einführung und Koordination neuer Kanäle erfordern jedoch große Investitionen und bedeuten ein großes Maß an Komplexität, was vielen stationären Händlern erkennbar schwer fällt. Bei der Frage, wie vor diesem Hintergrund die Zukunft des Handels aussieht, gehen die Meinungen weit auseinander: Während manche den reinen Onlinehandel als langfristig dominierende Kanalstrategie sehen, sehen andere die Zukunft in einer Multikanalstrategie. Dem rein stationären Handel räumen die allerwenigsten Experten Überlebenschancen ein.

Seit gut 15 Jahren befasst sich die Marketingdisziplin mit dem Thema Multikanalmarketing. Hinsichtlich der zentralen Frage, wie viele und welche Vertriebskanäle Händler anbieten sollten, und welchen Einfluss dies auf den finanzwirtschaftlichen Erfolg der Unternehmen hat, hat sich die bisherige Forschung vor allem mit den einmaligen Auswirkungen des Hinzufügens eines neuen Kanals befasst (z.B. das Hinzufügen des Internets zum stationären Geschäft). Nahezu unberücksichtigt ist bislang die Frage, welche Auswirkungen das kontinuierliche Verfolgen einer Multi- versus Einkanalstrategie (internetbasiert oder stationär) auf den Unternehmenserfolg hat. Da zunehmend reine Onlinehändler existieren und viele neue Händler von Beginn an eine Multikanalstrategie verfolgen, ist ein solcher Vergleich sowohl möglich als auch zunehmend relevant. An dieser Stelle setzt die Arbeit von Frau Vogel an. Darüber hinaus nimmt sie angesichts inkonsistenter Haupteffekte in der bestehenden Forschung eine Kontingenzperspektive ein und unterscheidet als Erste systematisch zwischen kurz- und langfristigen Auswirkungen von Kanalstrategien.

Frau Vogel entwickelt in ihrer Arbeit ein konzeptuelles Kontingenzmodell des Erfolgs von Kanalstrategien und leitet entsprechende Hypothesen ab. Sie identifiziert fünf bislang unerforschte äußerst relevante Kontingenzfaktoren, und zwar die generische Wettbewerbsstrategie (Differenzierung vs. Kostenführerschaft), Produkttyp (sensorisch vs. nicht-sensorisch), Kaufhäufigkeit, Marktdynamik und Multikanalwettbewerb. Als Grundlage für die Hypothesenentwicklung dient ihr eine überzeugende Klassifikation unterschiedlicher erfolgsfördernder und -hemmender Mechanismen von Kanalstrategien auf der Nachfrage- und Angebotsseite. Auf Basis dieser Mechanismen gelingt es ihr sehr stringent, Hypothesen zu den kurz- und langfristigen Wirkungen einer Multikanalstrategie im Vergleich zu Einkanalstrategien (internetbasiert oder stationär) unter Berücksichtigung der Kontingenzfaktoren herzuleiten.

In einer umfassenden empirischen Untersuchung auf Basis einer Panel-Stichprobe von 191 US-amerikanischen Händlern im Zeitraum von 1994 bis 2012 testet Frau Vogel ihre Hypothesen anhand einer (moderierten) Regressionsanalyse mit panelkorrigierten Standardfehlern. Zur Messung zentraler Variablen führt sie eine äußerst aufwändige Inhaltsanalyse auf Basis umfassender Quellen und Dokumente durch. Zehn der zwölf Hypothesen werden empirisch bestätigt, was die Güte der Hypothesenentwicklung unterstreicht. Ein Haupteffekt der Kanalstrategie zeigt sich wie erwartet nicht. Die Ergebnisse der Arbeit von Frau Vogel zeigen, dass keine Kanalstrategie kurz- oder langfristig generell erfolgreicher ist, sondern dass der finanzwirtschaftliche Erfolg einer Kanalstrategie von unternehmens-, produkt- und marktbezogenen Kontingenzfaktoren abhängt. Sowohl eine Multikanalstrategie als auch beide Einkanalstrategien können unter passenden Bedingungen erfolgreich sein. Interessant ist sicherlich die Erkenntnis, dass selbst eine rein stationäre Kanalstrategie in bestimmten Konstellationen Erfolg versprechend sein kann. Frau Vogel gleicht ihre Ergebnisse mit bestehenden Erkenntnissen in der Forschung ab und gibt zahlreiche Empfehlungen für die Unternehmenspraxis.

Zusammenfassend lässt sich sagen, dass die Arbeit von Frau Vogel sowohl für die Multikanalforschung als auch für die Handelspraxis höchst relevante Erkenntnisse beinhaltet. Ich wünsche der Arbeit eine breite Akzeptanz und Aufnahme in Forschung und Praxis.

Augsburg, im Oktober 2015 Prof. Dr. Michael Paul

Vorwort

Die vorliegende Arbeit wurde im September 2015 als Dissertation an der Wirtschaftswissenschaftlichen Fakultät der Universität Augsburg angenommen. Ich möchte meinem Doktorvater und Erstgutachter Prof. Dr. Michael Paul für seine Betreuung inklusive der zahlreichen, klugen Hinweise zur Verbesserung des Projekts danken, welche mir neben einer intensiven wissenschaftlichen Ausbildung vor allem Präzision und Aufgeschlossenheit gegenüber neuen Ansätzen lehrte. Prof. Dr. Heribert Gierl danke ich für die zügige Zweitbegutachtung der Dissertationsschrift. Mein Dank gilt außerdem diversen international tätigen Mitgliedern der Forschungsgemeinschaft, die mich in dem Projekt bei Konferenzen und Fachkursen mit vielfältigen Ideen und kritisch-konstruktiven Anmerkungen voranbrachten.

Darüber hinaus danke ich vor allem meinem lieben Ehemann, Marcus Vogel, der mich während meiner gesamten Promotionszeit ganz selbstlos unterstützt und dabei wertvolle gemeinsame Qualitätszeit geopfert hat. In jeder Phase dieser Zeit konnte ich auf ihn zählen. Ein besonderer Dank gilt auch meiner Familie, insbesondere meiner Schwester Bettina Paul und meiner Mutter Ines Beckmann, die mir eine hilfreiche Stütze waren und stets Verständnis zeigten. Ich danke allen Freunden und Kollegen, die ich auf diesem Weg um Rat gefragt oder gar vernachlässigt habe. Ihre hilfreichen Ratschläge und ihr Entgegenkommen haben mich beruflich sowie persönlich weitergebracht.

Ich widme dieses Buch meinem Vater, Jürgen Beckmann. Er hat mich von Beginn an in der Idee einer Promotion unterstützt und mich auch noch nach seinem plötzlichen Abschied entscheidend motiviert. Die Erinnerungen an seine Begeisterung von meinem Vorhaben und an seine optimistische Natur haben mich stets ermutigt und vorangetrieben, womit er wesentlich zum Gelingen dieses Projekts beigetragen hat.

München, Oktober 2015 Julia Vogel

Inhaltsverzeichnis

Abbildungsverzeichnis

Tabellenverzeichnis

Abkürzungsverzeichnis

AMA	American Marketing Association
B2C	Business-to-Consumer
CLV	Customer Lifetime Value
FE	Fixed Effects
GICS	Global Industry Classification Standard
H	Hypothese
LR	Likelihood-Ratio
Max.	Maximum
MBV	Market-Based View
MK	Multikanal
Min.	Minimum
MW	Mittelwert
N	Anzahl der Beobachtungen
NAIC	North American Industry Classification
n.a.	nicht anwendbar
OLS	Ordinary Least Squares
PCSE	Panel Corrected Standard Errors
PRL	Proportional Reduction in Loss
RBT	Resource-Based Theory
RBV	Resource-Based View
RE	Random Effects
SCP	Structure Conduct Performance
SIC	Standard Industry Classification
Std.-Abw.	Standardabweichung
VIF	Variance Inflation Factor

1. Einleitung

1.1 Relevanz der Problemstellung

"Video killed the radio star.
Video killed the radio star.
In my mind and in my car, we can't rewind we've gone too far.
Pictures came and broke your heart, put the blame on VTR."
(The Buggles, 1979)

Der vorstehend zitierte Liedtext aus dem Buggles-Hit „Video Killed the Radio Star“ der 1980er Jahre repräsentiert die befürchtete Bedrohung des Mediums Radio durch die seinerzeit neuartige Videotechnik. Damit beschreibt er eine futuristische Vision, in welcher das Fernsehmedium das Radio komplett ersetzen würde. Abstrahiert symbolisiert das Lied den generellen Ersatz gewohnter Medien durch neue Technologien. Ähnliche Befürchtungen kursieren aktuell hinsichtlich der Verbreitung des Mediums Internet und seiner rasant wachsenden kommerziellen Nutzung. In diesem Falle befürchten Manager die Verdrängung des traditionellen Vertriebskanals, also den der stationären Geschäfte, weil dieser bestimmte konsumrelevante Funktionen des neuen Mediums Internet nicht erfüllen kann. Daraus ergibt sich schließlich die Frage: „Does Internet kill the physical store?“

Die Statistiken zu Umsätzen und Wachstumsraten des Internethandels sprechen dafür. So haben die Internetumsätze des Buchhandels in den USA die stationären Umsätze in 2013 bereits überstiegen (z.B. aap und BISG 2013). Darüber hinaus erwarten Experten ein Wachstum der E-Commerce-Umsätze im US-amerikanischen Markt von $304,1 Milliarden in 2014 auf $491,5 Milliarden in 2018 (eMarketer 2014). Derlei Fakten verleiten Manager, wie beispielsweise den Geschäftsführer des Internetunternehmens Everlane, zu folgender Aussage: „We are going to shut the company down before we go to physical retail." (Dishman 2012). Vor diesem Hintergrund verbreitet sich unter Praktikern und Forschern zunehmend die Annahme, E-Commerce bilde die Zukunft des Handels und der physische Handel sei regressiven Entwicklungen ausgesetzt.

Als strategische Antwort auf das Wachstum des Onlinemarkts fügen die traditionell stationären Händler häufig einen Internetshop zu ihren Ladengeschäften hinzu, um wettbewerbsfähig zu bleiben (e.g., Geyskens, Gielens und Dekimpe 2002; Herhausen et al. 2015; Lee und Grewal 2004). Allerdings brachte dies, insbesondere in den ersten Jahren des Internethandels, auch einige Herausforderungen für die Händler mit sich. So haben traditionell stationäre Händler häufig nicht die Ressourcen und Fähigkeiten, den Dynamiken reiner Internethändler standzuhalten, was im Falle der US-amerikanischen Buchhandelskette Borders.com im Jahre 2011 sogar zur Insolvenz führte (Sanburn 2011). Dennoch existiert eine sehr hohe Anzahl an Multikanalhändlern, was bereits Studien aus den Jahren 2005 und 2008 bestätigen, indem diese bei großen Händlern einen Anteil an Multikanalhändlern von über 80% berichteten (DMA 2005; Kilcourse und Rowen 2008). Diese begründen ihren Erfolg hauptsächlich damit, den Kunden durch mindestens zwei Vertriebskanäle mit unterschiedlichen wertstiftenden Eigenschaften mehr Wert und Auswahl offerieren zu können als reine Internethändler (Zhang et al. 2010). Schon zu Anfangszeiten des Internethandels postulierten internationale Forscher, dass „the use of multiple channels of distribution is now becoming the rule rather than the exception“ (Frazier 1999, S. 232). Hierunter zählen nicht nur Multikanalhändler, deren Ursprung im stationären Kanal liegt; vielmehr existieren auch Internethändler, die stationäre Geschäfte als Distributionskanal hinzufügen (Avery et al. 2012; Pauwels und Neslin 2015). Diese Entwicklungen liefern der Annahme, die Zukunft des Handels läge allein im Onlinehandel, schließlich Gegenargumente, die zu dem folgenden Schluss führen: "Whatever the retail question, right now multichannel is the answer!" (Rigby 2014, p. 1).

Diese kontroversen Entwicklungen in den letzten zwei Jahrzehnten führten zu einer aktuellen Debatte in der Marketingforschung und –praxis, die den reinen Internethandel dem Multikanalhandel gegenüberstellt. Während die eine Seite die Zukunft des Handels ausschließlich im Internetkanal sieht, ist die andere Seite von Multikanalangeboten als Erfolgsfaktor von Handelsunternehmen der Zukunft überzeugt (Herhausen et al. 2015). Schließlich betrachten beide Standpunkte der Debatte das Internet als zukunftsfähigen Distributionskanal, der womöglich die rein stationären Händler in ihrer Existenz bedroht. Hierbei glauben jedoch nur die Befürworter des Multikanalhandels, dass stationäre Händler in Zukunft überlebensfähig sein können, nämlich indem sie ihre Produkte und Leistungen über mehrere Kanäle vertreiben.

1.2 Beiträge der Forschungsarbeit

Diese Forschungsarbeit bereichert die vorstehend erläuterte Debatte, indem sie den kurz- und langfristigen Erfolg einer Multikanalstrategie mit dem einer Einkanalstrategie von Ladengeschäfts- oder Internethändlern systematisch gegenübergestellt und dabei unterschiedliche Rahmenbedingungen berücksichtigt. Im Zuge dessen fordert sie beide Ansichten der Debatte heraus, indem sie nicht explizit einen der beiden Standpunkte vertritt, aber dennoch Argumente für beide Seiten liefert. So wird angenommen, dass a) beide Strategien, eine reine Internetstrategie und eine Multikanalstrategie, erfolgreiche Kanalstrategien sein können und b) sogar eine rein stationäre Strategie unter bestimmten Bedingungen erfolgversprechender sein kann. Hierbei konzentriert sich die Arbeit auf den finanzwirtschaftlichen Erfolg, weil die Auswahl von Distributionskanälen eine wichtige und irreversible Marketingentscheidung darstellt (Frazier 1999), die sich letztlich im ökonomischen Endresultat des Unternehmens widerspiegeln sollte.

Bisherige Forschung zum finanzwirtschaftlichen Erfolg von Kanalstrategien konzentriert sich hauptsächlich auf Kanalerweiterungen, anstatt unterschiedliche Kanalstrategien zu vergleichen. Diese Literatur untersucht Auswirkungen des Hinzufügens eines Internetkanals zu stationären Geschäften (Geyskens, Gielens und Dekimpe 2002; Lee und Grewal 2004) oder einer Kanalerweiterung generell (Homburg, Vollmayr und Hahn 2014), vergleicht dabei jedoch nicht beide Arten von Einkanalstrategien mit einer Multikanalstrategie. Der Fokus der existierenden Studien ist dementsprechend eng gefasst, insofern als sie sich auf Kanalveränderungen innerhalb von Unternehmen konzentrieren. Dabei werden Unternehmen ignoriert, die von Beginn an das Internet oder mehrere Distributionskanäle nutzen oder reine Internethändler sind. Es existiert eine Studie, die die reine Internetstrategie einer Multikanalstrategie gegenüberstellt (Min und Wolfinbarger 2005), jedoch analysiert diese den Markterfolg anstelle des Finanzerfolgs. In Abgrenzung zu letzterem fokussiert der Markterfolg die Auswirkungen einer Strategie auf das Konsumentenverhalten und den Wettbewerb und gilt damit als vorgelagertes Zwischenergebnis.

Darüber hinaus lassen inkonsistente Ergebnisse zu den Haupteffekten einer Kanalerweiterung vermuten, dass keine Kanalstrategie per se erfolgreicher ist, sondern deren Rahmenbedingungen von Relevanz sind (Geyskens, Gielens und Dekimpe 2002; Lee und Grewal 2004). Einige Forschungsstudien zur Kanalerweiterung betrachten deshalb ausgewählte Kontingenzfaktoren (Geyskens, Gielens und Dekimpe 2002; Homburg, Vollmayr und Hahn 2014; Lee und Grewal 2004; Pentina, Pelton und Hasty 2009). Die einzige Studie zum Vergleich von reinen Internethändlern mit Multikanalhändlern fokussiert jedoch Haupteffekte der Kanalstrategien (Min und Wolfinbarger 2005).

Des Weiteren erscheint es zweckmäßig, kurz- und langfristige finanzwirtschaftliche Auswirkungen einer Kanalstrategie zu betrachten. Die vergleichsweise junge Historie des Internetkanals legt die Vermutung nahe, Marktteilnehmer würden sich noch im Lernprozess bezüglich der vollen Ausschöpfung aller Internet- und Multikanalpotenziale befinden, was eine zeitliche Differenzierung und Gegenüberstellung der Effekte erfordert. Bisherige Studien betrachten den Unternehmenserfolg entweder auf kurze (Avery et al. 2012; Biyalogorsky und Naik 2003; Deleersnyder et al. 2002; Min und Wolfinbarger 2005; Pauwels und Neslin 2015) oder lange Sicht (Geyskens, Gielens und Dekimpe 2002; Homburg, Vollmayr und Hahn 2014; Lee und Grewal 2004; Pentina, Pelton und Hasty 2009). Tabelle 1 gibt einen Überblick über die Forschungsbeiträge dieser Arbeit in Abgrenzung zu bisherigen Forschungsstudien.

Tabelle 1: Forschungsbeiträge in Relation zu bisherigen Studien im Forschungsfeld

	Kanalerweiterung	**Kanalstrategie**
Haupteffekt	Avery et al. (2012) [K] Biyalogorski und Naik (2003) [K] Deleersnyder et al. (2002) [K] Pauwels und Neslin (2015) [K]	Min und Wolfinbarger (2005) [K]
Kontingenzfaktoren	Geyskens et al. (2002) [L] Homburg et al. (2014) [L] Lee und Grewal (2004) [L] Pentina et al. (2009) [K]	Diese Forschungsstudie [K & L]
K = kurzfristiger Erfolg; L = langfristiger Erfolg		

Quelle: Eigene Darstellung.

Entsprechend dieser Darstellung blieben die folgenden Fragen bisher unbeantwortet: Kann eine Multikanalstrategie, bestehend aus mindestens Internet und stationären Geschäften, mit reinen Internethändlern hinsichtlich ihres finanzwirtschaftlichen Erfolgs konkurrieren? Falls ja, unter welchen Bedingungen? Ist es unter irgendwelchen Bedingungen noch empfehlenswert, eine rein stationäre Strategie zu verfolgen? Diese Forschungsarbeit zielt darauf ab, die vorstehenden Fragen zu beantworten und leistet im Zuge dessen drei Beiträge zur aktuellen Forschung:

Erstens vergleicht die Studie eine Multikanalstrategie mit unterschiedlichen Einkanalstrategien, anstatt nur den spezifischen Fall von Kanalerweiterungen zu betrachten. Demzufolge berücksichtigt die Forschungsstudie auch Unternehmen, die seit ihrer Gründung Internethändler waren (wie z.B. Bioscrip Inc. oder Amazon.com), die als Multikanalhändler begannen (wie z.B. Gamestop Corp.) oder Kanäle im Zeitverlauf aus ihrem Portfolio entfernt haben (wie z.B. Bluefly Inc.). Deshalb lassen die Ergebnisse der Studie Schlussfolgerungen bezüglich des Erfolgspotenzials von Multikanal- und Einkanalstrategien zu, was bisherige Forschung schon mehrfach forderte (z.B. Gielens und Geyskens 2012; Herhausen et al. 2015). Es interessieren somit nicht die direkten Effekte einer Veränderung der Strategie, sondern deren generelles Erfolgspotenzial, was die Generalisierbarkeit der Ergebnisse erhöht. Als Basis für die Einteilung von Unternehmen in Einkanal- und Multikanalhändler stellt die Forschungsarbeit unterschiedliche konsumrelevante Eigenschaften der einzelnen Kanäle gegenüber und identifiziert darauf aufbauend übergeordnete Kanaltypen. Bisherige Forschung unterscheidet überwiegend zwischen direkten und indirekten Kanälen (z.B. Coelho, Easingwood und Coelho 2003; Frazier 1999; Kabadayi, Eyuboglu und Thomas 2007), was auf den Handel nicht übertragbar ist. Demnach besteht ein Bedarf an einer allgemeingültigen Differenzierung von Kanaltypen im Handel, welchen die vorliegende Arbeit mithilfe einer extensiven Literaturdurchsicht decken will.

Zweitens widmet sich die Arbeit der Herleitung und empirischen Überprüfung eines umfangreichen Kontingenzmodells zum Erfolg einer Kanalstrategie unter Anwendung der Theorie des strategischen Dreiecks (Ohmae 1991). Entsprechend der Kontingenztheorie des strategischen Managements (Ginsberg und Venkatraman 1985; Venkatraman 1989), interessiert sich die Studie für die Rahmenbedingungen einer erfolgreichen Kanalstrategie, anstatt sich auf Haupteffekte zu konzentrieren. Hierbei findet die 3C-Theorie Anwendung (Ohmae 1991), um relevante Kontingenzfaktoren zu identifizieren, die in bisherigen Studien nicht betrachtet wurden (z.B. Multikanalwettbewerb, Produkttyp, Kauffrequenz). Grundlage für die Herleitung der Wirkungsweisen unterschiedlicher Kontingenzfaktoren bilden die in dieser Arbeit zusammen-getragenen Erfolgsmechanismen einer Multikanalstrategie im Vergleich zu einer Einkanalstrategie. Die Arbeit liefert erstmalig eine vollständige und überschneidungsfreie Übersicht von erfolgsfördernden und erfolgshemmenden Mechanismen einer Multikanalstrategie, die letztlich durch unterschiedliche Kontingenzfaktoren verstärkt oder abgeschwächt werden, woraus sich Hypothesen zu deren Wirkungsweise ableiten lassen. Forschung und Praxis sollten sich künftig bei der Untersuchung des Erfolgs von Kanalstrategien auf die identifizierten Erfolgsmechanismen und Kontingenzfaktoren beziehen.

Drittens werden die kurz- und langfristigen finanzwirtschaftlichen Effekte einer Kanalstrategie systematisch gegenübergestellt, indem deren Auswirkungen auf Cashflow und Tobins Q betrachtet werden. Als theoretische Basis erstellt die Arbeit zunächst einen umfassenden Überblick über relevante Charakteristika von Erfolgskennzahlen, um daraus schließlich die für diese Arbeit zielführenden Maße abzuleiten. Dieser Überblick ist ebenfalls einzigartig in der bisherigen Forschung zum wertbasierten Marketing. Aufgrund der strategischen Relevanz einer Kanalstrategie erscheint es besonders wichtig, die nachgelagerten Auswirkungen einer Marketingstrategie auf den Unternehmenserfolg zu betrachten, was durch die ausgewählten Kennzahlen des Finanzerfolgs gewährleistet ist. Da die Wirkungsweise unterschiedlicher Kontingenzfaktoren zeitlich variieren kann, trägt die Unterscheidung zwischen kurz- und langfristigen Effekten wesentlich zum Erkenntnisgewinn bei. Schließlich zeigen die Ergebnisse der Arbeit, dass je nach Kontingenzfaktoren, Multikanal- und beide Einkanalstrategien auf kurze und lange Sicht erfolgreich sein können. Die Ergebnisse tragen zur Theorieentwicklung im strategischen Multikanalmarketing bei und liefern Managern eine ausführliche Entscheidungs-grundlage für die Wahl einer erfolgreichen Kanalstrategie. Darüber hinaus wird die aktuelle Debatte zwischen Online- und Multikanalhandel mit differenzierten Argumenten bezüglich der Zukunft des Handels angereichert.

1.3 Vorgehen der Forschungsarbeit

Die Vorgehensweise der Forschungsarbeit gestaltet sich wie folgt: Zunächst werden dem Leser in Kapitel 2 theoretische Grundlagen zum strategischen Multikanalmarketing nähergebracht, wobei Begriffe definiert und relevante Theorien des strategischen Marketings vorgestellt werden (siehe Kapitel 2.1). Darüber hinaus werden in Abschnitt 2.2 Definitionen des Multikanalmarketings und einer Multikanalstrategie erarbeitet und Typen von Distributionskanälen auf Basis ihrer Eigenschaften unterschieden. Kapitel 3 ist dem Forschungsüberblick zur Literatur im Multikanal-marketing gewidmet, mit dem Ziel, die vorliegende Arbeit hinsichtlich ihrer Forschungsbeiträge von Erkenntnissen aktueller Forschung abzugrenzen. In Kapitel 4 wird ein konzeptuelles Kontingenzmodell zum finanzwirtschaftlichen Erfolg von Kanalstrategien hergeleitet. Die Identifikation von erfolgsfördernden und erfolgshemmenden Mechanismen einer Multikanal-strategie (siehe Kapitel 4.3) dient hierbei als Grundlage der logischen Herleitung von Hypothesen in Kapitel 4.4. Anschließend wird das konzeptuelle Modell in einer empirischen Studie unter Kapitel 5 validiert. Im Zuge dessen werden die hergeleiteten Hypothesen unter Verwendung eines Datensatzes mit 191 US-Händlern mittels Regressionsanalyse mit panelkorrigierten Standard-fehlern empirisch überprüft. Weiterführende Analysen dienen im Anschluss der genaueren Interpretation der Ergebnisse (siehe Kapitel 5.5). Unter Kapitel 5.6 werden alle Ergebnisse der empirischen Studie diskutiert. Das darauffolgende Kapitel 6 enthält die Limitationen der Forschungsstudie (siehe Kapitel 6.1) und leitet aus den Ergebnissen Implikationen für künftige Forschungsarbeiten und die Wirtschaftspraxis ab (siehe Kapitel 6.2 und 6.3). Die Forschungsarbeit endet mit einem kurzen Fazit, das einen Gesamtüberblick über die Arbeit liefert.

2. Strategisches Marketing und Multikanalmarketing: Theoretischer Hintergrund

Kapitel 2 ist der Einführung in grundlegende Theorien und Hintergründe zum strategischen Marketing und zum Multikanalmarketing gewidmet, wobei im ersten Teil das strategische Marketing und Kennzahlen des Unternehmenserfolgs präsentiert werden. Der zweite Teil gibt einen Überblick über das Multikanalmarketing und dessen strategische Ausrichtung.

2.1 Strategisches Marketing und Unternehmenserfolg

2.1.1 Definitionen und Verortung

2.1.1.1 Strategisches Marketing

2.1.1.1.1 Marketing

Um die Begriffe der Marketingstrategie und des strategischen Marketings definieren zu können, bedarf es zunächst einer eindeutigen Definition von Marketing. Marketing umfasst laut AMA (2013) "[...] the activity, set of institutions, and processes for creating, communicating, delivering, and exchanging offerings that have value for customers, clients, partners, and society at large." Dieser Definition folgend besteht das Hauptziel des Marketings in der Wertschaffung für Kunden und weitere Anspruchsgruppen, zum Beispiel Unternehmenspartner oder die Gesellschaft (Ferrell und Hartline 2014). Diese Wertschaffung erfolgt durch das Angebot und den Austausch von Produkten und Dienstleistungen, welche sich an Bedürfnissen und Entwicklungen des Marktes orientieren (Kotler et al. 2012; Meffert, Burmann und Kirchgeorg 2008). Ein Markt wird grundsätzlich als Ansammlung von Käufern und Verkäufern verstanden (Ferrell und Hartline 2014). Die Aufgaben des Marketings in einem Unternehmen liegen nach vorliegender Definition vor allem in den Aktivitäten, der Organisation und den Prozessen, die sich auf die in Praxis und Forschung etablierten vier Marketinginstrumente beziehen.

Als vier zentrale Instrumente des Marketing-Mix‘ sind die Produkt- („creating“), Kommunikations- („communicating“), Distributions- („delivering“) und Preispolitik („exchanging“) zu verstehen (McCarthy 1960). Diese werden vereinzelt um drei zusätzliche Instrumente erweitert, insbesondere wenn der Fokus des Angebots auf Dienstleistungen anstelle von Produkten liegt (Meffert, Burmann und Kirchgeorg 2008). So gewinnen bei Dienstleistungen zusätzlich das Management von Personen („people“), Prozessen („processes“) und der physischen Ausstattung („physical facilities“) an Bedeutung. Diese umfassenden Marketinginstrumente dienen allesamt der Erreichung von Unternehmenszielen und lassen auf die zentrale Rolle des Marketings im Unternehmen schließen (Ferrell und Hartline 2014; Morgan 2012;

Srivastava, Shervani und Fahey 1998). Ferrell und Hartline (2014) verdeutlichen die bedeutende Aufgabe des Marketings, über den Vertrieb der Produkte und Dienstleistungen hinaus die Außendarstellung des gesamten Unternehmens zu verantworten. Dieser Logik folgend sind die Endkonsumenten des Leistungsangebots nicht die einzige Zielgruppe. Vielmehr müssen Firmen auch weitere Anspruchsgruppen adressieren, wie zum Beispiel potenzielle und bestehende Partnerunternehmen, Medien, Investoren, Mitarbeiter und die Gesellschaft generell (Ferrell und Hartline 2014).

Über die umfassendere Bedeutung des Marketings im Unternehmen hinaus lässt sich historisch auch eine Verlagerung der Denkhaltung in Richtung langzeitorientiertes Marketing verzeichnen. Während die Ziele des Marketings sich in der Vergangenheit auf eher kurzfristige Erfolge und einzelne Transaktionen mit den Konsumenten bezogen, hat die Relevanz des Beziehungsmarketings in den letzten Jahrzehnten deutlich zugenommen (Grönroos 1996). Das beziehungsbezogene Marketing fokussiert im Gegensatz zum transaktionsbezogenen Marketing den Langzeiterfolg der Maßnahmen und den Aufbau und die Pflege von langfristigen Beziehungen des Unternehmens mit dessen Kunden und anderen Anspruchsgruppen (Ferrell und Hartline 2014; Grönroos 1996).

2.1.1.1.2 Strategie versus Taktik

Gegenüberstellung von Strategie und Taktik. Marketingbezogene Entscheidungen eines Unternehmens können strategisch oder taktisch orientiert sein (Baker 2007; Pearce und Robinson 2011). Ursprünglich stammt das Begriffspaar aus dem Militär, im Spezifischen aus der Kriegsplanung. Der Begriff Strategie setzt sich aus den griechischen Wörtern „Stratos“ (das Heer) und „Agein“ (Führen) zusammen. Im Militär galt der Name „Strategos“ dem General, welcher das Heer anführte. Später wurden dem Titel weitere Eigenschaften zugeschrieben, wie zum Beispiel Leitung, Macht, Verwaltung und Anstellung von Personen (Backhaus und Schneider 2009; Quinn, Mintzberg und James 2002; Welge und Al-Laham 2012). Taktische Entscheidungen wurden schließlich bei der Umsetzung der Strategie auf dem Schlachtfeld getroffen. Welge und Al-Laham (2012) beschreiben Strategien übergreifend als Mittel, durch die Unternehmen ihre Mission und ihre Ziele zu erreichen versuchen. Taktiken hingegen bezeichnen sie als Aktionen, die der Implementierung von Strategien dienen, weshalb sie den Strategien untergeordnet sind (Welge und Al-Laham 2012). In der Unternehmensführung wird eine Strategie nach Chandler Jr. (2001, S. 13) als „determination of the basic long-term goals and objectives of an enterprise, and the adoption of courses of action and the allocation of resources necessary for carrying out these goals" definiert. Tabelle 2 fasst die Eigenschaften beider Entscheidungstypen zusammen.

Tabelle 2: Eigenschaften von strategischen und taktischen Entscheidungen

	Strategische Entscheidungen	Taktische Entscheidungen
Entscheidungsebene	Obere Führungsebene	Mittlere und untere Führungsebenen
Zeithorizont	Langfristig	Kurzfristig
Relevanz	Sehr relevant für den Erfolg	Weniger relevant für den Erfolg
Regelmäßigkeit	Kontinuierlich und unregelmäßig	Periodisch und terminiert
Risiko	Risikoreich	Risikoarm
Informationsgrundlage	Externe Informationen	Interne Informationen
Umfang der Fragestellung	Umfangreich	Limitiert
Evaluierbarkeit	Schwer evaluierbar	Leicht evaluierbar

Quelle: Baker (2007); Pearce und Robinson (2011).

Hinsichtlich der *Entscheidungsebene* werden strategische Entscheidungen von der Unternehmensleitung, also der oberen Führungsebene, getroffen, weil sie deren langfristig orientierte Perspektive und deren Macht zur Implementierung einer solchen Entscheidung erfordern (Pearce und Robinson 2011). Taktische Entscheidungen hingegen sollen der Strategie folgen und können demzufolge auf den mittleren und unteren Führungsebenen getroffen werden (Pearce und Robinson 2011; Welge und Al-Laham 2012). Der *Zeithorizont* der Umsetzung und Wirkung strategischer Entscheidungen ist langfristig, das heißt typischerweise fünf Jahre und länger, wobei nach oben keine Grenzen gesetzt sind (Chandler Jr. 2001; Pearce und Robinson 2011). Nachdem ein Unternehmen eine Strategie gewählt hat, benötigt es meist etwas Zeit, um diese am Markt zu etablieren und im Unternehmen vollständig zu implementieren. Darüber hinaus soll durch die langfristige Konsistenz einer Strategie die Imitierbarkeit durch Wettbewerber verringert und ein erwünschter Wettbewerbsvorteil erzielt werden. Ein langfristiger Wettbewerbsvorteil besteht in einem „[...] more economic value than the marginal (breakeven) competitor in its product market“ (Peteraf und Barney 2003, S. 314). Dieser durch den ökonomisch höheren Wert erzielte Vorteil gegenüber den Wettbewerbern einer Branche gilt als nachhaltig, wenn er von ebendiesen nicht kopiert werden kann (Kozlenkova, Samaha und Palmatier 2014). Eine radikale Änderung der Unternehmensstrategie würde demzufolge immer die kurzfristige Gefährdung des Wettbewerbsvorteils am Markt bedeuten (Pearce und Robinson 2011). Taktische Entscheidungen müssen hingegen kurzfristig getroffen werden, damit ein Unternehmen sich ad hoc ändernden Rahmenbedingungen begegnen kann. Insbesondere dynamische Märkte erfordern häufig taktische Anpassungen im Sinne der Strategie (Eisenhardt und Martin 2000).

Strategische Entscheidungen sind Entscheidungen mit hoher *Relevanz*, weil deren Konsequenzen deutlich weiter reichen, als die Konsequenzen taktischer Entscheidungen (Mintzberg, Ahlstrand und Lampel 2009; Pearce und Robinson 2011). Während eine strategische Entscheidung alle Unternehmenseinheiten betrifft, sind die Folgen taktischer Entscheidungen häufig nur innerhalb der jeweiligen Unternehmenseinheit spürbar. Zwar sind die Teilerfolge notwendig für den Gesamterfolg, aber eine falsche taktische Entscheidung kann mit nachfolgenden richtigen Taktiken wieder ausgeglichen werden, wohingegen eine strategische Fehlentscheidung nur schwer revidiert werden kann. So sind taktische Entscheidungen auch von einer gewissen *Regelmäßigkeit* gekennzeichnet. Während sie sich periodisch und zu festgelegten Zeitpunkten wiederholen sollten, werden strategische Entscheidungen unregelmäßig getroffen, haben kontinuierlichen Charakter und werden nur minimal angepasst (Baker 2007). Eben weil taktische Entscheidungen eine gewisse Regelmäßigkeit erfordern, können die Entscheidungsträger Erfahrungen bezüglich der Entscheidungsoptionen sammeln, was wiederum das *Risiko* minimiert (Baker 2007). Dies wird zudem durch die begrenzten Konsequenzen der Entscheidungen gestützt. Die Unregelmäßigkeit und Einzigartigkeit von strategischen Entscheidungen hingegen erhöhen deren Risiko, weshalb die Erfolgsaussichten im Vorhinein unsicherer sind.

Des Weiteren divergiert die *Informationsgrundlage* zwischen taktischen und strategischen Entscheidungen. Da letztere auf den langfristigen Erfolg abzielen und dementsprechend zukunftsorientiert sind, sollten ihnen zukunftsbezogene Informationen zu Grunde gelegt werden (Baker 2007; Pearce und Robinson 2011). Diese Informationen sind häufig Prognosen von Experten, welche meistens nur extern zugänglich sind (Baker 2007). Taktische Entscheidungen hingegen entsprechen den Zielen der Strategie und können auf Basis interner Analysen und Erfolgsmessungen getroffen werden. Hinsichtlich des *Umfangs der Fragestellung* betreffen strategische Entscheidungen einen umfassenderen Bereich des Unternehmens als taktische Entscheidungen (Baker 2007). So beziehen sich letztere oft auf eine spezifische, sehr limitierte Fragestellung (Baker 2007). Aus den vorstehenden Charakteristika von strategischen Entscheidungen resultiert die Schwierigkeit, diese zu *evaluieren*. So sind sie langfristig angelegt, risikoreich und adressieren ein breites Feld an Fragestellungen. Die damit einhergehende Komplexität der Entscheidung erschwert es, positive oder negative Folgen auf die Entscheidung zurückzuführen, insbesondere weil in den meisten Fällen ein Vergleich, also eine Alternativentscheidung, fehlt (Pearce und Robinson 2011). Der Erfolg einer taktischen Entscheidung lässt sich hingegen leichter der spezifischen Entscheidung zuordnen.

Notwendigkeit strategischer Entscheidungen. Die vorliegenden Eigenschaften verdeutlichen die Unterschiede zwischen strategischen und taktischen Entscheidungen. Es stellt sich jedoch die Frage, wieso solch risikoreiche, umfassende und schwer evaluierbare Entscheidungen strategischer Natur überhaupt erforderlich sind. Die Notwendigkeit strategischer Entscheidungen und strategischen Handelns begründet sich hauptsächlich darin, einen langfristigen Erfolg des Unternehmens zu sichern, indem das Unternehmen einen Weg findet, sich dauerhaft vom Wettbewerb zu differenzieren und einen nachhaltigen Wettbewerbsvorteil zu erzielen (Porter 1996). Im Zuge dessen soll Problemen schon von vornherein durch eine gut durchdachte Auswahl der besten Alternative begegnet werden (Pearce und Robinson 2011). Um eine Strategie in einem Unternehmen implementieren zu können, sollte diese möglichst einfach formuliert sein, damit sie für alle internen Anspruchsgruppen verständlich ist. Letztlich führt dies jedoch auch zu einer Komplexitätsreduktion, welche für die Bewältigung komplexer Probleme der Umwelt nicht immer geeignet ist (Mintzberg, Ahlstrand und Lampel 2009). Mintzberg, Ahlstrand und Lampel (2009) verdeutlichen darüber hinaus, dass die für eine Strategie erforderliche Konsistenz zum einen zwar taktische Entscheidungen erleichtert, indem eine Handlungsrichtung vorgegeben wird, zum anderen aber ebendiese Konsistenz gelegentlich hinderlich ist. So erfordert eine sich verändernde Umwelt von Zeit zu Zeit auch eine Anpassung der Unternehmensaktivitäten und schließlich der Strategie (Morgan 2012). Eine strikte Beibehaltung des strategischen Weges kann dabei hinderlich und kreativitätshemmend sein (Mintzberg, Ahlstrand und Lampel 2009; Porter 1996). Strategische Entscheidungen verfügen demzufolge auch über erfolgshinderliche Eigenschaften, jedoch sind sie mit Blick auf den andauernden Erfolg in der Unternehmensführung nicht wegzudenken. Der eingangs gegebenen Definition folgend dienen Strategien der Bestimmung langfristiger Unternehmensziele, die durch zielführende Aktivitäten und Ressourcenverteilung erreicht werden. Sie geben dem Management damit eine klare, gründlich durchdachte Linie vor, die sich am langfristigen Erfolg des Unternehmens orientiert.

2.1.1.1.3 Ebenen strategischer und taktischer Entscheidungen

Strategische und taktische Entscheidungen werden auf drei verschiedenen Ebenen getroffen: der Unternehmens-, der Geschäftsfeld- und der Funktionsebene (Backhaus und Schneider 2009; Ferrell und Hartline 2014; Pearce und Robinson 2011).

Abbildung 1: Die drei Ebenen strategischer und taktischer Entscheidungen

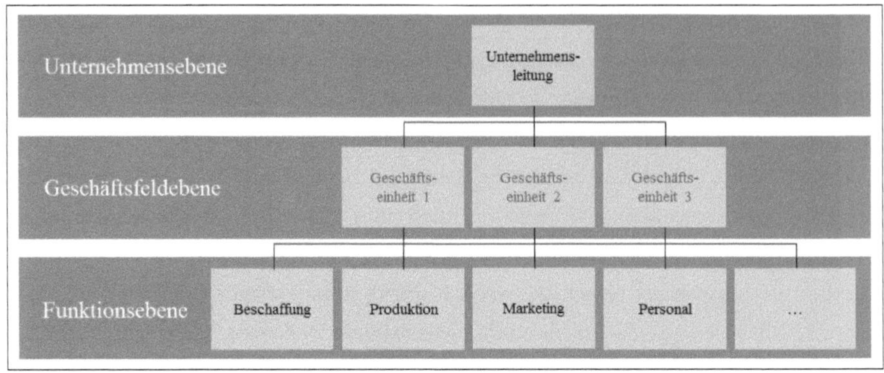

Quelle: Backhaus und Schneider (2009); Ferrell und Hartline (2014).

Wie im vorstehenden Kapitel verdeutlicht, werden strategische Entscheidungen von der Unternehmensleitung getroffen (Pearce und Robinson 2011). Dennoch sind auch manche Entscheidungen auf der Geschäftsfeld- und Funktionsebene strategischer Natur, nämlich, wenn sie sich am langfristigen Erfolg des Unternehmens orientieren. In diesen Fällen werden die dort getroffenen Entscheidungen der Führungsinstanzen häufig unter Einbindung der Unternehmensleitung getroffen. Pearce und Robinson (2011) vertreten die These, ein ideales strategisches Managementteam bestünde aus Managern aller drei Ebenen, um die Einheitlichkeit in der Unternehmensstrategie sowie auch das Expertenwissen der unteren Ebene in Einklang bringen zu können.

Unternehmensebene. Strategien, die hauptsächlich auf der Unternehmensebene, also der obersten Führungsebene, entwickelt werden, werden gemeinhin als „corporate strategies" bezeichnet (Backhaus und Schneider 2009). Eine solche Strategie ist unbedingt notwendig, um einen globalen Handlungsplan entwickeln und umsetzen zu können (Ferrell und Hartline 2014) und wird wie folgt definiert: „Corporate strategy is the pattern of decisions in a company that determines and reveals its objectives, purposes, or goals, produces the principal policies and plans for achieving those goals, and defines the range of business the company is to pursue, the kind of economic and human organization it is or intends to be, and the nature of the economic and non-economic contribution it intends to make to its shareholders, employees, customers, and communities." (Andrews 1973, S. 18-19). Indem eine Unternehmensstrategie die langfristigen Ziele der gesamten Organisation und deren Geschäftsbereiche festlegt, betrifft sie das gesamte Unternehmen und kann nicht auf unteren Ebenen getroffen werden (Backhaus und Schneider 2009; Ferrell und Hartline 2014). Dementsprechend dient die Unternehmensstrategie auch dazu, einzelnen Geschäftsfeldern und Funktionsbereichen grundlegende Leitziele vorzugeben (Ferrell und Hartline 2014). Entscheidungen auf dieser Ebene betreffen die Koordination der Geschäftsfelder und Reaktionen auf das Unternehmensumfeld (Ferrell und Hartline 2014). Ebenso werden generische Strategien, auch Geschäftsstrategien genannt, in den meisten Fällen auf dieser Ebene getroffen (Ferrell und Hartline 2014). Wenn ein Unternehmen sehr unterschiedliche Geschäftsfelder betreibt, kann die Geschäftsstrategie jedoch zwischen diesen divergieren (Walker und Ruekert 1987). In der Forschung und Praxis haben sich vor allem die generischen Strategien von Porter (2004) etabliert, welcher zwischen drei Strategietypen unterscheidet: Differenzierung, Kostenführerschaft und Fokus. Eine Differenzierungsstrategie zielt darauf ab, einen Wettbewerbsvorteil durch eine einzigartige Wertstiftung für den Kunden zu erreichen, indem das Unternehmen sehr hohe Qualität und guten Service bietet (Porter 2004). Eine Kostenführerschaft hingegen ist durch Kostenreduktion und das Angebot von möglichst niedrigen Preisen gekennzeichnet (Porter 2004; Walker und Ruekert 1987). Die Fokusstrategie ist als Konzentration auf eine begrenzte Zielgruppe zu verstehen und kann mit beiden vorstehenden Strategien kombiniert werden.

Geschäftsfeldebene. Die Geschäftsfeldebene bezieht sich auf einzelne Geschäftsfelder, was zum Beispiel unterschiedliche Leistungsangebote und Marken unter dem Dach derselben Firma sein können (Backhaus und Schneider 2009). Da nicht jedes Unternehmen die Geschäftsfelder getrennt betrachtet und bei manchen Unternehmen gar keine unterschiedlichen Geschäftsfelder existieren, ist diese Ebene nicht in allen Fällen vorhanden oder verschmilzt mit der Unternehmensebene (Ferrell und Hartline 2014; Pearce und Robinson 2011). Wenn allerdings völlig unterschiedliche Geschäftsfelder vorliegen, müssen auch auf dieser Ebene unterschiedliche Strategien erarbeitet werden, die die Zukunft und Orientierung des jeweiligen Geschäftsfelds bestimmen (Ferrell und Hartline 2014). Da sie jedoch stets im Einklang mit der Unternehmensstrategie sein sollten, werden sie letztlich nicht ohne die Unternehmensleitung entschieden (Backhaus und Schneider 2009).

Funktionsebene. Entscheidungen auf der Funktionsebene verweisen auf unterschiedliche Funktionsbereiche des Unternehmens, wie zum Beispiel die Beschaffung, die Produktion, das Marketing, das Personalmanagement oder die Forschung und Entwicklung (Backhaus und Schneider 2009; Pearce und Robinson 2011). Führungspersonen in den einzelnen Funktionsbereichen sind meist Spezialisten in ihrem Gebiet und fokussieren sich demzufolge auf einen Teilbereich. Sie versuchen, durch das Treffen richtiger Entscheidungen die Unternehmensstrategie auf Funktionsebene umzusetzen (Ferrell und Hartline 2014; Pearce und Robinson 2011). Um eine konsistente Unternehmensstrategie gewährleisten zu können und dennoch effektiv zu bleiben, sollten Entscheidungen auf Funktionsebene a) den Anforderungen der Funktionsbereiche entsprechen, b) realistisch und mit Blick auf die Ressourcen und die Umwelt umsetzbar sein und c) zur Leitvision des Unternehmens passen (Ferrell und Hartline 2014). Die funktionsbezogenen Entscheidungen erfordern deshalb eine regelmäßige Kontrolle, indem deren Auswirkungen auf den Unternehmenserfolg analysiert werden (Ferrell und Hartline 2014).

2.1.1.1.4 Marketingstrategie

Da Marketing einen Funktionsbereich des Unternehmens darstellt, ist die Marketingstrategie auf der Funktionsebene einzuordnen (Pearce und Robinson 2011). Auch für das Marketing ist strategisches Planen und Handeln erfolgsfördernd. Laut Meffert (1986) ist eine „[...] Marketingstrategie [...] als ein bedingter, langfristiger, globaler Verhaltensplan zur Erreichung der Unternehmens- und Marketingziele zu charakterisieren." (Meffert 1986, S. 55). Demzufolge sind Marketingstrategien insofern bedingt, als sie auf Annahmen der Manager und einer speziellen Ausgangssituation beruhen (Meffert, Burmann und Kirchgeorg 2008). Gemäß der bereits erläuterten Bedeutung des Strategiebegriffs ist diese durch Langfristigkeit gekennzeichnet und bezieht sich global, also übergreifend, auf alle marketingbezogenen Aktivitäten des Unternehmens (Meffert, Burmann und Kirchgeorg 2008). Schließlich legen Marketingstrategien als Verhaltensplan den Handlungsrahmen für sämtliche Bereiche der Marketinginstrumente fest und determinieren somit die basalen Verhaltensweisen und Ziele bezüglich der Kunden und anderen Anspruchsgruppen des Unternehmens (Ferrell und Hartline 2014; Meffert, Burmann und Kirchgeorg 2008). Die Marketingziele sollten grundsätzlich den Unternehmenszielen folgen und bilden wiederum als Funktionsbereichsziele den Ausgangspunkt für Instrumentalziele der operativen Marketingplanung (Meffert 1986). Eine Marketingstrategie kann sich demnach auch auf ein bestimmtes Instrument des Marketing-Mix beziehen, zum Beispiel indem sie die Kommunikationsstrategie oder die Distributionsstrategie verkörpert. So dient das strategische Zielsystem des Marketings letztlich der Steuerung, Kontrolle und Motivation von Akteuren und Maßnahmen im Marketingbereich (Meffert, Burmann und Kirchgeorg 2008). Dabei hat die Marketingplanung, wie andere Funktionsbereiche auch, ebenso langfristige ökonomische Ziele, wie zum Beispiel Absatzzahlen, Gewinne oder Renditen, zum Gegenstand.

Bisher blieb ungeklärt, was das strategische Marketing vom strategischen Management eines Unternehmens unterscheidet, obgleich beide Bereiche den langfristigen Erfolg des Unternehmens zum Ziel haben und auf strategischen Überlegungen basieren (Backhaus und

Schneider 2009; Pearce und Robinson 2011). Der Unterschied liegt im Gegenstand des Sachgebiets: Während sich das strategische Management auf das gesamte Unternehmen bezieht und demzufolge Entscheidungen auf der Unternehmensebene beinhaltet, die funktionsübergreifend gelten, fokussiert das strategische Marketing die Bemühungen des Funktionsbereichs (Baker 2007; Welge und Al-Laham 2012). Ebendieser Fokus auf eine Marktorientierung grenzt das strategische Marketing vom strategischen Management ab. So sind beispielsweise strategische Überlegungen im Personalmanagement nicht primär Gegenstand des Marketings. Dennoch werden im Rahmen des strategischen Marketings häufig Entscheidungen getroffen, die auch die Ausrichtung des gesamten Unternehmens beeinflussen (Backhaus und Schneider 2009; Baker 2007; Hunt 2010).

Ein zentrales Element der Marketingstrategie ist beispielsweise der Aufbau einer starken Marke oder mehrerer Marken (Backhaus und Schneider 2009; Keller 1993). Damit ein Unternehmen eine starke und konsistente Marke aufbauen kann, ist es von Nöten, dass sämtliche Funktionsbereiche des Unternehmens den Markenkern verstehen und ihre Aktivitäten darauf ausrichten (Backhaus und Schneider 2009). So sollte zum Beispiel die Personalabteilung die richtigen Angestellten auswählen, welche zum Kern der Marke passen und diesen gut nach außen vertreten können. Aber auch die Produktion oder Beschaffung müssen sich teilweise an der Marke orientieren, zum Beispiel wenn letztere Nachhaltigkeit und ökologische Verarbeitung verkörpern soll. Zusammenfassend sei festgehalten, dass strategisches Marketing im Vergleich zum strategischen Management zwar nur die langfristigen Entscheidungen des Marketingfunktionsbereichs anstelle des gesamten Unternehmens zum Gegenstand hat, aber dennoch die Aktivitäten anderer Funktionsbereiche beeinflusst.

2.1.1.2 Wertbasiertes Marketing und Unternehmenserfolg

Diese Forschungsarbeit untersucht den Einfluss von distributionspolitischen Marketingstrategien auf den Unternehmenserfolg und ist dementsprechend dem Forschungsfeld des wertbasierten Marketings zuzuordnen. Das wertbasierte Marketing, im englischsprachigen Raum auch Marketing-Finance Interface genannt, entfaltete sich im letzten Jahrzehnt als eigenständiger Management- und Forschungsbereich und hat seinen Ursprung in dem gesteigerten Interesse von Managern und Forschern am Beitrag des Marketings zum Unternehmenserfolg (Morgan 2012; Srinivasan und Hanssens 2009; Srivastava, Shervani und Fahey 1998). Es bezieht sich demnach auf die Schnittstelle zwischen Marketing und Finanzwirtschaft und häufig wird damit der Beitrag des Marketings zum Unternehmenswert im Sinne des Aktienwerts untersucht (Doyle 2008; Srivastava, Shervani und Fahey 1998). Ursprünglich bezogen sich die Ziele des Marketings ausschließlich auf die Wertsteigerung für Kunden und der Beeinflussung ihres Verhaltens (Meffert, Burmann und Kirchgeorg 2008; Srivastava, Shervani und Fahey 1998). Dabei wurden finanzielle Zielgrößen zunächst vernachlässigt, was unter anderem dazu führte, dass das Marketing im Top-Management eines Unternehmens hauptsächlich als unvermeidbarer Kostenfaktor, anstelle eines wertschaffenden Faktors, betrachtet wurde (Morgan 2012; Petersen et al. 2009; Rust, Lemon und Zeithaml 2004). Immerhin wurde das Potenzial des Marketings zur Verbesserung des Erfolgs auf dem Produktmarkt (z.B. durch Absatzzahlen und Marktanteile) schon in der traditionellen Sichtweise erkannt (Meffert, Burmann und Kirchgeorg 2008; Srivastava, Shervani und Fahey 1998). Die Notwendigkeit der langfristigen Messung von positiven finanziellen Konsequenzen (z.B. Steigerung des Aktienwerts und der Effizienz) und der Schaffung von marktbasierten Vermögenswerten rückte jedoch erst durch die Etablierung des wertbasierten Marketings in den Vordergrund (Doyle 2008; Srinivasan und Hanssens 2009; Srivastava, Shervani und Fahey 1998).

Marktbasierte Vermögenswerte charakterisieren sich laut Srivastava, Shervani und Fahey (1998) durch die folgenden Eigenschaften: Sie sind „[...] primarily external to the firm, generally do not appear on the balance sheet, and are largely intangible" (Srivastava, Shervani und Fahey 1998, S. 4). Demzufolge basieren sie auf externen Größen, wie zum Beispiel dem Kundenverhalten oder Kundenwahrnehmungen, werden häufig nicht in der Bilanz eines Unternehmens berücksichtigt, obwohl sie Wert für das Unternehmen stiften, und sind physisch nicht greifbar (Srivastava, Shervani und Fahey 1998). Typische Beispiele für marktbasierte Vermögenswerte sind der Kundenwert und der Markenwert. Während der Kundenwert die Profitabilität des gesamten Kundenstamms misst (Rust, Lemon und Zeithaml 2004), spiegeln sich im Markenwert das Wissen über und die Bekanntheit der Marke wider (Keller 1993). Beide Vermögenswerte sind überwiegend den Aktivitäten des Marketings zuzuschreiben und beeinflussen laut diversen Forschungsstudien den langfristigen Unternehmenserfolg deutlich (Aaker und Jacobson 2001; Gupta und Zeithaml 2006; Rust, Lemon und Zeithaml 2004; Srivastava, Shervani und Fahey 1998). Marketingstrategien zielen überwiegend darauf ab, diese Vermögenswerte herauszubilden und zu stärken (Morgan 2012). Andererseits nutzen Unternehmen die Vermögenswerte auch, um strategische Maßnahmen implementieren zu können, z. B. indem ein starker Markenwert oder Kundenstamm bestimmte Preis- oder Produktstrategien erst ermöglicht.

Um die Bedeutung des Unternehmenserfolgs darzulegen, wird zunächst das grundsätzliche Verständnis von Erfolg herangezogen. Laut Duden (2015) ist Erfolg ein „positives Ergebnis einer Bemühung; Eintreten einer beabsichtigten, erstrebten Wirkung". Diese Begriffserklärung impliziert, dass die genaue Definition von Erfolg stets von einem Ziel abhängt. So kann ein Ziel des Unternehmens beispielsweise die Beibehaltung der Leistungsresultate vom Vorjahr oder aber eine deren Steigerung sein. Ein weiteres Ziel kann Wachstum sein, oder aber Kostenminimierung. Während ein Nonprofit-Unternehmen nur in gewissem Maße Gewinn erzielen darf, streben profitorientierte Unternehmen meist nach Gewinnmaximierung. Schließlich ist allen unterschiedlichen Unternehmen aber ein basales Ziel gemein: das Streben nach Sicherung seiner Existenz. Eine systematische Differenzierung von Kennzahlen des Unternehmenserfolgs ist Kapitel 2.1.3 zu entnehmen. Weil im wertbasierten Marketing schließlich die langfristige Sicherung oder Steigerung des Unternehmenserfolgs durch Marketing betrachtet wird, ist das Forschungsfeld im strategischen Marketing zu verorten (Srivastava, Shervani und Fahey 1998).

2.1.2 Theorien und Konzepte der Strategieforschung

Das strategische Marketing steht in engem Bezug zum strategischen Management und grenzt sich hauptsächlich über den engeren Fokus ab (siehe Kapitel 2.1.1.1.4). Dennoch bedient sich das strategische Marketing auch der Theorien des strategischen Managements, weil sich die strategischen Überlegungen eines Unternehmens auf dieselben Rahmenbedingungen zur Steigerung des Unternehmenserfolgs beziehen. Im Folgenden werden die wichtigsten Theorien der Strategieforschung erläutert und anschließend Kennzahlen des Unternehmenserfolgs vorgestellt und gruppiert.

2.1.2.1 Kontingenztheorie

2.1.2.1.1 Überblick über die Kontingenztheorie

Im Grundsatz geht die Kontingenztheorie davon aus, dass keine Strategie universell erfolgversprechend ist, sondern deren Erfolg stets von bestimmten Rahmenbedingungen abhängt (Ginsberg und Venkatraman 1985; Venkatraman 1989; Vorhies und Morgan 2003). Im Wesentlichen beinhaltet die Theorie die Erfolgsabhängigkeit einer Unternehmensstrategie von organisationalen Ressourcen und umweltbezogenen Faktoren (Ginsberg und Venkatraman 1985). Ginsberg und Venkatraman (1985) verdeutlichen in einer Grafik diese Abhängigkeit von organisationalen und umweltbezogenen Rahmenbedingungen wie folgt (siehe Abbildung 2):

Abbildung 2: Modell der Kontingenztheorie

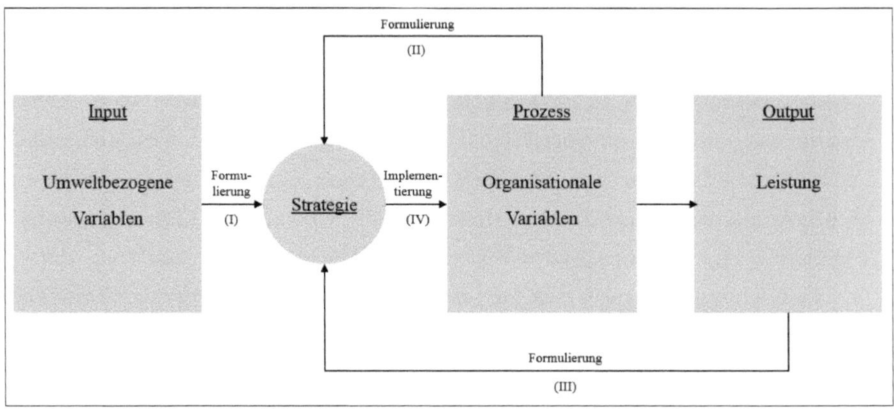

Quelle: Ginsberg und Venkatraman (1985, S. 424).

Es wird ersichtlich, dass die umweltbezogenen Bedingungen den Input für die Formulierung der Unternehmensstrategie darstellen, indem sich das Unternehmen bei der Erarbeitung der Strategie am Umfeld, also den Marktbedingungen, orientiert. Darüber hinaus muss sich die Strategie aber auch an organisationalen Bedingungen und Ressourcen orientieren und sich diesen anpassen. Schließlich wird die Strategie im Unternehmen implementiert und beeinflusst den Unternehmenserfolg. Um langfristigen Erfolg zu garantieren, sollte die Strategie wiederum unter Berücksichtigung des Ergebnisses evaluiert werden, so dass Rückkopplungseffekte vom Unternehmenserfolg auf die Strategie auftreten können (Ginsberg und Venkatraman 1985). Die Kontingenztheorie repräsentiert schließlich die Leitidee mehrerer Theorien des strategischen Managements, welche sich jeweils auf ein bestimmtes Feld von Kontingenzfaktoren konzentrieren. So integriert die Theorie zwei wesentliche Theoriestränge des Forschungsfelds miteinander, nämlich die ressourcenorientierte Sichtweise und die marktorientierte Sichtweise. Beide Theoriestränge werden im Kapitel 2.1.2.2 näher erläutert.

2.1.2.1.2 Strategischer Fit als zentrales Konstrukt der Kontingenztheorie

Die Logik der Kontingenztheorie und somit auch der einzelnen Theoriestränge basiert auf einem zentralen Konstrukt, nämlich dem strategischen Fit, also der Vereinbarkeit von Unternehmensstrategie und anderen Faktoren (Venkatraman 1989; Vorhies und Morgan 2003). Es existieren unterschiedliche Perspektiven des strategischem Fits, die von der Konzeptualisierung der Zusammenhänge zwischen Faktoren abhängen (Vorhies und Morgan 2003). Venkatraman (1989) unterscheidet sechs Perspektiven: Fit als Moderation (1), Mediation (2), Matching (3), Gestalt (4), Profilabweichung (5) und als Kovariation (6).

Fit als Moderation (1) beschreibt einen Interaktionszusammenhang, das bedeutet, dass der Einfluss eines Faktors (z.B. Strategie) auf einen anderen Faktor (z.B. Unternehmenserfolg) von einem dritten Faktor, dem Moderator (z.B. Umwelt), abhängt (Spiller et al. 2013; Venkatraman 1989). Der Moderator kann hierbei die Stärke, aber auch die Valenz des Zusammenhangs beeinflussen (Venkatraman 1989). Es sollte also eine Übereinstimmung zwischen dem beeinflussenden Faktor und dem Moderator herrschen, um den Unternehmenserfolg steigern zu können. Fit als Moderation wird empirisch üblicherweise mit einer moderierten Regression analysiert (Spiller et al. 2013). Die Perspektive des Fits als Mediation (2) betrachtet die „[...] existence of a significant intervening mechanism (e.g., organizational structure) between an antecedent variable (e.g., strategy) and the consequent variable (e.g., performance)." (Venkatraman 1989, S. 428). In diesem Falle ist der dritte Faktor zwischengeschalten und der indirekte Effekt über diesen Mediator ist relevant für den Unternehmenserfolg. Die Vereinbarkeit, also der Fit, bezieht sich abermals auf den beeinflussenden Faktor und den Mediator, jedoch dient die Mediatorperspektive der Dekomposition, also Auseinanderlegung von Effekten und Handlungsfolgen, während die Moderationsperspektive unterschiedliche Resultate vergleicht (Venkatraman 1989). Pfadanalysen und Strukturgleichungsmodelle eignen sich zur Analyse von Mediationseffekten (Iacobucci, Saldanha und Deng 2007; Venkatraman 1989).

Fit als Matching (3) unterscheidet sich von den vorstehend aufgeführten Perspektiven in der Weise, dass kein dritter Faktor (z.B. Unternehmenserfolg) als Referenzpunkt für eine Vereinbarkeit fungiert, sondern ausschließlich der Fit von zwei Variablen im Zentrum steht, welcher auf theoretischen Annahmen basiert (Venkatraman 1989). Empirisch wird ein solcher Fit unter Verwendung von Abweichungsanalysen oder Residuenanalysen getestet, wobei der Unternehmenserfolg häufig auch als abhängige Variable in das Modell aufgenommen wird (Venkatraman 1989). Dennoch bleibt letzter bei der Konzeptualisierung außen vor. Auch in der Perspektive von Fit als Gestalt (4) wird der Referenzfaktor ignoriert. Vielmehr bezeichnet die Perspektive den Grad der Kohärenz zahlreicher theoretisch hergeleiteter Eigenschaften (z.B. Organisationsstruktur, Marketingstrategie) eines Objekts (z.B. Unternehmen), bei der eine ideale Konstellation angenommen wird (Venkatraman 1989; Vorhies und Morgan 2003). Aus dieser Perspektive hat sich eine Subtheorie der Kontingenztheorie herausgebildet, sprich die Konfigurationstheorie. Dieser Theorie folgend sind die Bedingungen nicht nur für einzelne strategische Entscheidungen relevant, sondern es muss eine bestmögliche Kombination verschiedener Faktoren gefunden werden, um erfolgreich zu sein. Und nur diese ideale Zusammenstellung, auch genannt „Gestalt", ist erfolgsversprechend (Venkatraman 1989;

Vorhies und Morgan 2003). Überprüft wird der Fit mittels taxonomischer Verfahren, wie zum Beispiel der Clusteranalyse (Venkatraman 1989).

In der Perspektive, die Fit als Profilabweichung (5) betrachtet, wird dieser als Übereinstimmung mit einem extern spezifizierten Profil definiert (Venkatraman 1989). Im Gegensatz zur Gestaltperspektive werden hier negative Effekte bestehender Abweichungen von einem Idealprofil aufgezeigt. Eine empirische Methode zur Überprüfung der Effekte ist die Multidimensionale Skalierung (MDS) unter Verwendung euklidischer Distanzen. Die Perspektive von Fit als Kovariation (6) betrachtet die Zusammengehörigkeit und Nähe beziehungsweise die interne Konsistenz von zugrundeliegenden Faktoren (Venkatraman 1989). Als Beispiel für eine solche Fitperspektive gilt die Megastrategie, bei der alle Entscheidungen einem bestimmten, einheitlichen Muster folgen (Mintzberg 1978; Venkatraman 1989). Fit als Kovariation wird mit einer Faktorenanalyse überprüft, wobei Eigenschaften anhand ihrer Ähnlichkeit gruppiert werden. All diese Perspektiven von Fit finden in der Forschung zum strategischen Management und Marketing Anwendung. Um die richtige Perspektive einnehmen und die adäquate Analysemethode wählen zu können, ist eine gewissenhafte Reflexion des Forschers über die konzeptuellen Annahmen des Kontingenzmodells erforderlich.

2.1.2.2 Theorien zur Klassifikation von Kontingenzfaktoren

Die basalen Theorien der Strategieforschung beschäftigen sich überwiegend mit den Rahmenbedingungen des Unternehmenserfolgs. Ihnen ist gemein, dass sie Faktoren betrachten, die den langfristigen Wettbewerbsvorteil eines Unternehmens sichern sollen. Da die Kontingenzfaktoren je nach Theorie unterschiedlich klassifiziert werden, werden im Folgenden die wesentlichen Sichtweisen vorgestellt. Hierbei finden die marktorientierte, die ressourcenorientierte und integrierende Sichtweisen Beachtung.

2.1.2.2.1 Marktorientierte Sichtweise

Kerninhalte der Sichtweise. Die marktorientierte Sichtweise des strategischen Managements, auch Market-Based View (MBV) genannt, vertritt die Grundannahme, der Erfolg einer Unternehmensstrategie hänge von der Orientierung am externen Umfeld ab (Hunt 2010). In anderen Worten: Die Kontingenzfaktoren haben ihren Ursprung in der externen Umgebung des Unternehmens, wobei externe Faktoren jene sind, die nicht vollständig von dem Unternehmen kontrolliert werden können (Pearce und Robinson 2011). Die marktorientierte Sichtweise ist dem Bereich der Industrieökonomik zuzuordnen, der sich mit industriebezogenen Faktoren beschäftigt (Welge und Al-Laham 2012). In der Literatur werden verschiedene Ebenen der externen Umwelt unterschieden: Pearce und Robinson (2011) differenzieren zwischen den drei Ebenen entfernte Umwelt („remote environment"), industriebezogene Umwelt („industry environment") und operative Umwelt („operating environment"). Andere Autoren bevorzugen die zweiseitige Unterteilung in Makro- und Mikroumwelt, wobei sich letztere auf die operative Umwelt bezieht (Doyle 2008). Die Betrachtung von unterschiedlichen Ebenen des Unternehmensumfelds ist demzufolge schlicht eine Differenzierungsform zur Systematisierung externer Faktoren. Das aus der Industrieökonomik stammende Structure-Conduct-Performance (SCP) Paradigma gilt als zentraler Bestandteil der marktorientierten Sichtweise (Morgan 2012). Abbildung 3 stellt das SCP Paradigma im Überblick dar.

Diesem Paradigma entsprechend muss ein Unternehmen sein strategisches Verhalten an den strukturellen Eigenschaften des Marktes orientieren, um den Unternehmenserfolg sichern zu können (Porter 2004; Porter 1991). Zum einen könnte es von vornherein einen Markt mit niedriger Wettbewerbsintensität auswählen, zum anderen könnte es die Struktur durch das Schaffen und Beibehalten von Wettbewerbsvorteilen so verändern, dass kein perfekter Wettbewerb mehr besteht (McGahan und Porter 1997; Morgan 2012; Porter 1991). Diese Ansätze dynamisieren das Modell, insofern als dadurch auch Rückkopplungseffekte des Erfolgs auf die Strategie und die Marktstruktur angenommen werden (Welge und Al-Laham 2012). Die grafische Darstellung des SCP Paradigmas in Abbildung 3 zeigt eine Mediationsbeziehung, in welcher das strategische Handeln des Unternehmens als Mediator fungiert (Venkatraman 1989). Diese Theorie repräsentiert damit eine Idealform der Strategiebildung, wonach die Marktstruktur das strategische Verhalten stets beeinflusst. Zielt ein Forscher aber darauf ab, zu prüfen, ob das Unternehmen tatsächlich die zur Markstruktur passende Strategie verfolgt oder nicht, würde die Perspektive des Fits als Moderation eingenommen werden (Venkatraman 1989).

Abbildung 3: Structure-Conduct-Performance (SCP) Paradigma

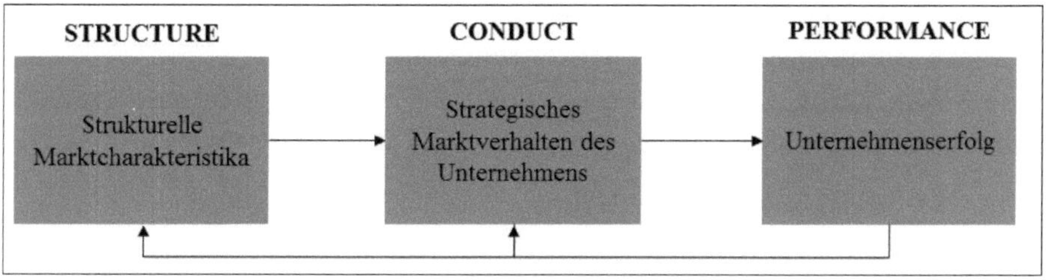

Quelle: Welge und Al-Laham (2012, S. 80).

Als typischer Repräsentant der marktorientierten Sichtweise gilt Michael E. Porter, der das Feld des strategischen Managements durch seine Klassifikation von generischen Wettbewerbsstrategien und Herangehensweisen zur Analyse der Marktstruktur wesentlich geprägt hat (Morgan 2012; Pearce und Robinson 2011). Die Prämisse seiner theoretischen Ausführungen ist stets die Differenzierung vom Wettbewerb durch eine einzigartige, wertvolle Position im Markt. Dabei ist er der Überzeugung, dass mehrere erfolgversprechende strategische Optionen existieren: „If there were only one ideal position, there would be no need for strategy." (Porter 1996, S. 68). Diese Aussage Porters verweist wiederum implizit auf den Leitgedanken der Kontingenztheorie, wonach keine universelle Idealstrategie existiert.

Kritik an der Sichtweise. Die Hauptkritik hat die unzureichende Berücksichtigung der unternehmenseigenen Ressourcen zum Gegenstand (Morgan 2012). So werden diese zwar teilweise in der Theorie angedacht, jedoch gelten sie als für alle Unternehmen geleichermaßen zugänglich und die Möglichkeit der Verarbeitung von Ressourcen zu einem Wettbewerbsvorteil wird nicht diskutiert (Welge und Al-Laham 2012). Weiterhin betrachtet die marktorientierte Sichtweise das Anstreben einer Monopolsituation als Hauptziel (Morgan 2012; Porter 1991), wobei sie jedoch vernachlässigt, dass eine hohe Wettbewerbsintensität auch die Geschäftstätigkeit fördern kann und Märkte zunehmend dynamischer werden (Welge und Al-Laham 2012). Letztlich würde eine strikte Umsetzung der Empfehlungen dieser Sichtweise zu einer Anpassung der Wettbewerbsteilnehmer, anstelle ihrer Abgrenzung voneinander, führen, denn die von Porter vorgeschlagenen Strategien gelten generell als leicht imitierbar (Welge und Al-Laham 2012).

Relevanz im strategischen Marketing. Die marktorientierte Sichtweise findet häufig Anwendung im strategischen Marketing, insbesondere weil auch Marketing per definitionem eine Orientierung am Markt bedeutet (Baker 2007; Kotler et al. 2012; Meffert, Burmann und Kirchgeorg 2008). So gilt es auch als Ziel des strategischen Marketings eines Unternehmens eine einzigartige Stellung im Wettbewerbsumfeld zu erreichen, die es von Wettbewerbern differenziert (Backhaus und Schneider 2009; Hunt 2010). Der Beitrag des Marketings zur Schaffung langfristiger Wettbewerbsvorteile gewinnt zunehmend an Bedeutung, was in einer wachsenden Anzahl an Forschungsarbeiten zum Einfluss des Marketings auf den langfristigen Unternehmenserfolg resultiert (Morgan 2012; Srinivasan und Hanssens 2009).

2.1.2.2.2 Ressourcenorientierte Sichtweise

Kerninhalte der Sichtweise. Die ressourcenorientierte Sichtweise, auch Resource-Based View (RBV) genannt, betrachtet die internen Ressourcen und Fähigkeiten eines Unternehmens als Faktoren des langfristigen Unternehmenserfolgs (Barney 1991; Wernerfelt 1984). Während Wernerfelt (1984) als Initiator dieser Sichtweise gilt, wurde sie im Laufe der Zeit durch mehrere Forscher zu einer vollständigen Theorie (RBT) entwickelt, die die internen Faktoren eines Unternehmens zur Sicherung eines langfristigen Wettbewerbsvorteils definiert (Barney 1991; Kozlenkova, Samaha und Palmatier 2014). Als interne Faktoren unterscheidet die Literatur grundsätzlich zwischen Ressourcen und Fähigkeiten. Während Ressourcen allumfassend das materielle und immaterielle Kapital eines Unternehmens bezeichnen, repräsentieren Fähigkeiten jene Prozesse, die es dem Unternehmen ermöglichen, die Produktivität der anderen Ressourcen zu maximieren (Makadok 2001). Diese Fähigkeiten sind tief in der Organisation verankert und demzufolge nicht auf andere Unternehmen übertragbar (Makadok 2001).

Im letzten Jahrzehnt bildete sich zudem der Begriff der dynamischen Fähigkeiten heraus, die sich auf die Fähigkeit eines Unternehmens beziehen, seine Ressourcen einer sich verändernden Umwelt anzupassen (Teece, Pisano und Shuen 1997). Demzufolge sind dynamische Fähigkeiten in volatilen, also unsicheren und schnelllebigen, Märkten mit unvorhersehbaren Veränderungen besonders wichtig (Eisenhardt und Martin 2000). Als Beispiele für volatile Märkte gelten technologiegetriebene Branchen.

Im Zuge der Herausarbeitung der ressourcenorientierten Theorie wurden vier Charakteristika nachhaltiger Ressourcen definiert. Aufgrund der englischsprachigen Herkunft der Charakteristika wird hierbei vom VRIO-Bezugsrahmen gesprochen: wertvoll (**v**aluable), selten (**r**are), nicht perfekt imitierbar (**i**mperfectly imitable) und organisational verwertbar (**o**rganization enables exploitation) (Barney und Hesterly 2012; Kozlenkova, Samaha und Palmatier 2014). Ressourcen sind laut Barney und Hesterly (2012) wertvoll, wenn sie das Potenzial haben, die Kosten des Unternehmens zu senken oder Einnahmen zu steigern. Da jedoch die Wettbewerber diese wertvollen Ressourcen ebenso nutzen könnten, sollen sie darüber hinaus den Anspruch der Seltenheit erfüllen (Kozlenkova, Samaha und Palmatier 2014). Selbst wenn Ressourcen selten sind, können sie gegebenenfalls von der Konkurrenz kopiert werden, weshalb sie weiterhin die Bedingung erfüllen sollten, nicht imitierbar zu sein. Diese ist erfüllt, wenn der Aufwand der Imitation einer Ressource zu hoch ist (Barney und Hesterly 2012). Die letzte Bedingung für die Nachhaltigkeit von Ressourcen bezieht sich auf die Organisation. Deren Struktur und Prozesse müssen es ermöglichen, das volle Potenzial von Ressourcen ausschöpfen zu können, z.B. mit den richtigen Fähigkeiten (Barney und Hesterly 2012; Kozlenkova, Samaha und Palmatier 2014).

Kritik an der Sichtweise. Die zwei Hauptkritikpunkte an der ressourcenorientierten Sichtweise beziehen sich auf deren statische und tautologische Annahmen (Kozlenkova, Samaha und Palmatier 2014). Häufig wurde in der Vergangenheit die Momentbezogenheit der Sichtweise kritisiert, insofern als sie nicht den Einfluss der organisationalen Weiterentwicklung auf die Ressourcen und Fähigkeiten oder das Potenzial statischer Ressourcen in dynamischen Märkten betrachtet (Kozlenkova, Samaha und Palmatier 2014). Demnach würden Entwicklungen über die Zeit, insbesondere des externen Umfelds, ignoriert. Die vierte Bedingung des VRIO-Bezugsrahmens sowie die Bedeutungszunahme dynamischer Fähigkeiten in der Theorie begegnen dieser Kritik jedoch, indem sie die Relevanz der organisationalen Verarbeitung und Weiterentwicklung von Ressourcen über die Zeit verdeutlichen (Teece, Pisano und Shuen 1997). Zwar berücksichtigt diese Erweiterung der Theorie ansatzweise die Marktstrukturen, jedoch nur deren dynamische Entwicklungen und nicht die grundlegende Wettbewerbssituation der jeweiligen Branche, wie in der marktorientierten Sichtweise. Eine tautologische Grundannahme der ressourcenorientierten Sichtweise existiert insofern, als ein Wettbewerbsvorteil dadurch geschaffen wird, dass Ressourcen und Fähigkeiten mit Potenzial zur Schaffung eines Vorteils identifiziert werden (Kozlenkova, Samaha und Palmatier 2014). Forscher sollten die Tautologie umgehen, indem sie nur exogene Faktoren als Ressourcen aufzeigen, zum Beispiel keine Erfolgsmaße, und die notwendigen organisationalen Prozesse zur Verarbeitung von Ressourcen erläutern (Lockett und Thompson 2001; Peteraf und Barney 2003).

Relevanz im strategischen Marketing. Das strategische Marketing orientiert sich bei der Schaffung eines langfristigen Wettbewerbsvorteils hauptsächlich am Markt und am Wettbewerbsumfeld (Hunt 2010; Meffert, Burmann und Kirchgeorg 2008). Um sich differenzieren zu können, ist es aber auch Aufgabe des strategischen Marketings langfristige, schwer imitierbare Ressourcen zu nutzen oder gar zu kreieren, wie zum Beispiel eine starke Marke oder innovative Produkte (Doyle 2008; Srivastava, Shervani und Fahey 1998). Entsprechend einer Studie von Kozlenkova, Samaha und Palmatier (2014) ist die Nutzung der ressourcenorientierten Sichtweise in der Marketingforschung in den letzten 10 Jahren um 500% gestiegen, was auf die stark zunehmende Berücksichtigung der Sichtweise im Marketing hindeutet.

2.1.2.2.3 Integration der Sichtweisen

Aufgrund der Kritiken an den beiden vorstehenden Sichtweisen, existieren zunehmend mehr Bemühungen, diese zu integrieren und damit eine vollständige Theorie der strategischen Rahmenbedingungen zu schaffen. Im Folgenden werden solche integrierenden Ansätze erläutert. Im Grunde integriert die Kontingenztheorie bereits die beiden Sichtweisen (siehe Kapitel 2.1.2.1). Dennoch trifft sie keine konkreten Annahmen über Kontingenzfaktoren, sondern bildet nur einen allgemeinen Rahmen in welchem als Herkunftsbereiche schlicht die Umwelt und die Organisation genannt werden (Ginsberg und Venkatraman 1985). Allgemein werden die Sichtweisen in der Literatur häufig gegenübergestellt jedoch selten integriert (Morgan 2012). Jedoch erweitern Forscher die Sichtweisen mehr und mehr, mit dem Ziel, der Kritik beider Theorien zu begegnen, was teilweise zu einer Annäherung der Seiten führt. Ein Beispiel hierfür ist die Ergänzung der ressourcenorientierten Sichtweise um dynamische Fähigkeiten, die ja nur aufgrund der sich weiterentwickelnden Umwelt, also eines unternehmensexternen Faktors, relevant sind (Teece, Pisano und Shuen 1997). Darüber hinaus soll solch eine dynamische Weiterentwicklung der Ressourcen aber auch den Markt verändern und ihn formen, indem beispielsweise von Unternehmen neue Entwicklungen hervorgerufen werden (Day 2014). Während der Großteil der Literatur die dynamischen Fähigkeiten als Erweiterung der ressourcenorientierten Sichtweise betrachtet (Peteraf und Barney 2003), fordern manche Forscher sogar deren Eigenständigkeit in Form einer neuen Theorie (Teece, Pisano und Shuen 1997). Zwar berücksichtigen die dynamischen Fähigkeiten auch das externe Umfeld, jedoch liegt der Fokus stets auf den internen Ressourcen, welche sich an die wechselnden Entwicklungen und Anforderungen des Marktumfeldes anpassen sollen (Teece, Pisano und Shuen 1997).

Die „Inside-out"- und die Oustide-in"-Perspektive beschreiben den Einsatz dynamischer Fähigkeiten auf unterschiedliche Weise. Während eine schlichte Anpassung der dynamischen Fähigkeiten an den Markt laut „Inside-out"-Perspektive vertretbar ist, fordert die „Outside-in"-Perspektive eine strikte Orientierung am Markt, vor allem an den Kundeninteressen (Day 2014; Kozlenkova, Samaha und Palmatier 2014). Die Idee beinhaltet, neue Ressourcen auf Basis der Bedürfnisse des Marktes und der Kunden erst zu entwickeln und Fähigkeiten notwendigerweise zu erlernen, um den Interessen der Zielgruppe zu begegnen (Day 2014). Amazon.com wird hierbei häufig als Paradebeispiel herangezogen, weil es sich durch eine kundenzentrierte Strategie auszeichnet. Jedoch rückt die Analyse der Wettbewerbskräfte auch in der „Outside-in"-Perspektive in den Hintergrund. Schlussendlich versuchen diese Ansätze zwar, die Sichtweisen stückweise zu integrieren, jedoch schlagen sie keinen umfassenden Bezugsrahmen zur Analyse der Kontingenzfaktoren einer erfolgreichen Strategie vor.

Als ein die beiden Sichtweisen der Strategieforschung erfolgreich integrierender Ansatz gilt die Theorie des strategischen Dreiecks, oder auch 3C-Modell genannt (engl. strategic triangle theory, Ohmae 1991). Dieses Modell soll der Strategiebildung von Unternehmen dienen und betrachtet drei relevante Kräfte für den Erfolg einer Strategie, die letztlich das strategische Dreieck bilden: das Unternehmen (engl. **c**orporation), der Wettbewerb (engl. **c**ompetition) und die Konsumenten (engl. customer) (Ohmae 1983). Abbildung 4 zeigt das 3C-Modell in einer Übersicht.

Abbildung 4: Strategisches Dreieck – 3C-Modell

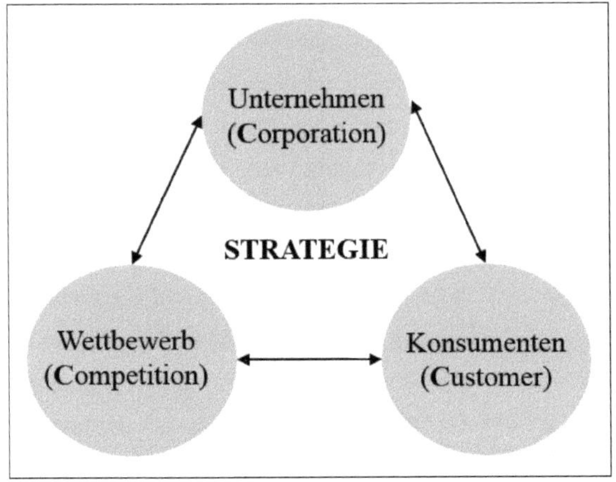

Quelle: Ohmae (1983, S. 92).

Das Unternehmen soll dementsprechend seine eigenen Stärken und Ressourcen herausbilden und nutzen, um die Kundenbedürfnisse auf dem relevanten Markt unter Berücksichtigung und Abgrenzung vom Wettbewerb zu adressieren (Ohmae 1983). Dieses Modell ist simpel aber zugleich umfassend, insofern als es die ressourcen- sowie die marktorientierte Sichtweise berücksichtigt und letztere noch einmal in Wettbewerb und Konsumenten differenziert, welche die wichtigsten Akteure auf dem Markt verkörpern (Narver und Slater 1990). Zudem wird mit der Betonung einer Orientierung an den unterschiedlichen Feldern während der Strategiebildung gleichzeitig eine „Inside-out"- und eine „Outside-in"-Perspektive eingenommen. Es sollen die Probleme der Zielgruppe unter Weiterentwicklung oder Herausbildung bestimmter Fähigkeiten und Ressourcen gelöst und darüber hinaus das Verhalten und die Entwicklung der Wettbewerber antizipiert werden (Day 2014; Ohmae 1983).

2.1.3 Kennzahlen des Unternehmenserfolgs

Ziel der strategischen Bemühungen eines Unternehmens ist es, einen nachhaltigen Wettbewerbsvorteil zu erreichen, der sich positiv auf den Unternehmenserfolg auswirken sollte (Kozlenkova, Samaha und Palmatier 2014; Morgan 2012). Nach einer einführenden Begriffserläuterung zum Unternehmenserfolg in Kapitel 2.1.1.2 systematisiert und erläutert das folgende Kapitel unterschiedliche Erfolgsmaße. Diese Arbeit folgt der Logik von Morgan (2012) und unterscheidet zwischen Kennzahlen des Markt- und des Finanzerfolgs.

2.1.3.1 Eigenschaften unterschiedlicher Kennzahlen

In Praxis und Forschung werden unzählige Kennzahlen zur Messung des Unternehmenserfolgs sowie unterschiedliche Adaptionen dieser diskutiert, weshalb die Auflistung aller möglichen Erfolgsmaße endlos erscheinen würde. Diese Arbeit konzentriert sich auf Erfolgsmaße, die in der Marketingforschung und –praxis als etablierte Maße gelten und häufig Anwendung finden (Ambler 2003; Lehmann und Reibstein 2006). Forscher und Manager stehen oft vor der Herausforderung, die richtigen Kennzahlen auszuwählen, weil sie sich aus Komplexitätsgründen meist auf ein oder zwei Erfolgsmaße konzentrieren müssen (Arikan 2008; Petersen et al. 2009). Wie Lehmann und Reibstein (2006) feststellen, fehlt es dem Marketing nicht an Kennzahlen, vielmehr sollten diese systematisch organisiert und zueinander in Beziehung gesetzt werden. Zu diesem Zweck liegt die Betrachtung der Eigenschaften unterschiedlicher Kennzahlen nahe, welche folglich aus der Literatur zum wertbasierten Marketing identifiziert werden.

In einer extensiven Literaturdurchsicht wurden zahlreiche Dokumente an der Schnittstelle zwischen Marketing und Finanzwirtschaft im Hinblick auf unterschiedliche Eigenschaften von Kennzahlen des Unternehmenserfolgs gesichtet. Eine Kategorisierung aller identifizierten Eigenschaften zu überschneidungsfreien Kennzeichen resultierte schließlich in sechs Charakteristika. Für die Betrachtung der Eigenschaften von Kennzahlen erfolgt eine Einteilung dieser in zweckbezogene und gütebezogene Eigenschaften. Die Einteilung in zweck- und gütebezogene Eigenschaften liegt insofern nahe, als manche Eigenschaften eine wertfreie Beschreibung der Kennzahl zulassen und andere sie hinsichtlich ihrer Güte bewerten. Zweckbezogene Eigenschaften geben also Aufschluss darüber, zu welchem Zweck ein Maß verwendet werden sollte und sagen nichts über dessen Qualität aus. Gütebezogene Eigenschaften sind hingegen unabhängig vom Zweck der Messung, dienen aber der Beurteilung der Güte einer Kennzahl. Tabelle 3 trägt alle aus der Literatur identifizierten Eigenschaften von Kennzahlen zusammen und gruppiert sie unter den genannten Dimensionen.

Als *zweckbezogene Eigenschaften* von Kennzahlen des Unternehmenserfolgs sind die Beobachtbarkeit, der Objektbezug, die Position in der Kausalkette und der Zeitbezug zu betrachten. Eine Kennzahl kann beobachtbar oder nicht beobachtbar sein, wobei letztere meist psychographische Kundenmerkmale repräsentieren, wie Kundenwahrnehmungen, Einstellungen, und Verhaltensintentionen, die im Individuum verankert sind (Gupta und Zeithaml 2006). Beobachtbare Kennzahlen auf Kundenebene sind demgegenüber die Kundenverhaltensweisen, wie zum Beispiel der Kauf und Konsum eines Produkts, was letztlich die Umsätze, die Kundenbindung und auch den Kundenwert beeinflusst (Gupta und Zeithaml 2006). Während sich Gupta und Zeithaml (2006) ausschließlich auf konsumentenbezogene Metriken konzentrieren, ist ihre Logik auch auf andere Maße, wie zum Beispiel Kosten oder Aktieninvestitionen, übertragbar. In diesem Sinne wären Kosten, Profitabilitätsmaße und Aktienkurse beobachtbar, die Wahrnehmungen der Investoren jedoch nicht. Meist sind die nicht beobachtbaren Kennzahlen den beobachtbaren vorgelagert (Gupta und Zeithaml 2006).

Tabelle 3: Überblick über die Eigenschaften von Kennzahlen

Zweckbezogene Eigenschaften		Gütebezogene Eigenschaften	
Eigenschaft	**Quellen**	**Eigenschaft**	**Quellen**
Beobachtbarkeit (beobachtbar vs. nicht beobachtbar)	Gupta und Zeithaml (2006)	Komplexität (leicht messbar vs. schwer messbar)	Ambler (2003)
Position in Kausalkette (vorgelagert vs. nachgelagert)	Ambler (2003); Lehmann und Reibstein (2006); Morgan (2012); Rust et al. (2004)	Manipulierbarkeit (leicht manipulierbar vs. schwer manipulierbar)	Dechow, Kothari und Watts (1998); Morgan (2012); Morgan und Rego (2009)
Objektbezug (absolut- vs. relational)	Morgan (2012); Rust et al. (2004)		
Zeitbezug (kurzfristig vs. langfristig)	Ambler (2003); Lehmann und Reibstein (2006); Petersen et al. (2009); Rust et al. (2004)		

Quelle: Eigene Darstellung.

Die unterschiedlichen Kennzahlen beeinflussen sich demnach meist kausal, weshalb mehrere Forschungsstudien Kausalketten von Erfolgskennzahlen vorschlagen (z.B. Morgan 2012; Rust et al. 2004; Srivastava, Shervani und Fahey 1998). Die Position einer Kennzahl in der Kausalkette gibt Aufschluss darüber, ob es sich um eine vor- oder nachgelagerte Größe handelt. Lehmann und Reibstein (2006) unterscheiden diesbezüglich zwischen diagnostischen und evaluierenden Maßen, wobei erstere sich auf die Situationsanalyse eines Unternehmens und Erfolgsmaße auf dem Weg zum Endresultat beziehen, was einer vorgelagerten Größe entspricht. Beispiele hierfür sind Umsätze oder Marktanteile. Evaluierende Kennzahlen bezeichnen demgegenüber das Resultat, also den Enderfolg, zum Beispiel den Cashflow (Lehmann und Reibstein 2006). Sie unterscheiden außerdem zwischen verschiedenen Ebenen von Maßen und referieren dabei auf die Kunden-, Produktmarkt-, und Finanzerfolgsebene. Andere Modelle aus der Literatur inkludieren diese Ebenen wiederum als Teilschritte der Kausalkette (z.B. Rust et al. 2004; Srivastava, Shervani und Fahey 1998). Bei der Auswahl einer Kennzahl kann also einerseits das Interesse an Ursachen und mediierenden Größen oder auch am finalen Resultat überwiegen.

Die Eigenschaft Objektbezug beinhaltet den Selbst- oder Fremdbezug einer Kennziahl, wobei Selbstbezug bedeutet, dass das Maß keinen Vergleich zu einer anderen Größe herstellt, sondern ausschließlich das absolute Ausmaß angibt. Eine Kennzahl mit Fremdbezug setzt dieses absolute Ausmaß in das Verhältnis zu einer anderen Größe und ist deshalb als relationales Maß zu bezeichnen. Der Fremdbezug kann sich hierbei unterschiedlich gestalten, zum Beispiel können dies Kosten, der Erfolg von Wettbewerbern oder eine andere Periode sein (Rust et al. 2004). Werden Kosten als Referenzgröße herangezogen, ist es als Effizienzmaß zu bezeichnen, wie zum Beispiel Return on Investment oder Cashflow (Morgan 2012). Beinhaltet die Kennzahl aber den Vergleich zur Vorperiode, gilt sie als Veränderungsmaß oder auch dynamisches Maß (Rust et al. 2004). Beispielsweise werden Aktienkurse häufig als Veränderungsmaß in Form der Aktienrendite betrachtet (Srinivasan und Hanssens 2009). Je nach Fragestellungen wollen Forscher oder Manager das absolute oder relationale Ausmaß einer Unternehmensaktivität begutachten. Interessiert beispielsweise nur die Zielerreichung, fungiert das absolute Ausmaß als Indikator. Ist jedoch von Bedeutung, wie dieses Ziel erreicht wurde, kann dies in Relation zu den Kosten betrachtet werden.

Häufig werden Erfolgskennzahlen hinsichtlich ihres Zeitbezugs unterschieden, das heißt, ob sie eine kurz- oder langfristige Orientierung haben. Rust et al. (2004) differenzieren hierbei zwischen zukunftsorientierten und retrospektiven Maßen. Die meisten Maße der Buchhaltung beziehen sich auf eine aktuelle oder vergangene Periode, so dass sie als retrospektiv gelten (Rust et al. 2004). In andere Größen, wie beispielsweise den Marktwert, fließen demgegenüber die Erwartungen an zukünftige Einnahmen und Profite mit ein, weshalb sie als zukunftsorientiert gelten (Rust et al. 2004; Srivastava, Shervani und Fahey 1998). Obwohl die Zukunft nur ansatzweise prognostiziert werden kann (Ambler 2003), gelten alle Kennzahlen zur Bewertung des Finanzmarkts als langfristige Maße, weil sie die Einschätzungen von Investoren hinsichtlich zukünftiger Einnahmen und Cashflows implizieren (Fama 1991; Rappaport 1998; Srivastava, Shervani und Fahey 1998).

Als *gütebezogene* Eigenschaften lassen sich aus der Literatur die zwei Eigenschaften der Komplexität und Manipulierbarkeit identifizieren. Ambler (2003) diskutiert, dass manche Kennzahlen sehr komplex und damit schwer messbar sind, und bezieht sich damit insbesondere auf den Markenwert eines Unternehmens. Eine höhere Komplexität und damit erschwerte Messbarkeit erhöht die Wahrscheinlichkeit einer fehlerhaften Messung, weshalb Komplexität als gütebezogene Eigenschaft fungiert. Ist ein Maß bezüglich seiner Operationalisierung eindeutig, wie z.B. der Umsatz, kann es einfach und fehlerfrei gemessen werden. Die Manipulierbarkeit einer Erfolgskennzahl hängt vor allem davon ab, ob sehr unterschiedliche Möglichkeiten zur Berechnung einer Größe existieren, die ein Unternehmen u.a. zu seinem Vorteil bei der externen Berichterstattung nutzen kann. Beispielsweise ermöglichen unterschiedliche Methoden bei der Berichterstattung des externen Rechnungswesens Unterschiede in den im Geschäftsbericht ausgewiesenen Erfolgskennzahlen wie Kapitalrenditen (Morgan und Rego 2009; Vorhies, Morgan und Autry 2009). Cashflow gilt beispielsweise als weniger sensibel gegenüber Manipulationen im externen Rechnungswesen (Dechow, Kothari und Watts 1998; Vorhies, Morgan und Autry 2009). Gelten die Kennzahlen als weniger manipulierbar, sind sie auch besser vergleichbar zwischen unterschiedlichen Unternehmen und Branchen, weshalb dies ein Gütekriterium darstellt. Die folgenden zwei Subkapitel stellen eine Auswahl an Kennzahlen vor und beschreiben diese anhand der erarbeiteten Eigenschaften, wobei zwischen Markt- und Finanzerfolg unterschieden wird.

2.1.3.2 Kennzahlen des Markterfolgs

Unter Markterfolg versteht Morgan (2012, S. 113) „[...] the purchase behavior responses of customers and prospects in the target market to the firm's realized positional advantage". Demzufolge werden darunter Erfolgsmaße zugeordnet, die die Ziele hinsichtlich des Konsumentenverhaltens und der Wettbewerbsposition des Unternehmens widerspiegeln. Auch Srivastava, Shervani und Fahey (1998) verfolgen ansatzweise diese Logik, indem sie neben dem marktbasierten Vermögen auch zwischen Markterfolg und Finanzmarkterfolg unterscheiden. Zur deutlicheren Abgrenzung vom Finanzerfolg wird im Folgenden von Kennzahlen des Markterfolgs gesprochen, wobei sich der Marktbegriff auf den Konsumentenmarkt bezieht.

Entsprechend Morgans Definition und im Einklang mit der Marktsichtweise des 3C-Modells (Ohmae 1991) wird zwischen konsumenten- und wettbewerbsbezogenen Kennzahlen unterschieden. Konsumentenbezogene Kennzahlen spiegeln die Einstellungen und das Verhalten der Konsumenten bezüglich des Unternehmens wider (Gupta und Zeithaml 2006). Dies basiert auf der Annahme, dass ein Wettbewerbsvorteil positive Kundenwahrnehmungen und gesteigertes Kaufverhalten zur Folge hat (Narver und Slater 1990). Zwar basieren die wettbewerbsbezogenen Kennzahlen auch auf dem Konsumentenverhalten, jedoch berücksichtigen sie den Vergleich zu Wettbewerbern und lassen somit Rückschlüsse auf die Position des Unternehmens im Wettbewerbsumfeld zu. Als Kennzahlen des Markterfolgs listet Morgan (2012) Umsatz, Kundenzufriedenheit, Kundenloyalität, niedrigere Preissensibilität und Marktanteil auf. Entsprechend der Erläuterung in Tabelle 4 sind Preispremium und Marktanteil als wettbewerbsbezogene Größen zu verstehen, da sie den Umsatz beziehungsweise die

Preissetzungsmacht im Vergleich zu den Wettbewerbern darstellen (Morgan 2012; Srivastava, Shervani und Fahey 1998).

Tabelle 4: Überblick über ausgewählte Kennzahlen des Markterfolgs

Kennzahlen des Markterfolgs	Erläuterung	Zweckbezogene Eigenschaften				Gütebezogene Eigenschaften		Beispielhafte Quellen
		beobachtbar	nachgelagert	relational	langfristig	leicht messbar	schwer manipulierbar	
Konsumentenbezogene Kennzahlen								
Umsatz	Einnahmen durch den Verkauf von Gütern oder Dienstleistungen zu bestimmten Preisen (Farris et al. 2009)	✓	x	x	x	✓	✓	Morgan (2012); Xia und Zhang (2010)
Kundenzufriedenheit	Einstellung eines Konsumenten zu einem Unternehmen, die aus dem Abgleich von Erwartungen und Erfüllung dieser Erwartung resultiert (Oliver 2010)	x	x	x	x	x	x	Anderson, Fornell und Mazvancheryl (2004); Morgan (2012)
Kundenbindung	Dauerhafte Bindung des Kunden an ein Unternehmen, so dass dieser wiederholt bei dem Unternehmen kauft (Paul 2008)	✓	x	x	x	✓	✓	Morgan (2012); Srinivasan und Hanssens (2009); Srivastava, Shervani und Fahey (1998)
Kundenwert	Summe aller diskontierten Kundenlebenswerte (CLV) der aktuellen und potenziellen Kunden eines Unternehmens (Rust, Lemon und Zeithaml 2004)	x	x	✓	✓	x	x	Rust et al. (2004); Rust, Lemon und Zeithaml (2004); Srinivasan und Hanssens (2009)
Markenwert	Wert eines Unternehmens, der einzig der Marke zuzuschreiben ist (Keller 1993)	x	x	x	✓	x	x	Morgan (2012); Rust et al. (2004); Srinivasan und Hanssens (2009); Srivastava, Shervani und Fahey (1998)
Wettbewerbsbezogene Kennzahlen								
Marktanteil	Umsatz eines Unternehmens im Verhältnis zum Gesamtumsatz der Branche (Farris et al. 2009)	✓	x	✓	x	x	✓	Morgan (2012); Morgan und Rego (2009); Srivastava, Shervani und Fahey (1998)
Preispremium	Fähigkeit, einen höheren Preis als Wettbewerber verlangen zu können aufgrund der niedrigeren Preissensibilität der Kunden (Morgan 2012)	x	x	✓	x	x	✓	Morgan (2012); Srivastava, Shervani und Fahey (1998)

Quelle: Eigene Darstellung.

Weiterhin gelten der Kundenwert und der Markenwert als zwei der wichtigsten marktbasierten und marketingrelevanten Vermögenswerte, die beide konsumentenbezogene Größen darstellen (Ambler 2003; Rust et al. 2004; Srinivasan und Hanssens 2009; Srivastava, Shervani und Fahey 1998). Die einzelnen Größen werden in Tabelle 4 knapp erläutert und hinsichtlich der unter Kapitel 2.1.3.1 identifizierten Eigenschaften eingeordnet, wobei die Beschreibungen der Eigenschaften in dem vorstehenden Kapitel als Bewertungsgrundlage fungieren. Ein Haken (bzw. ein Kreuz) symbolisiert hierbei, dass die im Tabellenkopf aufgelistete Eigenschaft auf die jeweilige Kennzahl zutrifft (bzw. nicht zutrifft). Da diese Tabelle nur einen Überblick über wichtige, in der Literatur diskutierte Kennzahlen geben soll und nicht alle diese Maße für diese Studie relevant sind, wird nicht jede einzelne Größe diskutiert. Ausschließlich die Größen, welche im konzeptuellen und empirischen Teil der vorliegenden Arbeit Berücksichtigung finden, werden über die Angaben in der Tabelle hinaus besprochen.

2.1.3.3 Kennzahlen des Finanzerfolgs

Der Finanzerfolg konzentriert sich im Gegensatz zum Markterfolg auf finanzielle Resultate des Unternehmens, welche Erfolgskennzahlen des Rechnungswesens sowie der Unternehmens-bewertung am Finanzmarkt einschließen (Morgan 2012; Srivastava, Shervani und Fahey 1998). Der Finanzerfolg ist kausal dem Markterfolg nachgelagert und wird deshalb häufig als finales Ziel eines Unternehmens betrachtet (Gupta und Zeithaml 2006; Rust et al. 2004; Srivastava, Shervani und Fahey 1998). Dabei stellt der Erfolg auf dem Aktienmarkt jedoch nicht zwingend das ultimative Ziel jedes Unternehmens dar und Absichten von Managern können von Zielen der Investoren abweichen (Morgan 2012; Rappaport 1998). Dennoch kann dieser bei börsennotierten Unternehmen entscheidend für die Zukunft des Geschäfts sein.

Obwohl die genaue Prognose des zukünftigen Unternehmenserfolgs als schwierig gilt (Ambler 2003), versucht der Shareholder Value-Ansatz durch Berücksichtigung sämtlicher Informationen des Marktes und des Unternehmens diese Aufgabe näherungsweise zu lösen (Day und Fahey 1988; Rappaport 1998). So postuliert die Effizienzmarkthypothese (EMH) eine Bewertung des zukünftigen Unternehmenserfolgs durch Aktieninvestoren unter Berücksichtigung sämtlicher verfügbarer Markt- und Unternehmensinformationen (Fama 1991). Sie nimmt demzufolge an, dass die Märkte effizient sind, weil Investoren alle notwendigen Informationen zur Verfügung haben und auch nutzen, um den künftigen Wert eines Unternehmens einschätzen zu können (Fama 1991). Hierbei berücksichtigen Investoren Größen, wie zum Beispiel vorhergehende Aktienkurse, Dividenden, Risikofaktoren, Kreditraten, Marktfaktoren und sämtliche erfolgsrelevante Unternehmensinformationen (Morgan 2012; Morgan und Rego 2009). Teilweise äußern Forscher und Manager Zweifel an ebendieser Kapitalmarkteffizienz, insbesondere weil Aktienkurse auch seriell voneinander abhängen können und marktbezogene Informationen stellenweise relevanter für eine Investitionsentscheidung sein können als die unternehmensbezogenen Informationen und alle Unternehmen eines Marktes damit systematisch anders bewertet werden würden (Schulz 2011). Demgegenüber hat eine Vielzahl von Forschungsstudien die Annahmen der Kapitalmarkteffizienz bestätigt (Fama 1991). Deshalb nimmt die Rolle dieses Ansatzes auch hinsichtlich wichtiger Entscheidungen im strategischen Management und Marketing zu (Srinivasan und Hanssens 2009; Srivastava, Shervani und Fahey 1998). So ist in der Marketingforschung im internationalen Raum eine wachsende Anzahl an Studien zu verzeichnen, die empirische Effekte von marketingbezogenen Aktivitäten und Strategien auf den Aktienmarkt untersuchen (z.B. Aaker und Jacobson 2001; Geyskens, Gielens und Dekimpe 2002; Homburg, Vollmayr und Hahn 2014; Lee und Grewal 2004; Morgan und Rego 2009; Raithel et al. 2012; Srinivasan et al. 2009). Dementsprechend finden auch in dieser Arbeit aktienbezogene Kennzahlen Berücksichtigung.

Die Kennzahlen des Finanzerfolgs werden in Tabelle 5 unter der Differenzierung zwischen geschäftsbezogenen und aktienbezogenen Kennzahlen zusammengefasst. Während erstere gängige Maße des Rechnungswesens eines Unternehmens beinhalten (z.B. Cashflow), repräsentieren letztere Maße des Aktienmarkts (z.B. Aktienkurse). Auch die Kennzahlen des Finanzerfolgs werden hinsichtlich der unter Kapitel 2.1.3.1 aufgeführten Eigenschaften eingeordnet.

Tabelle 5: Überblick über ausgewählte Kennzahlen des Finanzerfolgs

Kennzahlen des Markterfolgs	Erläuterung	Zweckbezogene Eigenschaften				Gütebezogene Eigenschaften		Beispielhafte Quellen
		beobachtbar	nachgelagert	relational	langfristig	leicht messbar	Schwer manipulierbar	
Geschäftsbezogene Kennzahlen								
Umsatzkosten	Sämtliche Kosten, die für die Bereitstellung eines Produkts anfallen (Farris et al. 2009)	✓	x	x	x	✓	x	Morgan (2012)
Bruttomarge	Verhältnis von Gewinn und Einnahmen (Farris et al. 2009)	✓	x	✓	x	✓	x	Morgan (2012); Xia und Zhang (2010)
Gewinn	Reingewinn eines Unternehmens als Ergebnis der Differenz von Einnahmen und Ausgaben (Farris et al. 2009)	✓	x	✓	x	✓	x	Morgan (2012)
Kapitalrendite	Gewinn im Verhältnis zum eingesetzten Kapital (Rust et al. 2004)	✓	x	✓	x	✓	x	Morgan (2012); Rust et al. (2004); Xia und Zhang (2010)
Buchwert	Differenz von Vermögenswerten und Verbindlichkeiten aus der	✓	x	✓	x	✓	✓	Rust et al. (2004)

Kennzahlen des Markterfolgs	Erläuterung	Zweckbezogene Eigenschaften				Gütebezogene Eigenschaften		Beispielhafte Quellen
		beo-bacht-bar	nach-gela-gert	rela-tional	lang-fristig	leicht mess-bar	Schwer manipu-lierbar	
	Bilanz (Rust et al. 2004)							
Cashflow	Geldzufluss als Ergebnis der Differenz von Einzahlungen und Auszahlungen (Rappaport 1998)	✓	x	✓	x	✓	✓	Morgan (2012); Srivastava, Shervani und Fahey (1998)
Cashflow-Volatilität	Verhältnis von der Varianz des Cashflows eines Unternehmens und der Varianz des gesamten Cashflows einer Branche (Srinivasan und Hanssens 2009)	✓	x	✓	x	✓	✓	Gruca und Rego (2005); Srinivasan und Hanssens (2009); Srivastava, Shervani und Fahey (1998)
Aktienbezogene Kennzahlen								
Aktienrendite	Veränderung des Aktienwerts einer Periode im Vergleich zur Vorperiode unter Berücksichtigung der Dividenden (Srinivasan und Hanssens 2009)	✓	✓	✓	✓	✓	✓	Srinivasan und Hanssens (2009)
Marktwert bzw. Markt-kapitalisierung	Marktwert des gesamten Umlaufkapitals (ausgegebener Aktien) (Rust et al. 2004)	✓	✓	x	✓	✓	✓	Morgan (2012); Rust et al. (2004); Srinivasan und Hanssens (2009)
Tobins Q	Verhältnis von Marktwert und Wiederbeschaffungskosten der tangiblen Vermögenswerte (Rust et al. 2004)	✓	✓	✓	✓	(✓)	✓	Morgan und Rego (2009); Rust et al. (2004); Srinivasan und Hanssens (2009)
Systematisches Marktrisiko	Kursvolatilität erklärt durch Veränderungen der durchschnittlichen Marktportfoliorenditen (Srinivasan und Hanssens 2009)	✓	✓	✓	✓	✓	✓	Srinivasan und Hanssens (2009); Srivastava, Shervani und Fahey (1998)
Idiosynkratisches Marktrisiko	Firmenspezifische Kursvolatilität, die nicht durch Veränderungen der durchschnittlichen Marktportfoliorenditen erklärt wird (Srinivasan und Hanssens 2009)	✓	✓	✓	✓	x	✓	Morgan (2012); Srinivasan und Hanssens (2009)

Quelle: Eigene Darstellung.

2.1.3.4 Auswahl der Kennzahlen für die vorliegende Forschungsarbeit

Die Erfolgskennzahlen dieser Arbeit sollen hinsichtlich der unter 2.1.3.1 identifizierten Kriterien die folgenden Eigenschaften aufweisen: Erstens sollen sie möglichst nachgelagert sein, da in der Arbeit das Endresultat von Kanalstrategien im Fokus des Interesses steht. Obgleich es ebenso legitim und interessant sein mag, die Mediatoren und damit zwischengelagerten Effekte auf dem Konsumentenmarkt zu betrachten, ist es Ziel dieser Arbeit, das Endresultat einer strategischen Marketingentscheidung zu begutachten. Zweitens werden beobachtbare Kennzahlen bevorzugt, weil laut Forschungsfragen eine objektive Bewertung des Erfolgs anstelle psychographischer Eigenschaften von Konsumenten oder Investoren untersucht werden. Drittens sollen sie relational und damit nicht nur selbstbezogen sein. Zwar ist ein relationales Maß komplexer, enthält aber auch mehr Informationen als ein absolutes Maß, weil es einen Vergleich mehrerer Erfolgsgrößen impliziert. Bezüglich des Zeitbezugs wird ein kurz- und ein langfristiges Maß ausgewählt, weil der Vergleich zwischen Effekten auf kurze und lange Sicht von Interesse ist. Die zwei Gütekriterien geringe Komplexität und hohe Vergleichbarkeit sollen für beide Maße als erfüllt gelten.

Dementsprechend konzentriert sich die vorliegende Arbeit bezüglich der Erfolgsmessung auf finanzwirtschaftliche Kennzahlen, weil diese sich möglichst weit am Ende der Kausalkette von Effekten einer Marketingstrategie befinden (Gupta und Zeithaml 2006; Rust et al. 2004; Srivastava, Shervani und Fahey 1998). Zwar gelten nur die aktienbezogenen Kennzahlen als endgültig nachgelagerte Größen (siehe Tabelle 5), jedoch ist der Erfolg am Börsenmarkt nicht immer das ausschlaggebende Ziel jedes Unternehmens (Morgan 2012; Rappaport 1998). Zudem besteht ein weiteres Interesse in der Differenzierung zwischen und dem Vergleich von kurz- und langfristigen Effekten weshalb auch eine geschäftsbezogene Kennzahl herangezogen wird. Zu diesem Zweck werden zwei Kennzahlen betrachtet, auf die so viele vorstehend aufgelistete Eigenschaften wie möglich zutreffen: Cashflow und Tobins Q.

Cashflow gibt als Differenz der Einzahlungen und Auszahlungen die liquiden Mittel, also den Kapitalzufluss eines Unternehmens am Ende einer bestimmten Periode wider (Rappaport 1998). Er gibt demzufolge auch Aufschluss darüber, welche Mittel ein Unternehmen hat, um künftige Investitionen zu tätigen und zeigt wie profitabel ein Unternehmen gewirtschaftet hat (Morgan 2012). In der Forschung entwickelte sich im letzten Jahrzehnt eine Präferenz bezüglich der Verwendung von Cashflow als Erfolgskennzahl (Srivastava, Shervani und Fahey 1998), weil dieser im Gegensatz zu anderen Profitabilitätsmaßen weitgehend unabhängig von der Methode des Rechnungswesens eines Unternehmens ist (Dechow, Kothari und Watts 1998; Morgan 2012; Morgan und Rego 2009). Die in der Bilanz dem Cashflow vorgelagerten Kosten- oder Gewinnmaße können je nach interner und externer Berichterstattung sowie unterschiedlichen Methoden variieren (Farris et al. 2009; Morgan 2012). Ein Grund für die schwere Manipulierbarkeit von Cashflow kann u.a. die Einfachheit der Messung sein, da schlicht alle Kapitalzuflüsse (engl. inflow) allen Kapitalabflüssen (engl. outflow) gegenübergestellt werden (Morgan 2012). Insbesondere der operative Cashflow gilt als am wenigsten manipulierbar, weil Abschreibungen in diesem Maß nicht berücksichtigt werden (Vorhies und Morgan 2003). Die Kapitalflüsse liegen in der Vergangenheit, da der Cashflow liquide Mittel nach einer Periode angibt, womit das Maß als kurzfristig gilt. Dennoch bildet Cashflow häufig die Grundlage zukunftsorientierter Maße, insofern als die Idee des Shareholder Values die

Schätzung der zukünftig erwarteten Cashflows eines Unternehmens unter Berücksichtigung des Cashflows vergangener Perioden beinhaltet (Ambler 2003; Morgan 2012; Rappaport 1998; Srivastava, Shervani und Fahey 1998).

Tobins Q gilt als ein finales Erfolgsmaß am Ende der Kausalkette (Rust et al. 2004; Srinivasan und Hanssens 2009). Entsprechend der Empfehlung von Srinivasan und Hanssens (2009) wird Tobins Q in der vorliegenden Arbeit als Maß des Firmenwerts und damit langfristige Erfolgskennzahl betrachtet. Aus Tabelle 5 geht hervor, dass neben Tobins Q auch die Aktienrendite alle zweck- und gütebezogenen Eigenschaften erfüllt. So empfehlen Srinivasan und Hanssens (2009) auch die Verwendung dieser Kennzahl, jedoch insbesondere für die Untersuchung von Effekten wichtiger Ereignisse, wobei insbesondere die Eventstudie als Methodik Anwendung findet. Tobins Q repräsentiert das Verhältnis von Marktwert und den Wiederbeschaffungskosten aller tangiblen Vermögenswerte, wobei letztere sämtliches Grundeigentum, die Ausstattung, Inventar, liquide Mittel und Wertpapierinvestitionen des Unternehmens beinhalten (Rust et al. 2004; Tobin 1969). Da die intangiblen Vermögenswerte nur im Marktwert enthalten sind, symbolisiert ein Wert größer als eins den Besitz von intangiblen Vermögenswerten (Lane und Jacobson 1995; Rust et al. 2004). Die Messbarkeit von Tobins Q kann sich insofern komplex gestalten, als die Wiederbeschaffungskosten der Vermögenswerte nur ansatzweise schätzbar sind (Srivastava, Shervani und Fahey 1998). Deshalb wird häufig der Buchwert als Repräsentation des tangiblen Vermögens herangezogen (Chung und Pruitt 1994; Srivastava, Shervani und Fahey 1998).

Schließlich gilt Tobins Q als zukunftsorientiertes Maß, welches durch die Marktbewertung das Wachstums- und Risikopotenzial sowie das intangible Vermögen inkludiert (Rust et al. 2004; Srivastava, Shervani und Fahey 1998). Die Auswahl der Kennzahlen des Unternehmenserfolgs stimmt schließlich mit der Sicht des wertbasierten Marketings überein (siehe Kapitel 2.1.1.2), wonach die Schnittstelle zwischen Marketing und Finanzwirtschaft eines Unternehmens systematisch analysiert werden sollte, um den langfristigen Erfolg sicherzustellen und die Bedeutung des Marketings beurteilen zu können (Rappaport 1998).

2.2 Multikanalmarketing und Multikanalstrategie

2.2.1 Definitionen und Verortung

Ziel dieses Kapitels ist es, der vorliegenden Forschungsarbeit eine für das gesamte Marketing verallgemeinerbare, von anderen Funktionsbereichen des Managements abgrenzende und präzise Definition von Multikanalmarketing zugrunde zu legen. Da die Durchsicht bestehender Literatur zum Multikanalmarketing und -management eine heterogene Verwendung des

Begriffs offenlegt, liegt die Erarbeitung einer neuen Definition von Multikanalmarketing nahe. Um die Komplexität des Themengebiets, und damit auch dessen zentrale Bedeutung, zu verdeulichen und gleichsam eine möglichst genaue Vorstellung von den Aufgaben und Zielen des Bereichs zu geben, erfüllt die Definition die folgenden Merkmale: Sie nimmt explizit Bezug auf das Marketing, grenzt den Handlungsrahmen und die Handlungsfelder von anderen betriebswirtschaftlich Bereichen ab und formuliert ein Kernziel dieses Bereichs. Auf die vorstehend gegebene Marketingdefinition aufbauend (siehe Kapitel 2.1.1.1.1) wird die folgende Begriffsdefinition vorgeschlagen:

> *Multikanalmarketing bezeichnet die Planung, Steuerung, Durchführung und Kontrolle aller Aktivitäten und Prozesse einer Organisation, die sich auf die Distributions-, Kommunikations-, Preis- und Produktpolitik in mehr als einem Vertriebskanal beziehen und hat die Wertschaffung für Kunden und weitere Anspruchsgruppen der Organisation zum Ziel.*

Gemäß Neslin und Shankar (2009) umfasst der Begriff des Vertriebskanals alle Medien oder Kontaktpunkte, in denen Unternehmen und Konsumenten interagieren, also kommunizieren oder verhandeln. Gegenüber bestehenden Definitionen von Multikanalmarketing bezieht sich die vorgeschlagene Begriffsdefinition explizit auf das Marketing, grenzt hierbei einen genauen Handlungsrahmen ab, benennt konkrete Handlungsfelder und gibt ein Ziel vor. Bisher existierende Definitionen und deren Eigenschaften fasst Tabelle 6 zusammen.

Die existierenden Definitionen beschränken sich häufig auf bestimmte Teilbereiche des Marketings, wie zum Beispiel Distribution (siehe Levy und Weitz 2009; Zhang 2009) oder Kundenmanagement (siehe Neslin et al. 2006), und umfassen damit nicht die Komplexität des Marketings. Die zentrale Bedeutung des Marketings in der Unternehmensführung legt jedoch eine erweiterte Begriffsdefinition nahe (siehe Kapitel 2.1.1.1). Zwar steht bei einer Multikanalstrategie hauptsächlich der Vertrieb der Produkte und Dienstleistungen im Fokus und damit ist sie primär der Distributionspolitik zuzuordnen, jedoch müssen auch die anderen Marketinginstrumente innerhalb dieses Vertriebssystems koordiniert werden, so dass sie wiederum Entscheidungen über alle marketingbezogenen Aktivitäten des Unternehmens enthält (Zhang et al. 2010). Darüber hinaus grenzen bisherige Definitionen nicht durchweg einen klaren Handlungsrahmen ab, indem sie keine konkreten Aufgaben benennen (siehe Levy und Weitz 2009; Rangaswamy und Van Bruggen 2005). Die vorgeschlagene Definition hingegen benennt die übergreifenden Aufgaben der Planung, Steuerung, Durchführung und Kontrolle als Handlungsrahmen.

Tabelle 6: Bestehende Definitionen von Multikanalmarketing und -management

Quelle	Definition	Eigenschaften der Definition			
		Bezugnahme auf Marketing	Abgrenzung des Handlungsrahmens	Abgrenzung der Handlungsfelder	Benennung eines Ziels
Levy und Weitz (2009, S. 72)	"Multichannel retailers are retailers that sell merchandise or services through more than one channel."	x	x	x	x
Neslin et al. (2006, S. 95)	"Multichannel customer management is the design, deployment, coordination, and evaluation of channels through which firms and customers interact, with the goal of enhancing customer value through effective customer acquisition, retention, and development."	x	✓	✓	✓
Rangaswamy und Van Bruggen (2005, S. 6)	"Multichannel marketing enables firms to build lasting customer relationships by simultaneously offering their customers and prospects information, products, services, and support (or any combination of these) through two or more synchronized channels."	x	✓	x	✓
Zhang (2009, S. 1080)	"The term multichannel retailing is increasingly used to refer to the practice of retailers using both traditional bricks-and-mortar retail stores and the Internet to sell merchandise (i.e., the so-called "bricks-and clicks" format)."	x	x	x	x
Zentes, Morschett und Schramm-Klein (2011, S. 80)	„The term multichannel retailing refers to retailers using several retail channels in parallel to sell their merchandise."	x	x	x	x

Quelle: Eigene Darstellung.

Weiterhin konkretisiert die Definition inhaltliche Handlungsfelder, die zusammen den Marketing-Mix bilden. Andere Definitionen beziehen sich zwar auch auf das Marketing, benennen aber nicht konkret dessen Handlungsfelder (Rangaswamy und Van Bruggen 2005). Entscheidungen im Multikanalmarketing-Mix beziehen sich häufig auf die Abstimmung, Konsistenz oder die Integration der Marketinginstrumente über die unterschiedlichen Vertriebskanäle (Bendoly et al. 2005; Zhang et al. 2010). So sollten beispielsweise das Produktsortiment oder die Preise über mehrere Kanäle hinweg abgestimmt werden (Zhang et al. 2010). Schließlich gibt die erarbeitete Definition das Ziel der Wertschaffung für den Kunden vor, was dem Ziel des Marketings allgemein entspricht (AMA 2013). Während zwei der aufgeführten Definitionen das Ziel der Kundenwertsteigerung (siehe Neslin et al. 2006) und anhaltender Kundenbeziehungen (siehe Rangaswamy und Van Bruggen 2005) beinhalten, lassen andere Definitionen das Ziel offen (siehe Levy und Weitz 2009; Zhang 2009). Die vorstehend aufgeführte Definition weist somit als einzige alle vier Eigenschaften auf und bildet eine umfassende, aber präzise Beschreibung von Multikanalmarketing.

In Anlehnung an die in Kapitel 2.1.1.1.4 eingeführte Begriffserklärung einer Marketingstrategie nach Meffert (1986) und der vorgeschlagenen Definition von Multikanalmarketing wird eine Multikanalstrategie wie folgt definiert: Eine Multikanalstrategie ist ein bedingter, langfristiger Verhaltensplan für das Mulikanalmarketing. Die Definition basiert auf dem allgemeinen Begriff einer Marketingstrategie, hat aber ein System von Vertriebskanälen zum Gegenstand, welches ein Vorkommen von mindestens zwei Kanälen impliziert. Die grundlegende strategische Entscheidung im Multikanalmarketing ist die Auswahl der Vertriebskanäle. Da Vertriebskanäle üblicherweise nicht kurzfristig eingeführt und wieder entfernt werden können, ohne hohe finanzielle und imagerelevante Folgen zu verursachen, erfüllt eine Multikanalstrategie den Anspruch der Langfristigkeit (Frazier 1999). Demzufolge ist eine Multikanalstrategie zwar primär dem Funktionsbereich des Marketings zuzuordnen, kann aber auch Auswirkungen auf die Ausrichtung des gesamten Unternehmens haben und sollte demnach funktionsbereichsübergreifend implementiert werden (Baker 2007; Geyskens, Gielens und Dekimpe 2002; Hunt 2010; Keller 2010). Schließlich ist die Ausgestaltung eines Multikanalsystems und damit die Art des direkten Zugangs zum Kunden eine unternehmensweite Entscheidung. Somit müssen im Multikanal-marketing im Einklang mit der Multikanalstrategie eine Reihe von strategischen Entscheidungen getroffen werden, die im Folgenden als Handlungsfelder gruppiert und erläutert werden.

2.2.2 Strategische Entscheidungsfelder im Multikanalmarketing

Laut vorliegender Definition beinhaltet das Multikanalmarketing die „Planung, Steuerung, Durchführung und Kontrolle aller Aktivitäten und Prozesse", die im Rahmen der Marketinginstrumente, also der Distributions-, Preis-, Produkt- sowie Kommunikationspolitik mit Blick auf das Management von Vertriebskanälen anfallen (McCarthy 1960; Zhang et al. 2010). Eine ausführliche Durchsicht der international publizierten Literatur zum Multikanalmarketing lässt auf zwei Dimensionen dieser Entscheidungsfelder schließen, wonach Entscheidungen bezüglich der Marketinginstrumente einerseits kanalbezogen und andererseits kanalübergreifend getroffen werden müssen. Kanalbezogene Entscheidungen repräsentieren sämtliche Marketingentscheidungen, die sich ausschließlich auf die Ausgestaltung eines Vertriebskanals beziehen. Kanalübergreifende Entscheidungen hingegen umfassen die Abstimmung und Ausgestaltung der Marketinginstrumente zwischen den Kanälen, zum Beispiel zwischen Internet und stationären Geschäften.

Darüber hinaus lassen sich diese Entscheidungsfelder in weitere Subdimensionen unterteilen. So sind bei der Ausgestaltung eines Kanals die Intensität und die Art der jeweiligen Marketingaktivität zu wählen. Als kanalübergreifende Aktivitäten diskutieren Wissenschaftler und Praktiker überwiegend die Homogenisierung und Integration verschiedener Kanäle (z.B. Bendoly et al. 2005; Oh, Teo und Sambamurthy 2012; Zhang et al. 2010). Während sich ersteres auf die Anpassung und damit Einheitlichkeit von Marketinginstrumenten über alle Kanäle bezieht, steht eine Kanalintegration für die Verzahnung von Vertriebskanälen und deren Angebote mit dem Ziel, den Kunden einen nahtlosen Übergang zwischen den Kanälen zu ermöglichen (Oh, Teo und Sambamurthy 2012; Zhang et al. 2010). In existierenden Forschungsarbeiten wird die Homogenisierung der Marketinginstrumente zum Teil auch als Integration bezeichnet, insofern als kanalübergreifende einheitliche Unternehmensaktivitäten, wie zum Beispiel gleiche Preise in allen Kanälen, als Integrationsaktivität gelten (Oh, Teo und Sambamurthy 2012). Diese Arbeit legt jedoch Wert auf die Unterscheidung dieser strategischen Entscheidungsfelder, da sie zum einen unabhängig voneinander koordiniert werden und zum anderen unterschiedliche Ziele hinsichtlich der Konsumenten verfolgen können. So können einheitliche Instrumente schlicht die Verwirrung von Kunden verhindern wollen, eine Integration kann die Kunden jedoch zum Wechsel in einen anderen Kanal motivieren (Grewal et al. 2010; Neslin und Shankar 2009).

Neben den Marketinginstrumenten thematisiert die Literatur oft auch die Integration von Kunden- und Produktdaten unter Verwendung übergreifender Technologiesysteme (Neslin et al. 2006; Oh, Teo und Sambamurthy 2012) und integrierte Organisationsformen (Frazier 1999; Zhang et al. 2010). Da beide jedoch basaler Natur sind, indem sie grundsätzlich der Ermöglichung der Integration obiger Marketinginstrumente dienen oder diese erleichtern sollen, werden sie im Folgenden nicht gesondert berücksichtigt. In Tabelle 7 sind die Entscheidungsfelder inklusive ihrer Dimensionen und Inhalte aufgelistet.

Gegenstand der *Distributionspolitik* im Multikanalmarketing sind Entscheidungen über die Auswahl und die Ausgestaltung der Distributionskanäle. Das kanalbezogene Entscheidungsfeld der Intensität kann zum einen die Anzahl der Kanäle und zum anderen die Investitionen in jeweilige Kanäle betreffen, welche in einer bestimmten Qualität resultiert. Es besteht ein wesentlicher Unterschied im Koordinations- und Kostenaufwand, ob ein Unternehmen zwei oder mehr Kanäle anbietet (Kabadayi, Eyuboglu und Thomas 2007; Neslin et al. 2006). Kanalbezogene Investitionen sollten sich letztlich auch in der Qualität der Kanäle im Sinne der Erfüllung der Funktionen eines Händlers widerspiegeln (Zentes, Morschett und Schramm-Klein 2011). So kann beispielsweise die Erreichbarkeit eines Kanals aus Sicht des Kunden erhöht werden, indem dieser weniger Aufwand betreiben muss, um Zugang zu diesem Kanal zu finden. Beispiele hierfür sind eine höhere Anzahl an stationären Geschäften und die schnellere Auffindbarkeit eines Internetshops. Das kanalbezogene Entscheidungsfeld der Art der Kanäle betrifft die Kombination von Kanaltypen. Diese kann ebenso entscheidend für den Aufwand eines Unternehmens sein, insofern als Kanäle mit Versandvertrieb wie Katalog und Internet mehr gleiche Ressourcen erfordern als das Internet und Ladengeschäfte (Avery et al. 2012). Im Zuge der Kanalauswahl durch das Unternehmen müssen ebenso die Eigenschaften der Vertriebskanäle, deren Bedeutung für die Zielgruppe, sowie das Zusammenwirken bestimmter Kanäle berücksichtigt werden.

Tabelle 7: Entscheidungsfelder im Multikanalmarketing

	Kanalbezogene strategische Entscheidungsfelder		**Kanalübergreifende strategische Entscheidungsfelder**	
	Intensität	**Art**	**Homogenisierung**	**Integration**
Distribution	Anzahl der Kanäle und Kanalqualität	Kanaltypen	Serviceangebot und -qualität	Zugang zu Distributionsservices anderer Kanäle
Preise	Preishöhe	Preiskommunikation	Preislevel und Preisdarstellung	Zugang zu Preisen anderer Kanäle
Produkte	Sortimentsgröße	Produktarten und -varianten	Anzahl, Produktarten und -varianten	Zugang zu Produkten anderer Kanäle
Kommunikation	Häufigkeit der Kommunikationsaktivitäten und Menge der Informationen	Gestaltung, Kontaktpunkte und Art der Kommunikation	Gestaltung, Kontaktpunkte und Art der Kommunikation	Kommunikation anderer Kanäle und Zugang zu Informationen anderer Kanäle

Quelle: Eigene Darstellung.

Hinsichtlich des kanalübergreifenden Entscheidungsfelds der Homogenisierung kann das Unternehmen bei Verfolgung einer Homogenisierungsstrategie ein kanalübergreifend gleiches Serviceangebot und vergleichbare Servicequalität anbieten, zum Beispiel indem die Regeln zum Umtausch eines Produkts einheitlich gelten. Darüber hinaus bieten zunehmend mehr Händler integrierte Kundenservices an, bei denen Kunden beispielsweise ihr Produkt im Internet bestellen und im Ladengeschäft abholen können (Bendoly et al. 2005). Es wird den Kunden in diesen Fällen also die Möglichkeit geboten, aus einem Kanal heraus die Serviceleistungen anderer Kanäle zu beanspruchen.

Die *Preispolitik* im Multikanalmarketing hat sich mit Entscheidungen bezüglich der Preishöhe und Preiskommunikation in jedem Kanal zu beschäftigen. So erfordern unterschiedliche Kanäle zum Teil andere Preise, insofern als die Kosten für das Unternehmen oder gar den Konsumenten zwischen Kanälen divergieren können (Grewal et al. 2010). Die Preise können darüber hinaus in unterschiedlichen Kanälen auf andere Weise kommuniziert werden, zum Beispiel durch den Einsatz unterschiedlicher Preisinstrumente. Auch die Preispolitik können Unternehmen über alle Kanäle hinweg homogen oder heterogen gestalten (Grewal et al. 2010;

Montoya-Weiss, Voss und Grewal 2003; Neslin und Shankar 2009). Aufgrund divergierender Eigenschaften der Kanäle können Preisunterschiede in den unterschiedlichen Kanälen durchaus plausibel kommuniziert werden (Balasubramanian, Raghunathan und Mahajan 2005; Grewal et al. 2010; Pan, Ratchford und Shankar 2006). Eine kanalübergreifende Integration der Preispolitik bedeutet, dass sich Konsumenten beim Produktkauf auf (verhandelte) Preise anderer Kanäle beziehen können.

Im Multikanalmarketing muss zudem die *Produktpolitik* für jeden Kanal und über alle Kanäle hinweg gesteuert werden. Es existiert grundsätzlich die Frage nach der Größe des Sortiments in jedem Kanal und welche Produktarten und –varianten in den Kanälen angeboten werden sollen (Emrich, Paul und Rudolph 2015). Die Auswahl der Produktarten und -varianten impliziert die Entscheidung, ob das gleiche oder ein divergierendes Produktsortiment in allen Kanälen angeboten wird (Brynjolfsson, Hu und Rahman 2009; Zhang et al. 2010). So können beispielsweise Produktvarianten in spezifischen Kanälen angeboten werden, wie zum Beispiel eine digitale Zeitschriftenversion im Internet (Grewal et al. 2010; Lee und Grewal 2004). Verfolgt das Unternehmen diesbezüglich eine homogene Strategie, sollte das Produktangebot in allen Kanälen gleich sein. Eine kanalübergreifend integrierte Produktpolitik zeichnet sich durch die Verfügbarkeit aller Produkte eines Kanals in einem anderen Kanal aus, zum Beispiel indem ein Kunde die Produkte des stationären Geschäfts auch im Internet einsehen kann.

Letztlich beschäftigt sich das Multikanalmanagement auch mit der Gestaltung der *Kommunikationsaktivitäten* im Kanalsystem. Hierbei ist zu entscheiden, wie intensiv welche Kommunikationsaktivitäten in den einzelnen Kanälen gestaltet werden. Es kann hierbei die Häufigkeit der Werbeaktivitäten und die Menge an für Kunden bereitgestellten Informationen differieren (Herhausen et al. 2015; Rosenbloom 2013). Die Art der kanalbezogenen Kommunikation betrifft hierbei die Auswahl der Kanalgestaltung, der Kontaktpunkte und die Art der Kommunikation zum Kunden (Rosenbloom 2013). Kanalübergreifend muss das Unternehmen Entscheidungen treffen, ob diese Kommunikationsaktivitäten, z.B. Inhalte und Corporate Design, homogen sind oder den jeweiligen Kanälen angepasst werden (Rosenbloom 2013). Integrationsaktivitäten äußern sich in diesem Bereich beispielsweise durch kanalübergreifende Kommunikationsangebote wie der Online-Live-Chat mit einem Mitarbeiter aus dem stationären Geschäft. Außerdem gilt auch schon die schlichte Information über die Existenz anderer Kanäle als Integrationsindikator, da die Kanäle in dem Falle nicht völlig voneinander unabhängig koexistieren.

2.2.3 Kanaleigenschaften und Kanaltypen

2.2.3.1 Überblick über Kanaleigenschaften und Kanaltypen

In der Multikanalforschung besteht ein Mangel an systematisch erarbeiteten, vollständigen Typologien von Kanalsystemen (Frazier 1999). Um Kanalsysteme definieren zu können, bedarf es zunächst eines präzisen Verständnisses der Eigenschaften und demzufolge auch der Klassifizierung von Distributionskanälen. Als relevante Distributionskanäle lassen sich die folgenden auflisten: Internet, Katalog, stationäre Geschäfte, mobile Applikation, Telefon, Teleshopping und Vertreter. Darüber hinaus können diese Kanäle auch um weitere Subkanäle ergänzt werden, die jedoch weithin als Kontaktpunkte bezeichnet werden und unterschiedliche Arten der Kommunikation mit dem Kunden im Rahmen eines Distributionskanals darstellen (DoubleClick 2006; Yadav und Pavlou 2014; Zhang et al. 2010). Kontaktpunkte im Internetkanal sind beispielsweise ein Chatroom, eine E-Mail oder ein Forum. Im stationären Geschäft kann dies beispielsweise ein Mitarbeiter oder ein elektronischer Kiosk sein.

Die wissenschaftliche Literatur unterscheidet überwiegend zwischen direkten und indirekten Kanälen (z.B. Coelho, Easingwood und Coelho 2003; Frazier 1999; Kabadayi, Eyuboglu und Thomas 2007; Keller 2010). Direkte Distributionskanäle bezeichnen jene, die unter der Kontrolle des Managements eines Unternehmens stehen und damit vollständig in jenes integriert sind. Das Unternehmen hat demzufolge direkten Kontakt zum Kunden (Frazier 1999; Keller 2010), während bei indirekten Kanälen hingegen andere Unternehmen als Intermediäre zwischengeschalten sind (Coelho, Easingwood und Coelho 2003; Gielens und Geyskens 2012). In dieser Typologie wird die Perspektive eines produzierenden Unternehmens eingenommen, das beispielsweise bei indirekten Kanälen Händler als Intermediäre nutzt (Keller 2010; Levy und Weitz 2009). Da es die wichtigste Funktion eines Händlers ist, den Weg von der Produktion zum Konsumenten zu überbücken (Levy und Weitz 2009; Stern und Reve 1980; Zentes, Morschett und Schramm-Klein 2011), besitzen Händler generell überwiegend die Kontrolle über die Distributionskanäle. Die weitgehend verbreitete Unterscheidung zwischen direkten und indirekten Distributionskanälen ist somit nur zielführend, wenn die Ausgestaltung eines Organisationssystems und die Kontrollstrukturen analysiert werden sollen. Aufgrund der Herstellersicht dieser Typologien ist sie jedoch nicht geeignet, Kanäle von Händlern zu klassifizieren.

Die Überbrückungsfunktion eines Händlers kann über unterschiedliche Distributionskanäle erfüllt werden, welche ebenso unterschiedliche Eigenschaften besitzen und demzufolge jeweils anderen Wert für die Konsumenten stiften können (Avery et al. 2012). Die in Tabelle 8 dargestellten konsumentenbezogenen Kanaleigenschaften sind Ergebnis einer intensiven Literaturdurchsicht internationaler Multikanal- und Handelsliteratur (z.B. Alba et al. 1997; Avery et al. 2012; Baker 2007; Balasubramanian, Peterson und Jarvenpaa 2002; Levy und Weitz 2009; Zentes, Morschett und Schramm-Klein 2011). Die bestehende Literatur betrachtet häufig die Eigenschaften der drei meist etablierten Kanäle Internet, Katalog und Ladengeschäfte (z.B. Avery et al. 2012; Levy und Weitz 2009; Venkatesan, Kumar und Ravishanker 2007). Im Folgenden werden die Charakteristika sämtlicher Distributionskanäle aus bisherigen Studien zusammen-getragen und vergleichend nebeneinandergestellt. Es werden die vorstehend aufgelisteten Kanäle betrachtet. Obwohl eine mobile Applikation stellenweise nur als Erweiterung der Internetaktivität betrachtet wird, ist eine Berücksichtigung dieser als eigenständiger Kanal insofern gerechtfertigt, als sie durch die fast uneingeschränkte Mobilität teilweise anderen Wert für den Kunden stiftet (Balasubramanian, Peterson und Jarvenpaa 2002; Kleijnen, de Ruyter und Wetzels 2007). Das Telefon hingegen wird nicht gesondert betrachtet, da dies in den meisten Fällen an einen anderen Kanal gekoppelt ist, wie zum Beispiel den Katalog, die Internetseite oder das Teleshopping.

Tabelle 8: Überblick über konsumentenbezogene Kanaleigenschaften

Kanal	Erreichbarkeit		Informationssuche			Bedürfnisbefriedigung		Kanaltyp
	Ort	Zeit	Persönliche Kommunikation	Sucheigenschaften	Erfahrungseigenschaften	Produktauswahl	Sofortiger Gebrauch	
Ladengeschäft	×	×	✓	×	✓	×	✓	Erlebniskanäle
Vertreter	✓/×	×	✓	×	✓	×	✓	
Internet	✓	✓	×	✓	×	✓	×	Komfortkanäle
Katalog	✓	✓	×	×	×	×	×	
Mobile Applikation	✓	✓	×	✓	×	✓	×	
Teleshopping	✓	✓/×	×	×	×	×	×	

✓ = Kanal stiftet hinsichtlich der Eigenschaft einen hohen Wert; × = Kanal stiftet hinsichtlich der Eigenschaft geringenWert

Quelle: Eigene Darstellung.

Einzelne Charakteristika sind den übergreifenden Kategorien Erreichbarkeit, Informationssuche und Bedürfnisbefriedigung untergeordnet. Diese orientieren sich an einem Kaufprozess, den ein Konsument durchläuft, insofern als er zur Nutzung eines Kanals sich diesem zunächst annähern muss (Erreichbarkeit) und sich dann in diesem Kanal über Kaufalternativen informiert (Informationssuche) (Levy und Weitz 2009; Rosenbloom 2013; Zentes, Morschett und

Schramm-Klein 2011). Letztlich ist es das Ziel eines Händlers die Kundenbedürfnisse zu befriedigen, wozu der Kunde ein geeignetes Produkt auswählt und kauft (Rosenbloom 2013; Zentes, Morschett und Schramm-Klein 2011). Aus den Charakteristika lassen sich schließlich zwei Kanaltypen ableiten, die den Hauptnutzen für den Konsumenten implizieren, nämlich Erlebnis- und Komfortkanal. Die Unterscheidung dieser zwei Typen ist auf Händler- und Produktionsfirmen gleichsam anwendbar, weil sie eine Konsumenten- anstelle der Unternehmensperspektive einnimmt.

Als Subdimensionen umfasst die Kategorie der Erreichbarkeit eine (Un-)Abhängigkeit von Zeit und Ort bei der Nutzung eines Kanals (Avery et al. 2012; Levy und Weitz 2009). Die Kategorie Informationssuche bezieht sich darauf, ob eine persönliche Kommunikation zur Sammlung von Informationen möglich ist (Alba et al. 1997; Levy und Weitz 2009), und ob sich der jeweilige Kanal für die Informationssuche über Such- und Erfahrungseigenschaften eines Produkts eignet (Alba et al. 1997; Nelson 1970). Bezüglich der Bedürfnisbefriedigung stellen die Produktauswahl sowie die Möglichkeit des sofortigen Gebrauchs wesentliche Charakteristika dar (Alba et al. 1997; Levy und Weitz 2009). Während ein Häkchen die Präsenz eines positiven Merkmals und damit eine Wertsteigerung für den Konsumenten darstellt, indiziert ein Kreuz die gering ausgeprägte Existenz eines solchen Merkmals. Sind beide Zeichen vermerkt, weist dies auf ambivalente Argumentationsmöglichkeiten hin. Die äußere rechte Spalte gibt die Bezeichnung des identifizierten Kanaltyps wider.

2.2.3.2 Erläuterung der Kanaleigenschaften

Die Erreichbarkeit zeichnet sich vor allem durch eine Unabhängigkeit des Zugangs zu den Kanälen von Zeit und Raum aus. Diesbezüglich haben die Kanäle Internet, Katalog, mobile Applikation, Telefon und Teleshopping den Vorteil, dass der Konsument von einem Ort seiner Wahl aus einkaufen kann. Während der Kauf über Internet und Teleshopping von zu Hause aus oder zumindest an einem Ort mit dem notwendigen Endgerät getätigt werden kann (Alba et al. 1997; Avery et al. 2012), können ein Mobiltelefon und ein Katalog vom Konsumenten sogar mitgetragen werden (Alba et al. 1997; Balasubramanian, Peterson und Jarvenpaa 2002; Kleijnen, de Ruyter und Wetzels 2007; Shankar et al. 2010). Ein Vertreter besucht Kunden üblicherweise an seinem Wohnort, so dass sie sich nicht zu einen bestimmten externen Ort hinbegeben müssen, aber dennoch an ihr zu Hause gebunden sind. Der Vertreter ist darüber hinaus an seine Arbeitszeiten gebunden, sowie auch das stationäre Geschäft bestimmte Öffnungszeiten und die Telefonhotline bestimmte Arbeitszeiten hat (Avery et al. 2012). Keine Öffnungszeiten sind bei Bestellungen über das Internet, mobile Applikationen und den Katalog zu berücksichtigen (Balasubramanian, Peterson und Jarvenpaa 2002; Levy und Weitz 2009; Venkatesan, Kumar und Ravishanker 2007). Beim Teleshopping ist der Konsument nicht an übliche Geschäftszeiten gebunden, muss sich aber nach den Arbeitszeiten der Hotline richten, falls die Bestellung über das Telefon getätigt wird.

Die persönliche Beratung wird häufig als wesentlicher Vorteil des stationären Geschäfts argumentiert (Alba et al. 1997; Avery et al. 2012; Balasubramanian, Raghunathan und Mahajan 2005; Levy und Weitz 2009). Da auch der Vertreter ein menschlicher Verkaufsberater ist, gilt für diesen Gleiches. Alle anderen Kanäle ermöglichen es nicht, eine Verkaufsperson in natura zu treffen und sich von ihr beraten zu lassen (Alba et al. 1997; Avery et al. 2012; Burke 2002). Zwar besteht stets auch die Möglichkeit, mit einem Mitarbeiter zu telefonieren oder schriftlich zu kommunizieren (z.B. per Livechat), jedoch sind dies keine Face-to-face-Beratungen, wodurch sie letztlich immer noch unpersönlicher als das persönliche Gespräch sind, da nur schwerlich eine Beziehung zum Fachpersonal aufgebaut werden kann (Alba et al. 1997; Avery et al. 2012; Burke 2002; Levy und Weitz 2009).

Eine etablierte Differenzierung von Informationseigenschaften eines Produkts ist die zwischen Such- und Erfahrungseigenschaften (Nelson 1970). Während Sucheigenschaften eines Produkts auch vor dessen Kauf vom Konsumenten evaluiert werden können, muss zur Bewertung von Erfahrungseigenschaften ein Produkt erst genutzt, beziehungsweise ausprobiert werden (Nelson 1970). Heutzutage wird angenommen, dass jedes Produkt beide Eigenschaften zu einem bestimmten Anteil besitzt, jedoch eine überwiegt (Huang, Lurie und Mitra 2009). Sucheigenschaften können im Internet sowie im mobilen Kanal sehr gut recherchiert werden, da zahlreiche Produkteigenschaften und Produktpreise im Internet aufgrund des digitalen Charakters aktuell, schnell und in großer Menge verfügbar und vergleichbar sind (Avery et al. 2012; Bakos 1997; Balasubramanian, Raghunathan und Mahajan 2005; Burke 2002; Geyskens, Gielens und Dekimpe 2002; Levy und Weitz 2009; Shankar et al. 2010). In allen anderen Kanälen sind die Produktinformationen nicht so schnell verfügbar, da entweder der Raum eingeschränkt ist (z.B. beim Katalog und beim Teleshopping) oder die zusätzlichen Informationen vom Wissen der Fachkräfte abhängen. Durch die Möglichkeit der physischen Inspektion eines Produkts im stationären Geschäft und bei einem Vertreter können Erfahrungseigenschaften näherungsweise schon vor dem Produktkauf eingeschätzt werden (Alba et al. 1997; Avery et al. 2012; Balasubramanian, Raghunathan und Mahajan 2005; Levy und Weitz 2009). Diese Möglichkeit fehlt den anderen Kanälen (Alba et al. 1997; Avery et al. 2012; Venkatesan, Kumar und Ravishanker 2007). Zwar versuchen Händler ihre Produkte auf ihren Internetseiten auch zunehmend plastischer darzustellen, zum Beispiel durch Videos und

Kundenfotos, jedoch bleibt dies stets virtuell und das Produkt ist nicht direkt greifbar und kann beispielsweise im Falle von Bekleidung auch nicht direkt anprobiert werden (Levy und Weitz 2009).

Weiterhin divergieren die Möglichkeiten der Sortimentsbreite und –tiefe zwischen den Kanälen (Levy und Weitz 2009). Während in Ladengeschäften aufgrund der räumlichen Beschränkung nur ein Teil des Sortiments angeboten werden kann (Alba et al. 1997; Avery et al. 2012), nutzen Händler meist den nahezu uneingeschränkten Präsentationsplatz auf einer Website oder der mobilen Applikation, um mehr Produkte und Produktvarianten (z.B. Farben und Größen) anzubieten (Avery et al. 2012; Levy und Weitz 2009). Die zentrale Lagerung ermöglicht in dem Falle das Angebot von mehr Auswahl. Da ein Vertreter keine allzu große Anzahl an Produkten transportieren kann, ist auch dessen Sortiment eingeschränkt. Auch der Platz in einem Katalog ist beschränkt, insbesondere weil dort sehr viel Wert auf die Produktdarstellung gelegt wird (Alba et al. 1997; Avery et al. 2012). Beim Telefonkanal kann prinzipiell jedes Produkt angeboten werden, zu welchem Informationen in einer Datenbank hinterlegt sind; die Anzahl ist also uneingeschränkt. Beim Teleshopping hingegen werden die Produkte einzeln vorgestellt und ein zeitlicher Rahmen schränkt das Angebot ein.

Die letzte nutzenstiftende Kanaleigenschaft ist die sofortige Verfügbarkeit eines Produkts und damit die Möglichkeit des sofortigen Gebrauchs (Levy und Weitz 2009). Dies ist nur im stationären Geschäft und beim persönlichen Vertreter möglich, da der Kunde sein Produkt sofort mitnehmen kann. Das Konsumbedürfnis kann demzufolge direkt nach dem Kauf befriedigt werden (Alba et al. 1997; Avery et al. 2012; Balasubramanian, Raghunathan und Mahajan 2005; Venkatesan, Kumar und Ravishanker 2007). Bei allen anderen Kanälen muss der Kunde das Produkt zunächst bestellen, wobei die Lieferzeit die Bedürfnisbefriedigung herauszögert (Alba et al. 1997; Avery et al. 2012; Balasubramanian, Raghunathan und Mahajan 2005).

Als weitere Eigenschaften werden stellenweise auch die Sicherheit für Konsumenten, das Kaufrisiko und die Transaktionskosten diskutiert (Levy und Weitz 2009). Da die Argumentation bezüglich der Sicherheit jedoch uneinheitlich ist, wird auf diese Eigenschaft verzichtet. So argumentieren Studien einerseits, dass die Sicherheit der Zahlungen in digitalen Kanälen nicht gegeben ist und ein Ladengeschäft den Vorteil der Barzahlung hat (Alba et al. 1997; Levy und Weitz 2009), andererseits sei die persönliche Sicherheit aufgrund von möglichen Überfällen in Läden eingeschränkt und in Fernabsatzkanälen höher (Alba et al. 1997; Levy und Weitz 2009). Das Kaufrisiko ist vielmehr als Folge der oben aufgelisteten Eigenschaften zu betrachten, da es aus der Möglichkeit der Beurteilung von Such- und Erfahrungseigenschaften und der persönlichen Kommunikation resultiert (Levy und Weitz 2009). Ebenfalls stellen die Transaktionskosten für den Kunden ein Resultat obenstehender Eigenschaften dar und werden deshalb nicht explizit aufgeführt. Der Aufwand für den Konsumenten ergibt sich aus der besseren oder schlechteren Erreichbarkeit des Kanals sowie den Möglichkeiten der Informationssuche (Venkatesan, Kumar und Ravishanker 2007). Schließlich dienen die in Tabelle 8 aufgelisteten Eigenschaften der Herleitung von zwei unterschiedlichen Kanaltypen.

2.2.3.3 Identifikation der Kanaltypen

Aus der Gegenüberstellung der identifizierten Kanaleigenschaften lassen sich zwei unterschiedliche Kanaltypen ableiten: Erlebnis- und Komfortkanäle. Zur Beschreibung der Kanaltypen dient die Betrachtung der Vorteile einzelner Kanäle. So zeichnet die *Erlebniskanäle* (stationäre Geschäfte und Vertreter) die Möglichkeit persönlicher Kommunikation, Betrachtung von Erfahrungseigenschaften von Produkten und des sofortigen Produktgebrauchs aus. Diese Kanäle haben demzufolge das Potenzial, den Konsumenten ein besonderes Erlebnis zu verschaffen. So können sich Kunden zum einen vom Fachpersonal persönlich beraten lassen, was unter anderem eine stärkere Bindung zwischen Kunde und Unternehmen zur Folge haben kann (Avery et al. 2012; Keller 2010; Levy und Weitz 2009). Zum anderen kann in diesen Kanälen auch ein sozialer Austausch zwischen Kunden stattfinden, zum Beispiel wenn gleiche Interessen bestehen oder wenn sie gemeinsam einkaufen gehen. Solche Interaktionen können den Erlebniswert eines Einkaufs wesentlich steigern (Levy und Weitz 2009). Weiterhin ist es Kunden möglich, die Produkte physisch zu begutachten und teilweise sogar zu testen (Alba et al. 1997; Avery et al. 2012). Dieses Probieren erhöht ebenfalls den Erlebnischarakter eines Einkaufs. Zwar versuchen mittlerweile auch Onlinehändler, ihre Internetseiten zunehmend interaktiv zu gestalten und Produkte plastischer darzustellen (Kleijnen, de Ruyter und Wetzels 2007), jedoch wird das Erlebnis höchstwahrscheinlich nie das gleiche sein, wie eine multisensorische Erfahrung in einem Ladengeschäft (Balasubramanian, Raghunathan und Mahajan 2005; Levy und Weitz 2009). An diese Erfahrung kann direkt mit der Nutzung des Neuerwerbs angeknüpft werden, weil das Produkt gewöhnlich sofort verfügbar ist und damit sofort nach Bezahlung verwendet werden kann (Venkatesan, Kumar und Ravishanker 2007).

Komfortkanäle (Katalog, Internet, mobile Applikation und Teleshopping) hingegen ermöglichen dem Konsumenten, unabhängig von Zeit und Ort einkaufen zu können. Digitale Komfortkanäle, wie das Internet und die mobile Applikation, bieten zudem eine sehr schnelle und umfangreiche Auswahl an Informationen über Sucheigenschaften eines Produkts sowie ein großes Produktsortiment. Der Komfort gründet sich hauptsächlich auf die Tatsache, dass Konsumenten keinen zeitlichen und räumlichen Beschränkungen ausgesetzt sind (Alba et al. 1997; Levy und Weitz 2009; Venkatesan, Kumar und Ravishanker 2007). Sie können die Kanäle bequem von daheim aus nutzen und sparen dabei Zeit, Aufwand und Geld. Diese niedrigen Transaktionskosten resultieren in höherem Komfort (Avery et al. 2012; Zhang et al. 2010). Die bequeme Suche von Informationen in Kombination mit einem größeren Sortiment bei digitalen Kanälen steigert den Komfort für Konsumenten zusätzlich.

Schließlich kann die Einteilung der Distributionskanäle in unterschiedliche Typen als Grundlage für die Einordnung von Kanalsystemen dienen. Werden beispielsweise zwei Kanäle des gleichen Typs, zum Beispiel Internet und mobile Applikation, kombiniert, sind diese substitutiv zueinander (Avery et al. 2012; Xu et al. 2014). Kombiniert ein Unternehmen hingegen das Internet mit Ladengeschäften, also einen Komfort- mit einem Erlebniskanal, werden unterschiedliche Kundenbedürfnisse bedient und die Beziehung ist komplementär (Avery et al. 2012). Diese Zuordnung ist letztlich der in der Forschung verbreiteten Unterteilung zwischen direkten und indirekten Kanälen vorzuziehen, weil sie erstens auf Händler und Hersteller anwendbar ist, und zweitens auf der dem Unternehmenserfolg vorgelagerten Konsumentensicht basiert.

2.2.3.4 Zusammenhang mit unternehmensbezogenen Kanaleigenschaften

Kanaleigenschaften sind andererseits auch aus Unternehmenssicht identifizierbar (z.B. Alba et al. 1997; Avery et al. 2012). Viele Charakteristika aus Unternehmenssicht basieren jedoch auf dem kanalbezogenen Konsumentenverhalten, welches wiederum Ergebnis der konsumentenbezogenen Eigenschaften ist. Beispielsweise betrachtet die Forschung das Potenzial eines Kanals, Kunden langfristig zu binden, als unternehmensbezogene Kanaleigenschaft (Avery et al. 2012). Dieses Potenzial sei bei stationären Geschäften höher als im Internet, was jedoch hauptsächlich auf der Möglichkeit persönlicher Kommunikation mit dem Verkaufspersonal basiert (Avery et al. 2012). Ebenso könnte die Reichweite eines Kanals betrachtet werden, also wie viele Kunden ein Kanal adressieren kann. Diese wiederum ist eine Folge der (Un-)abhängigkeit von einem bestimmten Ort, so dass sie beim Internetkanal wesentlich höher ist als bei einem lokalen Geschäft. Darüber hinaus gilt die Möglichkeit, Restbestände aus den lokalen Geschäften online einem breiteren Publikum anbieten zu können, als positive Eigenschaft des Internetkanals (Zhang et al. 2010). Jedoch beruht auch dies auf der Eigenschaft des Internets, mehr Produktauswahl bieten zu können, weil es keine räumliche Beschränkung gibt.

Weiterhin betrachten Forscher die Aufwendungen und Kosten eines Kanals als basale Eigenschaft auf Angebotsseite (Alba et al. 1997; Geyskens, Gielens und Dekimpe 2002). Zum einen sind diese ebenso Resultat der konsumentenrelevanten Eigenschaften, wie das Angebot persönlicher Kommunikation durch Fachkräfte oder die größere Produktauswahl. Zum anderen sind sie abhängig von der Ausgestaltung des jeweiligen Kanals. So kann ein Unternehmen sehr viel oder sehr wenig in die Entwicklung eines Internetshops investieren oder auch sehr flächendeckend oder eher vereinzelt stationäre Geschäfte bereitstellen, was sich in den Kosten widerspiegelt. Die konsumentenbezogenen Eigenschaften sind demzufolge vorgelagert oder schlicht kongruent mit den unternehmensbezogenen Eigenschaften, weshalb sich diese Arbeit auf erstere konzentriert.

2.3 Zwischenfazit

Das vorstehende Kapitel 2 führt in Begriffe und Theorien des strategischen Managements und Marketings ein und leitet daraus Definitionen im Multikanalmarketing ab. Das Kapitel führt außerdem in den Forschungsbereich des wertbasierten Marketings ein und klassifiziert unterschiedliche Kennzahlen des Unternehmenserfolgs, die des Markterfolgs und die des Finanzerfolgs. Auf Basis der Klassifikation wird die Auswahl der in dieser Arbeit betrachteten Erfolgskennzahlen begründet. Hinsichtlich des Multikanalmarketings wird in die grundlegenden Begriffe einer Multikanalstrategie sowie die strategischen Entscheidungsfelder des Multikanal-marketings eingeführt. Die abschließende Betrachtung von Kanaleigenschaften und -typen zielt darauf ab, Vertriebskanäle vergleichen zu können und deren Auswahl in der Praxis oder in einer Forschungsstudie differenzierter begründen zu können. Damit liefert das Kapitel einen umfangreichen und zugleich strukturierenden Überblick über die Grundlagen des strategischen Multikanalmarketings, auf die sich die folgenden Bereiche dieser Arbeit stützen.

3. Forschungsstand zu Multikanalstrategien und Unternehmenserfolg

In Praxis und Forschung besteht eine dringende Notwendigkeit von belastbaren Erkenntnissen zum Erfolgspotenzial verschiedener Kanalstrategien und deren Rahmenbedingungen. Schon seit Längerem rufen internationale Forscher dazu auf, die Thematik mit wissenschaftlichen Untersuchungen zu beleuchten (Balasubramanian, Raghunathan und Mahajan 2005; Herhausen et al. 2015; Neslin et al. 2006). Im Folgenden Abschnitt werden Ergebnisse bisheriger Studien zusammengefasst und Forschungslücken identifiziert. Anschließend werden auf dieser Basis die Ziele und die Beiträge der vorliegenden Arbeit zur aktuellen Forschung herausgearbeitet.

3.1 Überblick

Der Großteil der Studien zum Multikanalmarketing bezieht sich entweder auf die Analyse des Kundenverhaltens hinsichtlich mehrerer Kanäle oder die Gestaltung effektiver Multikanalstrategien (Yadav und Pavlou 2014). Die Analyse des Erfolgs von (Multi)-Kanalstrategien unter bestimmten Rahmenbedingungen ist eher dem letzten Bereich zuzuordnen, wobei sich diese Arbeit auf den finanzwirtschaftlichen Erfolg, und nicht den Markterfolg, bezieht. So ist das Kundenverhalten als vorgelagerte Größe nicht irrelevant, diese Forschung dient in dieser Arbeit aber eher der Herleitung logischer Zusammenhänge. Die Auswahl der im Folgenden vorgestellten Literatur beschränkt sich auf sämtliche internationale Literatur an der Schnittstelle von Marketing- und Finanzwissenschaft die sich mit dem Erfolg von unterschiedlichen (Multi-)Kanalstrategien in Bezug auf die Distribution beschäftigt. Es werden ausschließlich Studien aus Zeitschriften herangezogen, die nach aktuellem JOURQUAL-Ranking als A+, A oder B klassifiziert sind, um eine gewisse Qualität der Studien sicherstellen zu können (VHB 2015). Dies entspricht einem Impact-Faktor von 1,29 (Journal of Service Management) bis 3,8 (Journal of Marketing) im internationalen Ranking wissenschaftlicher Zeitschriften von Thomson Reuters (Thomson Reuters 2014). Tabelle 9 liefert einen Überblick über die Studien, deren Inhalte und Forschungsdesigns. Zusammengefasst kann konstatiert werden, dass sich die existierende Literatur auf eher spezifische Fragestellungen des Erfolgs von Kanalstrategien beschränkt, anstatt den Erfolg unterschiedlicher Kanalstrategien systematisch zu vergleichen, umfassende Kontingenzfaktoren herzuleiten und den kurz- sowie den langfristigen Unternehmenserfolg empirisch zu überprüfen.

Tabelle 9: Überblick über bisherige Studien im Forschungsfeld

Autoren	Fokus der Studie	Kanalerweiterung oder -strategien	Ergebnisse zu Haupteffekt	Kontingenzfaktoren			Finanzerfolg	Kurz-/langfristiger Erfolg	Branche	Datenherkunft und -format	Zeitraum
				Unternehmen	Wettbewerb	Konsumenten					
Avery, Steenburgh, Deighton und Caravella (2012)	Kannibalisierungseffekte der Erweiterung um Ladengeschäfte zu Internet- und Kataloghandel	Erweiterung um Ladengeschäfte	Negative kurz- und positive langfristige Effekte der Erweiterung um Ladengeschäfte	-	-	-	- (Kanalumsatz, Kundenanzahl)	Kurzfristig	1 Kleidungs- und Einrichtungshändler	Sekundärdaten; Zeitreihe	1999-2006
Biyalogorski und Naik (2003)	Kannibalisierungseffekte der Erweiterung um Internetkanal zu Ladengeschäften	Erweiterung um Internet	Keine Kannibalisierungseffekte einer Interneteinführung	-	-	-	- (Kanalumsatz)	Kurzfristig	1 Musikhändler	Sekundärdaten; Zeitreihe	1998-1999
Deleersnyder, Geyskens, Gielens und Dekimpe (2002)	Kannibalisierungseffekte der Erweiterung um Internetkanal zu Ladengeschäften	Erweiterung um Internet	Keine Kannibalisierungseffekte einer Interneteinführung	-	-	-	- (Anzahl Verkäufe, Werbeumsatz)	Kurzfristig	85 Zeitschriften-Hersteller	Sekundärdaten; Panel	1994-2000
Geyskens, Gielens, and Dekimpe (2002)	Erfolg der Erweiterung um Internetkanal zu Ladengeschäften	Erweiterung um Internet	Kein Haupteffekt erwartet; positiver Einfluss einer Internet-einführung	Werbung (+); Erfahrungsintensität (x); Erfahrungsbreite(-); Kanalmacht (+); Unternehmensgröße (x)	Reihenfolge der Einführung (∩)	Wachstum Produktnachfrage (x); Wachstum Kanalnachfrage (x)	✓ Aktienrendite	Langfristig	93 Zeitschriften-Hersteller	Sekundärdaten; Panel	1995-2001
Homburg, Vollmayr und Hahn (2014)	Erfolg von Kanalerweiterungen bezüglich Intensität und Breite	Erweiterung um einen neuen Kanal	Positiver Einfluss einer Kanalerweiterung (Einführung neuer Kanäle)	Internationalität (+); Konkurrenzkanal (-); Indirekter Konkurrenzkanal (+)	Wettbewerbsintensität (+)	Marktwachstum (x); Marktturbulenz (-)	✓ Aktienrendite	Langfristig	240 Hersteller verschiedener Branchen	Sekundärdaten; Panel	2000-2010
Kabadayi, Eyuboglu und Thomas (2007)	Identifikation idealer Konfigurationen von Multikanalstrategien	Vergleich von Multikanalstrategien	Kein Haupteffekt erwartet und getestet	Geschäftsstrategie; Organisationsstruktur	Komplexität	Komplexität	- (Erfolgspotenzial)	-	291 Elektronik-Hersteller	Primärdaten; Querschnitt	n.a.

Autoren	Fokus der Studie	Kanalerweiterung oder -strategien	Ergebnisse zu Haupteffekt	Kontingenzfaktoren			Finanzerfolg	Kurz-/langfristiger Erfolg	Branche	Datenherkunft und -format	Zeitraum
				Unternehmen	Wettbewerb	Konsumenten					
Lee und Grewal (2004)	Erfolg der Erweiterung um Internetkanal zu Ladengeschäften	Erweiterung um Internet	Kein Haupteffekt der Schnelligkeit einer Interneteinführung	Schnelligkeit von IT-Allianzen (+); Finanzressourcen & Schnelligkeit (x); Schnelligkeit der Einführung (x)	-	-	✓ Tobins Q	Langfristig	106 Händler verschiedener Branchen	Sekundärdaten; Panel	1992-2000
Min und Wolfinbarger (2005)	Erfolg von Multikanalhändlern im Vergleich zu Internethändlern	Vergleich von Internet- und Multikanalstrategie	Positiver Haupteffekt einer Multikanalstrategie	-	-	-	- (Marktanteil, Gewinnmarge, Marketingeffizienz)	Kurzfristig	42 Händler verschiedener Branchen	Sekundärdaten; Panel	1996-2000
Pauwels und Neslin (2015)	Kannibalisierungseffekte der Erweiterung um Ladengeschäfte zu Internet- und Kataloghandel	Erweiterung um Ladengeschäfte	Negativer Kannibalisierungseffekt der Erweiterung um Ladengeschäfte auf Katalog; positiv auf Gesamtumsatz	-	-	-	- (Umsatz)	Kurzfristig	1 Kleidungshändler	Sekundärdaten; Zeitreihe	1997-2002
Pentina, Pelton und Hasty (2009)	Erfolg des Zeitpunkts der Erweiterung um Internetkanal zu Ladengeschäften	Erweiterung um Internet	Kein Haupteffekt erwartet; negativer Einfluss einer späten Interneteinführung	Katalogerfahrung & Pionierstrategie (+/-); Unternehmensgröße & Pionierstrategie (+); Ladengeschäftserfahrung & früher Folger (+)	Einführung als früher Folger (+)	-	- (Marktanteil, Profit, Gewinnmarge)	Kurzfristig	158 Händler verschiedener Branchen	Sekundärdaten; Panel	1996-2006
Xia und Zhang (2010)	Erfolg der Erweiterung um Internetkanal zu Ladengeschäften	Erweiterung um Internet	Positiver Einfluss einer Interneteinführung	Erreichbarkeit Ladengeschäft (+); Zeitpunkt der Einführung (x)	-	-	- (Umsatz, Kosten, ROI)	Kurzfristig	143 Händler verschiedener Branchen	Sekundärdaten; Panel	1996-2008
Vorliegende Studie	**Erfolg einer Multikanalstrategie im Vergleich zu Internet- oder Ladengeschäfts-strategie**	**Vergleich von Multikanalstrategie mit Internet und Ladengeschäften**	**Kein Haupteffekt erwartet und beobachtet**	**Businessstrategie**	**Multikanalwettbewerb**	**Produktkategorie; Marktdynamik; Kaufhäufigkeit**	✓ **Cashflow, Tobins q**	**Kurz- und langfristig**	**191 Händler verschiedener Branchen**	**Sekundärdaten; Panel**	**1994-2012**

Es existieren diverse Studien, die das Erfolgspotenzial eines zusätzlichen Internetkanals zu Ladengeschäften untersuchen (Biyalogorsky und Naik 2003; Deleersnyder et al. 2002; Geyskens, Gielens und Dekimpe 2002; Lee und Grewal 2004; Pentina, Pelton und Hasty 2009; Xia und Zhang 2010), wobei sich ein Teil auf die Analyse von Kannibalisierungseffekten (Biyalogorsky und Naik 2003; Deleersnyder et al. 2002) und ein anderer auf den Zeitpunkt des Eintritts in den Internetmarkt fokussiert (Geyskens, Gielens und Dekimpe 2002; Pentina, Pelton und Hasty 2009). Zwei weitere Studien betrachten die Effekte des Hinzufügens von Ladengeschäften zu Versandsystem-Kanälen wie Internet und Katalog (Avery et al. 2012; Herhausen et al. 2015) und setzen dabei abermals einen Fokus auf die gegenseitige Kannibalisierung der Kanäle. Die Studie von Min und Wolfinbarger (2005) repräsentiert die einzige, welche eine Multikanalstrategie mit reinen Internethändlern vergleicht. Darüber hinaus existieren Forschungsarbeiten zum Einfluss genereller Erweiterungen von Kanalsystemen (Homburg, Vollmayr und Hahn 2014) oder verschiedenen Konfigurationen von Multikanalsystemen (Kabadayi, Eyuboglu und Thomas 2007) auf den Unternehmenserfolg.

Obwohl demzufolge einige Studien schon den Einfluss von Multikanalstrategien auf den Unternehmenserfolg ansatzweise untersuchen (z.B. Avery et al. 2012; Geyskens, Gielens und Dekimpe 2002; Kabadayi, Eyuboglu und Thomas 2007), stellt keine Studie bisher systematisch einen Vergleich zwischen einer Multikanalstrategie und a) einer reinen Internetstrategie und b) einer rein stationären Strategie unter Berücksichtigung umfangreicher Kontingenzfaktoren und kurz- sowie langfristiger Erfolgsresultate an.

3.2 Untersuchungsgegenstand und Erkenntnisse bisheriger Forschung

3.2.1 Untersuchungsgegenstand

Als Untersuchungsgegenstand von bisheriger Forschung in der Marketingwissenschaft interessiert einerseits, welche Fragestellungen existierende Studien hinsichtlich unterschiedlicher Kanalstrategien fokussierten und andererseits, welche Maße des Unternehmenserfolgs betrachtet wurden. Über alle Studien hinweg sind drei unterschiedliche Fragestellungen bezüglich der Wahl einer Kanalstrategie zu unterscheiden: Erstens sind häufig Kanalerweiterungen Gegenstand der Untersuchung (Avery et al. 2012; Biyalogorsky und Naik 2003; Deleersnyder et al. 2002; Geyskens, Gielens und Dekimpe 2002; Homburg, Vollmayr und Hahn 2014; Lee und Grewal 2004; Pauwels und Neslin 2015; Pentina, Pelton und Hasty 2009; Xia und Zhang 2010), zweitens werden in der Forschung unterschiedliche Multikanalstrategien verglichen (Kabadayi, Eyuboglu und Thomas 2007) und drittens stellt bisherige

Forschung eine Multikanalstrategie einer Einkanalstrategie gegenüber (Min und Wolfinbarger 2005).

Studien zur Kanalerweiterung betrachten überwiegend die Ergebnisse des Hinzufügens eines Internetkanals zum stationären Kanal (z.B. Geyskens, Gielens und Dekimpe 2002; Lee und Grewal 2004; Pentina, Pelton und Hasty 2009). Die Konzentration auf diese Fragestellung ist historisch zu begründen, insofern als der Internetkanal als jüngster bedeutungsvoller Kanal gilt, der die Handelsbranche wesentlich beeinflusst hat (Rosenbloom 2013). Demzufolge ist es ein in der Praxis häufig beobachteter Fall, dass ein stationärer Händler einen Internetkanal hinzufügt (Geyskens, Gielens und Dekimpe 2002). Zwei Studien betrachten den konträren Fall der Einführung von Ladengeschäften als weiteren Kanal neben dem Internet und dem Katalog (Avery et al. 2012; Pauwels und Neslin 2015). Diese Forschungsstudien zeigen bereits, dass unterschiedliche Arten der Kanalerweiterung existieren, weshalb Homburg, Vollmayr und Hahn (2014) Kanalerweiterungen allgemein, unabhängig von der Art des Kanals, betrachten. Dennoch repräsentiert die Analyse der Kanalerweiterung einen anderen Untersuchungs-gegenstand als der generelle Vergleich zwischen unterschiedlichen Kanalstrategien. So können die vorstehend genannten Studien keine Fälle untersuchen, die ihre Geschäftstätigkeit mit dem Vertrieb über mehrere Kanäle begonnen oder einen Kanal im Zeitverlauf entfernt haben. Die Studien betrachten demzufolge nur, ob der Wechsel von einer Einkanal- zur Multikanalstrategie erfolgversprechend ist. Kabadayi, Eyuboglu und Thomas (2007) hingegen vergleichen unterschiedliche Multikanalstrategien, indem sie Idealkonfigurationen von Multikanal-strategien, Unternehmen und ihrer Umwelt herleiten und empirisch verifizieren. Der Vergleich unterschiedlicher Multikanalstrategien stellt einen interessanten Untersuchungsgegenstand dar, jedoch liefert diese Studie keine Antwort auf die Wettbewerbsfähigkeit von Multikanal-unternehmen gegenüber Einkanalunternehmen. Die Studie von Min und Wolfinbarger (2005) ist die einzige, die den Vergleich zwischen reinen Internet- und Multikanalhändlern anstellt. Als Einkanalstrategie konzentriert sie sich jedoch wiederum auf die Internetstrategie und lässt dabei die rein stationäre Strategie außen vor, welche, historisch bedingt, sehr häufig in der Praxis auftritt. Darüber hinaus analysiert diese Studie keine Kontingenzfaktoren und misst den Erfolg ausschließlich anhand von Kennzahlen des Markterfolgs.

Hinsichtlich der abhängigen Erfolgsgrößen betrachten alle bisherigen Forschungsstudien entweder Kennzahlen der kurzfristigen oder der langfristigen Erfolgsmessung, wobei entweder der Markterfolg oder der Finanzerfolg analysiert wird. Dies führt aufgrund der unterschiedlichen Fragestellung jeder Studie zu einem Mangel an Vergleichsmöglichkeiten von kurzfristigen und langfristigen Effekten auf dem Finanzmarkt. Sieben Studien fokussieren den kurzfristigen Unternehmenserfolg als Resultat einer Kanalerweiterung oder Kanalstrategie (Avery et al. 2012; Biyalogorsky und Naik 2003; Deleersnyder et al. 2002; Min und Wolfinbarger 2005; Pauwels und Neslin 2015; Pentina, Pelton und Hasty 2009; Xia und Zhang 2010), wobei sich vier davon hauptsächlich für Kannibalisierungseffekte, und damit Umsatzeffekte, interessieren (Avery et al. 2012; Biyalogorsky und Naik 2003; Deleersnyder et al. 2002; Pauwels und Neslin 2015). Avery et al. (2012) stellen zwar kurz- und langfristige Kannibalisierungseffekte gegenüber, da dies jedoch nur die Umsätze betrifft, können anhand der Untersuchung keine Aussagen zum zukünftigen Erfolg der Unternehmen getroffen werden. Die drei Untersuchungen mit Fokus auf den langfristigen Erfolg analysieren die Effekte einer Kanalerweiterung auf Aktienrenditen (Geyskens, Gielens und Dekimpe 2002; Homburg, Vollmayr und Hahn 2014) und Tobins Q (Lee und Grewal 2004). Dabei betrachten sie zwar Kennzahlen des Finanzmarkts, ermöglichen aber keinen Vergleich mit kurzfristigen Effekten.

Obwohl der Untersuchungsgegenstand jeder Studie einen anderen Fokus hat, ist es für die vorliegende Arbeit dennoch von hohem Nutzen, die bisherigen Erkenntnisse der Forschung in diesem Themenbereich näher zu begutachten. So lassen diese zum einen darauf schließen, welche konkrete Fragestellung bisher unbeantwortet blieb und welche Faktoren noch nicht betrachtet wurden, und zum anderen können Ergebnisse bei ähnlichen Fragestellungen ansatzweise übertragbar sein. Demzufolge wird sich in den folgenden Kapiteln den Ergebnissen der Studien im nahen Forschungsfeld angenommen.

3.2.2 Erkenntnisse zu Haupteffekten und Erfolgsmechanismen

3.2.2.1 Haupteffekte

Die existierenden Ergebnisse zu den Haupteffekten einer kanalstrategiebezogenen unabhängigen Variablen auf den Unternehmenserfolg sind inkonsistent. Einige Studien zu den Effekten der Erweiterung um einen Internetkanal finden positive Auswirkungen auf den Aktienkurs (Geyskens, Gielens und Dekimpe 2002) und auf den Umsatz, den Lagerumschlag, die Gesamtkapitalrendite und die Gewinnmarge (Xia und Zhang 2010). Homburg, Vollmayr und Hahn (2014) stützen diesen Befund, indem sie einen signifikanten positiven Effekt der Einführung eines neuen Distributionskanals generell auf die Aktienrendite aufdecken. Während letztgenannte Studie nicht nach unterschiedlichen Kanaltypen differenziert, schließen die ersten beiden sämtliche Fälle aus, die Geschäfte zu einem Internetkanal hinzufügen. Avery et al. (2012) nehmen sich dieser Thematik an und zeigen auf lange Sicht einen positiven Effekt der Einführung von Ladengeschäften auf den Umsatz im Internet und im Katalog. Pauwels und

Neslin (2015) decken nach Hinzufügen von Ladengeschäften zwar eine Kannibalisierung der Katalogumsätze und eine erhöhte Anzahl an Produktreklamationen auf, belegen aber insgesamt eine Steigerung der Gesamtumsätze um 20%. Min und Wolfinbarger (2005) finden überdies heraus, dass Multikanalhändler höhere Marktanteile und Marketingeffizienz, respektive Kosten der Akquise eines neuen Kunden, erzielen können als reine Internethändler. Allerdings untersuchen die Autoren Unternehmensdaten der Jahre 1996 bis 2000, was in die Anfangszeit des Internethandels fällt und daher vermutlich nicht auf die aktuelle Zeit übertragbar ist. Im Jahre 2000 begann zudem die Krise des elektronischen Handels alias der „Dotcom-Blase“, in welcher im Jahr 2001 sämtliche Internetunternehmen von Investoren an der Börse überschätzt wurden (Lee und Grewal 2004).

Darüber hinaus finden manche Studien auch keinen Haupteffekt. Lee und Grewal (2004) finden keinen signifikanten Effekt der Einführung eines Internetkanals als Distributionskanal auf Tobins Q, wobei sie als unabhängige Größe die Schnelligkeit der Einführung betrachten. Pentina, Pelton und Hasty (2009) untersuchen keine Haupteffekte, sondern betrachten ebenfalls das Timing der Internetkanaleinführung, allerdings im Vergleich zu Wettbewerbern. Laut Ergebnissen von Biyalogorsky und Naik (2003) und Deleersnyder et al. (2002) verursacht die Erweiterung um einen Internetkanal keine signifikanten direkten Kannibalisierungseffekte auf andere Kanäle. Die Ergebnisse von Avery et al. (2012) widersprechen diesem Befund insofern als sie kurzfristig Kannibalisierungseffekte von Ladengeschäften auf den Katalog, und damit einen negativen Effekt, aufzeigen. Während demzufolge eine nennenswerte Anzahl an Studien positive Effekte der Einführung eines Internetkanals berichtet, existieren auch Studien die keinen signifikanten Haupteffekt finden oder sogar kurzfristig negative Auswirkungen einer Multikanalstrategie aufdecken. Um mögliche Haupteffekte einer Multikanal- im Vergleich zu einer Einkanalstrategie zu verstehen, ist eine Betrachtung der Mechanismen einer solchen Strategie naheliegend. Hierbei sollte systematisch erarbeitet werden, welche positiven und negativen Erfolgsmechanismen beim Vertrieb über mehrere Kanäle entstehen können.

3.2.2.2 Erfolgsmechanismen

Es existieren drei international publizierte Studien, die Mechanismen von (Multi-) Kanalstrategien diskutieren: Während Geyskens, Gielens und Dekimpe (2002) die Vor- und Nachteile des Hinzufügens eines Internetkanals als Distributionskanal zu Ladengeschäften betrachten, konzentrieren sich Homburg, Vollmayr und Hahn (2014) auf wertsteigernde Effekte von Expansionen einer Kanalstrategie bei Herstellerfirmen. Zhang et al. (2010) hingegen beziehen sich auf den Multikanalvertrieb im Handel allgemein und erläutern mögliche Motivationen und Hemmnisse einer Multikanalstrategie. Sämtliche aus diesen Studien identifizierte Mechanismen fasst Tabelle 10 zusammen.

Tabelle 10: Überblick über Erkenntnisse zu Erfolgsmechanismen einer Multikanalstrategie

Autoren	Valenz des Mechanismus'	Nachfrage (Konsumenten)	Angebot (Unternehmen)
Geyskens, Gielens und Dekimpe (2002)	Positiv	- Nachfrageexpansion - Höhere Preise	- Niedrigere Distributionskosten - Niedrigere Transaktionskosten
	Negativ	- Nachfragereduktion - Niedrigere Preise	- Höhere Distributionskosten - Höhere Transaktionskosten
Homburg, Vollmayr und Hahn (2014)	Positiv	- Höhere Nachfrage - Bessere Marktabdeckung	- Höherer Intrakanal-Wettbewerb - Höherer Interkanal-Wettbewerb - Niedrigere Produktionskosten - Niedrigere Transaktionskosten
	Negativ	-	- Höherer Intrakanal-Wettbewerb - Höherer Interkanal-Wettbewerb - Höhere Transaktionskosten
Zhang et al. (2010)	Positiv	- Zugang zu neuen Märkten - Kundenzufriedenheit und –bindung - Schaffung von Wettbewerbsvorteilen durch neue Ressourcen und Fähigkeiten	-
	Negativ	- Kundenzugang zu Breitband-Internet	- Operative Herausforderungen - Kosten des Multikanal-Angebots

Quelle: Eigene Darstellung.

Alle aufgelisteten Studien betrachten den Zugang zu neuen Kunden, und damit einem größeren Markt, als einen Vorteil einer Kanalerweiterung. Die Begründung liegt einerseits in der Annahme, dass Konsumenten bestimmte Präferenzen für unterschiedliche Kanäle haben und demnach mit jedem Kanal ein anderes Kundensegment angesprochen werden kann (Avery et al. 2012; Balasubramanian, Raghunathan und Mahajan 2005; Inman, Shankar und Ferraro 2004) und andererseits in der geographischen Erweiterung (Quelch und Klein 1996). Zusätzliche Nachfrage kann außerdem ein Resultat gesteigerter Kundenzufriedenheit und Kundenbindung sein. Diese Effekte werden wiederum durch die Wertschaffung für Kunden beim Angebot von mehreren Vertriebskanälen, besserer Erreichbarkeit und kanalübergreifenden Leistungen ermöglicht (Neslin und Shankar 2009; Wallace, Giese und Johnson 2004). Geyskens, Gielens und Dekimpe (2002) betrachten gewisse Konsumentennutzen im Internetkanal wie zum Beispiel Zeit- und Aufwandersparnis während des Kaufs als Chance, Preise zu erhöhen (Lal und Sarvary 1999). Als weiteren Wettbewerbsvorteil von Multikanalstrategien diskutieren Forscher die Aneignung einzigartiger Ressourcen und Fähigkeiten, wie umfassende Kundeninformationen und Wissen über die Gestaltung eines integrierten Kanalsystems (Zhang et al. 2010).

Diesen positiven Effekten sind negative, nachfragehemmende Mechanismen einer Multikanalstrategie entgegenzusetzen. Geyskens, Gielens und Dekimpe (2002) argumentieren, dass bei Hinzufügen eines Internetkanals eine Nachfragereduktion entstehen könnte, wenn Kannibalisierungseffekte auftreten, bei denen Bestandskunden in den Internetkanal wechseln und dort, beispielsweise aufgrund seltener Impulskäufe, weniger kaufen. Demgegenüber kann ein Internetkanal auch zu niedrigeren Preisen führen, weil in diesem höhere Preistransparenz für den Kunden herrscht (Degeratu, Rangaswamy und Wu 2000). Zhang et al. (2010) weisen zudem auf die Möglichkeit von unzulänglichem Internetzugang in manchen Ländern und Regionen als Hindernis einer Multikanalstrategie hin.

Als positive Mechanismen der Angebotsseite führen Geyskens, Gielens und Dekimpe (2002) niedrigere Distributions- und Transaktionskosten auf, welche von Homburg, Vollmayr und Hahn (2014) um niedrigere Produktionskosten ergänzt werden. Die Transaktionskosten beziehen sich auf die Koordination und Kontrolle der Kanäle, was sich bei Produktionsfirmen insbesondere auf die Intermediäre bezieht (Geyskens, Gielens und Dekimpe 2002; Homburg, Vollmayr und Hahn 2014; Rindfleisch und Heide 1997). Geyskens, Gielens und Dekimpe (2002) argumentieren, durch eine zentrale Koordination eines Internetkanals im Vergleich zur Koordination von einzelnen Ladengeschäften die Kosten minimieren zu können. Homburg, Vollmayr und Hahn (2014) lassen die Erklärung offen und unterstellen schlicht, dass die Transaktionskosten durch Kanalerweiterungen sinken oder auch steigen können. Die Reduktion der Produktionskosten begründen sie mit der Erzeugung von Skaleneffekten bei einer Kanalerweiterung, insofern als die Fixkosten der Produktion auf eine größere Anzahl an Produkten aufgeteilt werden können (Homburg, Vollmayr und Hahn 2014). Niedrigere Distributionskosten bei Hinzufügen eines Internetkanals hingegen können beispielsweise durch das Angebot digitaler Produktvarianten mit niedrigeren variablen Kosten oder der Reduktion physischer Ausstattung erzielt werden (Geyskens, Gielens und Dekimpe 2002).

Die positiven Mechanismen des höheren Intra- und Interkanalwettbewerbs beziehen sich hauptsächlich auf die Kanalerweiterung von Produktionsfirmen (Homburg, Vollmayr und Hahn 2014). So kann der Wettbewerb in einem Kanal, also zwischen verschiedenen Händlern eines Kanals, gefördert werden, was wiederum die Verhandlungsmacht und Preisautonomie dieser Händler reduziert (Homburg, Vollmayr und Hahn 2014). Ein gesteigerter Wettbewerb zwischen unterschiedlichen Kanälen könnte ebenso die Verhandlungsmacht der Produktionsfirmen erhöhen und durch den Wettbewerbsdruck die Effizienz der Kanäle steigern.

Demgegenüber diskutieren die Autoren auch mögliche negative Auswirkungen des Intra- und Interkanalwettbewerbs. Während ein kanalinterner Wettbewerb zu stärkeren Kannibalisierungseffekten und opportunistischem Kanalnutzungsverhalten der Konsumenten führen kann (Sa Vinhas und Anderson 2005), kann Interkanalwettbewerb auch die Beziehungen zu Händlern und damit die Effizienz beeinträchtigen (Homburg, Vollmayr und Hahn 2014). Außerdem heben alle Studien die steigenden Transaktionskosten hervor, welche durch eine gesteigerte Komplexität des Kanalsystems hervorgerufen werden können (Geyskens, Gielens und Dekimpe 2002; Homburg, Vollmayr und Hahn 2014; Zhang et al. 2010). Zhang et al. (2010) ergänzen die steigenden Kosten des Multikanalangebots, die aufgrund fehlender Fähigkeiten und Ressourcen anfallen. Ebendiese Kosten der Einführung und Pflege eines weiteren Kanals fassen Geyskens, Gielens und Dekimpe (2002) unter dem Mechanismus der Distributionskosten zusammen.

Aus der vorstehenden Zusammenfassung wird deutlich, dass die unterschiedlichen Studien zum Teil verschiedene, zum Teil aber auch gleiche Mechanismen diskutieren, obwohl jede Studie einen anderen Fokus hat. Was fehlt, ist eine die unterschiedlichen Ansätze integrierende und vollständige Übersicht über die positiven und negativen Mechanismen einer Multikanalstrategie aus Händlersicht. Diese sollte überschneidungsfreie Mechanismen herleiten und schließlich eine Basis für die Argumentation des Erfolgspotenzials von Multikanalstrategien bilden.

3.2.3 Erkenntnisse zu Kontingenzfaktoren

Die inkonsistenten Ergebnisse zu den Haupteffekten von Kanalstrategien weisen auf eine Relevanz von Kontingenzfaktoren hin, insofern als letztere für den Erfolg einer bestimmten Kanalstrategie verantwortlich sein könnten. Entsprechend des 3C-Modells (siehe Kapitel 2.1.2.2.3) werden im Folgenden die bisherigen Ergebnisse zu Kontingenzfaktoren der drei Marktakteure Unternehmen, Wettbewerb und Konsumenten näher betrachtet. Alle untersuchten Kontingenzfaktoren bisheriger Forschung sind in Tabelle 9 aufgelistet.

Unternehmensbezogene Kontingenzfaktoren. Die meisten Studien betrachten Kontingenzfaktoren aus der Unternehmenssicht. Geyskens, Gielens und Dekimpe (2002) finden heraus, dass eine gesteigerte Werbeunterstützung und die Verhandlungsmacht eines Unternehmens über Händler die erfolgreiche Einführung eines Internetkanals hinsichtlich der Aktienrendite begünstigen. Während der theoretisch vermutete positive Effekt der Erfahrungsintensität, also die Erfahrung mit direkten Distributionskanälen, in ihrer Studie nicht nachgewiesen werden kann, belegen sie einen negativen Effekt der Erfahrungsbreite, gemessen mittels Anzahl an anderen direkten Kanälen (Geyskens, Gielens und Dekimpe 2002). Sie können in ihrer Studie keinen Moderationseffekt der Unternehmensgröße auf den Erfolg der Einführung nachweisen.

Pentina, Pelton und Hasty (2009) hingegen weisen einen positiven Moderationseffekt der Unternehmensgröße und einer frühzeitigen Interneteinführung auf den Marktanteil, den Nettogewinn, den Umsatz, aber auch die Lagerkosten nach. Ebenso wie vorstehend genannte Studie, untersuchen auch Pentina, Pelton und Hasty (2009) die Erfahrung mit anderen Kanälen als Kontingenzfaktor. Ihre Ergebnisse weisen einen positiven Effekt der Katalogerfahrung in Zusammenhang mit einer frühzeitigen Einführung auf die Brutto-Marge und eine Reduzierung der Lagerkosten in diesem Fall nach (Pentina, Pelton und Hasty 2009). Allerdings überrascht diese Kombination auch mit signifikant negativen Effekten auf den Marktanteil. Ebenso führt den Ergebnissen zu Folge eine längere Erfahrung mit Ladengeschäften und eine frühzeitige Einführung des Internets zu weniger Marktanteil, Nettogewinn und Umsatz, was für eine spätere Einführung des Onlinekanals dieser Händler spricht (Pentina, Pelton und Hasty 2009). Lagerkosten können im Falle der frühen Einführung jedoch minimiert werden.

Lee und Grewal (2004) fokussieren ebenso einen Zeitaspekt, nämlich die Geschwindigkeit der Interneteinführung. Sie können aber den angenommenen Interaktionseffekt der schnellen Einführung des Internets als Distributionskanal in Kombination mit hohen finanziellen Ressourcen des Unternehmens empirisch nicht nachweisen (Lee und Grewal 2004). Allerdings berichten sie einen positiven Effekt einer schnellen IT-Allianz auf Tobins Q, das heißt, wenn Unternehmen mit IT-Firmen kooperieren um ihre Webaktivitäten umzusetzen (Lee und Grewal 2004). Auch Xia und Zhang (2010) betrachten die Schnelligkeit der Einführung eines Internetkanals, finden aber keinen signifikanten Moderationseffekt. Demgegenüber decken sie auf, dass der Umsatz gesteigert werden kann, wenn eine höhere Anzahl an Ladengeschäften vorhanden ist (Xia und Zhang 2010).

Im Unterschied zu vorstehender Literatur, betrachten Homburg, Vollmayr und Hahn (2014) Kontingenzfaktoren einer Kanalerweiterung allgemein, unabhängig vom Kanaltyp. Als unternehmensbezogene Faktoren untersuchen sie neben der Internationalität auch die Art des Kanals hinsichtlich seiner Konkurrenzfähigkeit zu bestehenden Kanälen. Die Ergebnisse lassen darauf schließen, dass die Einführung eines neuen Distributionskanals mit Blick auf die Aktienrendite erfolgreicher ist, wenn der Hersteller international tätig ist (Homburg, Vollmayr und Hahn 2014). Demgegenüber mindert die Einführung eines Kanals den Erfolg, wenn der neue Kanal ein Konkurrenzkanal ist, das heißt, wenn er im selben geographischen oder produktbezogenen Markt agiert (Homburg, Vollmayr und Hahn 2014). Eine Dreifachinteraktion zeigt jedoch, dass dieser Effekt wiederum zum Positiven gewendet werden kann, wenn der neue Kanal ein indirekter Kanal ist (Homburg, Vollmayr und Hahn 2014).

Wettbewerbsbezogene Kontingenzfaktoren. Bezüglich des Wettbewerbs wird in bestehenden Forschungsarbeiten häufig die Reihenfolge des Hinzufügens eines Internetkanals betrachtet. Geyskens, Gielens und Dekimpe (2002) decken hierbei einen nichtlinearen Moderationseffekt auf, wonach ein Unternehmen als früher Folger der Interneteinführung erfolgreicher als ein Pionier oder ein später Folger ist. Pentina, Pelton und Hasty (2009) bestätigen dieses Ergebnis, indem auch sie einen positiven Effekt einer frühen Folgerstrategie finden. Homburg, Vollmayr und Hahn (2014) ergänzen dies um die Erkenntnis, dass eine höhere Wettbewerbsintensität das Erfolgspotenzial einer Kanalerweiterung auf dem Aktienmarkt begünstigt.

Konsumentenbezogene Kontingenzfaktoren. Geyskens, Gielens und Dekimpe (2002) betrachten als marktseitige Kontingenzfaktoren das Wachstum der Produktnachfrage sowie das Wachstum der Kanalnachfrage, können jedoch keinen Moderationseffekt dieser Größen empirisch nachweisen. Auch Homburg, Vollmayr und Hahn (2014) untersuchen das Wachstum der allgemeinen Nachfrage im Markt als Kontingenzfaktor einer Kanalerweiterung, finden aber keinen signifikanten Effekt. Allerdings zeigen sie, dass ein turbulenter Markt den Erfolg bezüglich der Aktienrendite mindert (Homburg, Vollmayr und Hahn 2014). Pauwels und Neslin (2015) argumentieren zwar theoretisch mit Kontingenzfaktoren des Konsumentenverhaltens, zum Beispiel deren Such- und Kaufverhalten, untersuchen diese aber nicht empirisch.

Bereichsübergreifende Konfigurationen. Würde man alle Ergebnisse der aufgezeigten Studien kombinieren und für den jeweiligen Fall der spezifischen Kanalstrategie integrieren, könnten näherungsweise Idealformen von Kanalstrategien im Einklang mit ihren unternehmensinternen, wettbewerbsbezogenen und konsumentenbezogenen Gegebenheiten definiert werden. Kabadayi, Eyuboglu und Thomas (2007) haben sich dieser Frage im Hinblick auf die idealen Multikanalstrategien empirisch angenommen, lassen jedoch Einkanalstrategien außen vor. Sich auf die Konfigurationstheorie stützend identifizieren sie zwei Idealformen von Multikanalstrategien von Herstellern, die im Einklang mit ihren Unternehmenseigenschaften und ihrer Umwelt sind (Venkatraman 1989). Die erste Idealform besteht darin, eine hohe Anzahl an vorwiegend direkten Kanälen anzubieten, eine Differenzierungsstrategie zu verfolgen und eine spezialisierte Organisationsstruktur in einer komplexen Umwelt zu besitzen (Kabadayi, Eyuboglu und Thomas 2007). Die zweite Idealform bildet das Angebot von wenigen und meist indirekten, also von Intermediären geführten, Kanälen, die Verfolgung einer Kostenführerstrategie, und einer stark formalisierten und zentralisierten Organisationsstruktur in einer wenig komplexen Umwelt (Kabadayi, Eyuboglu und Thomas 2007). Wie vorstehende Ausführungen verdeutlichen, existieren schon diverse Studien zu Kontingenzfaktoren von Kanalstrategien, wovon jedoch die wenigen, die Kontingenzfaktoren umfassend betrachten, aus einer Herstellersicht argumentieren und sich auf die Einführung von bestimmten Kanälen konzentrieren, anstatt verschiedene Kanalstrategien zu vergleichen.

3.3 Abgrenzung von bisheriger Forschung und Forschungsbeiträge

Bei Betracht der existierenden Literatur zum Einfluss von (Multi-)Kanalstrategien auf den Unternehmenserfolg werden neben ersten Erkenntnissen auch die Lücken bestehender Forschung deutlich. Die vorliegende Arbeit leistet drei Forschungsbeiträge, die für die Unternehmenspraxis und die Marketingwissenschaft gleichsam relevant sind: (1) Vergleich einer Multikanalstrategie mit unterschiedlichen Einkanalstrategien, (2) Berücksichtigung umfassender Kontingenzfaktoren des Erfolgs einer Kanalstrategie und (3) Gegenüberstellung von kurz- und langfristigen finanzwirtschaftlichen Erfolgsresultaten.

Erstens, gegenüber bisherigen Studien, die überwiegend Kanalerweiterungen fokussieren (z.B. Geyskens, Gielens und Dekimpe 2002; Lee und Grewal 2004; Pentina, Pelton und Hasty 2009), vergleicht die vorliegende Arbeit eine Multikanalstrategie mit einer reinen Internetstrategie und einer rein stationären Strategie. Die Studie schließt demnach auch Fälle ein, die von Beginn an eine der drei Kanalstrategien verfolgt haben oder die im Laufe der Zeit ihre Kanalstrategie hin zu einer Multikanal- oder zu einer Einkanalstrategie verändert haben. Es interessiert an dieser Stelle nicht, mit welcher Kanalstrategie ein Unternehmen begonnen hat, sondern wie erfolgsversprechend die unterschiedlichen Strategien generell sind. Dies erhöht die Generalisierbarkeit der Ergebnisse insofern, als nicht nur eine spezifische Gruppe von Multikanalunternehmen betrachtet wird. Dennoch berücksichtigt die Studie die Art der Kanäle, indem eine reine Internetstrategie gesondert von einer rein stationären Strategie mit Multikanalunternehmen verglichen wird. Im Zuge dessen identifiziert sie generalisierbare und vollständige Mechanismen, die den Erfolg einer Multikanalstrategie im Vergleich zur Einkanalstrategie begünstigen oder hindern. Existierende Literatur diskutiert zwar diverse Erfolgsmechanismen (Geyskens, Gielens und Dekimpe 2002; Homburg, Vollmayr und Hahn 2014; Zhang et al. 2010), bezieht diese jedoch nicht auf den Erfolg von Multikanalstrategien allgemein (Geyskens, Gielens und Dekimpe 2002; Homburg, Vollmayr und Hahn 2014), ist meist unvollständig (Zhang et al. 2010) oder einseitig motiviert (Homburg, Vollmayr und Hahn

2014). Eine solche systematische Sammlung von positiven und negativen Erfolgsmechanismen sowie die empirische Gegenüberstellung unterschiedlicher Kanalstrategien liefert der Forschung und Praxis ein basales Verständnis vom Erfolgspotenzial einer Multikanalstrategie im Vergleich zu Einkanalstrategien.

Zweitens wird in der Arbeit ein umfassendes konzeptuelles Kontingenzmodell zum Einfluss einer Multikanalstrategie im Vergleich zu Einkanalstrategien auf den Unternehmenserfolg hergeleitet und empirisch überprüft. Hierbei setzt sich die Arbeit zum Ziel, sich der Fragestellung möglichst umfangreich zu nähern. Zu diesem Ziel wird die Theorie des strategischen Dreiecks herangezogen und unter Integration der ressourcenorientierten und marktorientierten Sichtweise Moderatoren bezüglich des Unternehmens, des Wettbewerbs und der Konsumenten identifiziert (Ohmae 1983). In diesem Kontingenzrahmen werden weitgehend unerforschte Faktoren identifiziert, die in der Forschung zum Multikanalmanagement noch nicht untersucht, aber häufig diskutiert wurden. Existierende Forschung konzentriert sich meist auf die ressourcenorientierte oder die marktorientierte Sichtweise und nimmt keinen integrierenden Blick bezüglich der Kontingenzfaktoren ein. Ein solch umfassendes, stärker verallgemeinerbares Kontingenzmodell fördert das Grundverständnis des Zusammenhangs verschiedener Faktoren mit Kanalstrategien und bildet eine Grundlage für künftige Forschungsstudien in dem Bereich, insbesondere weil bisherige Ergebnisse zu Haupteffekten von Kanalstrategien inkonsistent sind. In der Unternehmenspraxis ist es ebenfalls bedeutend, mögliche Kontingenzfaktoren umfassend zu bedenken, da strategische Entscheidungen bezüglich der Kanalstrategie stets langfristig orientiert und Unternehmen einem komplexen Umfeld ausgesetzt sind.

Drittens, stellt diese Arbeit kurz- und langfristige Erfolgsergebnisse von Kanalstrategien gegenüber und nutzt zu diesem Zwecke die finanzwirtschaftlichen, branchenübergreifend vergleichbaren Erfolgsmaße Cashflow und Tobins Q. Existierende Forschung konzentriert sich entweder auf den kurzfristigen (z.B. Min und Wolfinbarger 2005; Pauwels und Neslin 2015; Pentina, Pelton und Hasty 2009) oder auf den langfristigen Erfolg einer Kanalstrategie (z.B. Geyskens, Gielens und Dekimpe 2002; Homburg, Vollmayr und Hahn 2014). Weil die Wahl einer Kanalstrategie eine langfristig orientierte Entscheidung ist, die einerseits eine gewisse Zeit zur Implementierung im Unternehmen benötigt, andererseits aber sofortige Auswirkungen auf die Nachfrage der Konsumenten und Kosten der Unternehmung erzielen kann, erscheint ein Vergleich von zeitlich differenzierten Effekten naheliegend (Geyskens, Gielens und Dekimpe 2002; Rosenbloom 2013). Zudem sind einzelne Kontingenzfaktoren entweder über alle Perioden konstant (z.B. die Geschäftsstrategie) oder verändern sich über die Zeit (z.B. die Marktdynamik). Auch die inkonsistenten Ergebnisse zu Haupteffekten weisen auf den höheren Erkenntnisgewinn durch den systematischen Vergleich kurz- und langfristiger Effekte hin.

Die vorliegende Arbeit überprüft die Erfolgseffekte empirisch anhand umfangreicher Informationen über real existierende Unternehmen. So werden zahlreiche Informationen über US-Händler und deren Strategien über mehrere Jahre gesammelt und mittels Panelregressionsanalyse ausgewertet. Damit verfügt die Studie über einen Datensatz mit mehreren Objekten über mehrere Jahre, was eine Komplexitäts- und Informationssteigerung im Vergleich zu reinen Querschnitts- oder Zeitreihendaten darstellt (Wooldridge 2010). Zudem weisen Sekundärdaten aufgrund der fehlenden Subjektivität von Konsumenten oder Mitarbeitern eine höhere Realitätsnähe auf. Ein Teil der existierenden Literatur nutzt ebenfalls Paneldaten, hat jedoch aufgrund der Entwicklung des Internethandels in den letzten 20 Jahren einen kürzeren Zeitraum zur Verfügung. Ebendiese historische Entwicklung des Internetkanals führt dazu, dass Ergebnisse bezüglich Multikanal- oder Internetstrategien erst verlässlich werden, wenn eine Zeit betrachtet wird, in der der Internethandel schon weitgehend akzeptiert ist. Für die Forschung ergeben sich daraus weitestgehend verallgemeinerbare Erkenntnisse, die zudem auf verschiedene Handelsbranchen übertragbar sind. Auch Unternehmen profitieren von der Realitätsnähe der Daten, die ihnen das Lernen aus Erfahrungen anderer Unternehmen ermöglichen. Außerdem können sie auf Basis der Studie, je nach Ziel ihrer Unternehmung, den kurz- oder langfristigen Erfolg ihrer Kanalstrategie steigern.

Schließlich verdeutlichen Herhausen et al. (2015, S. 1) die Notwendigkeit dieser Studie, indem auch sie das Potenzial reiner Internethändler und die Herausforderung einer adäquaten, wettbewerbsfähigen Antwort von Multikanalhändlern darlegen:

„However, evidence for the success of multi-channel retailers remains scarce. Purely online players, such as Zappos and Amazon, tend to dominate the market for certain product categories and outperform their brick-and-click competitors, whereas some multi-channel retail firms with physical stores still struggle to answer the important yet unresolved question of whether they can create competitive advantage from a multi-channel strategy [...].“

Diese Arbeit greift schließlich die vorstehende Debatte auf und hat zum Ziel, Aufschluss über den Erfolg einer Multikanalstrategie im Vergleich zu reinen Internethändlern zu geben und dabei zusätzlich das Erfolgspotenzial von rein stationären Händlern zu eruieren.

4. Herleitung eines konzeptuellen Modells und von Hypothesen zum Einfluss von Multikanalstrategien auf den Unternehmenserfolg

Basierend auf den vorstehenden theoretischen und konzeptuellen Ausführungen wird im Folgenden ein konzeptuelles Modell hergeleitet, das den Einfluss von unterschiedlichen Kanalstrategien auf den Unternehmenserfolg unter Berücksichtigung von Kontingenzfaktoren darstellt. Hierbei fassen Hypothesen die postulierten kausalen Beziehungen zusammen.

4.1 Überblick über das konzeptuelle Modell

In Kapitel 2.1.2 wurden die Bedeutung der Kontingenztheorie und unterschiedliche Theorien zur Herkunft von Kontingenzfaktoren erläutert. Im Rahmen dieser Forschungsarbeit wird darauf aufbauend die Annahme vertreten, dass keine Strategie per se erfolgreicher ist, sondern deren Erfolg von unterschiedlichen Rahmenbedingungen abhängt (Ginsberg und Venkatraman 1985; Venkatraman 1989). Dementsprechend stützt sich das folgende Modell auf die Annahmen der Kontingenztheorie, welche in der Marketingforschung bereits mehrfach Anwendung fand (z.B. Kabadayi, Eyuboglu und Thomas 2007; Knapp, Hennig-Thurau und Mathys 2014; Ruekert, Walker Jr. und Roering 1985). Abbildung 5 gibt einen Überblick über das konzeptuelle Modell, die einzelnen Konstrukte sowie deren Beziehungen zueinander.

Abbildung 5: Konzeptuelles Kontingenzmodell zum Einfluss einer Kanalstrategie auf den Unternehmenserfolg

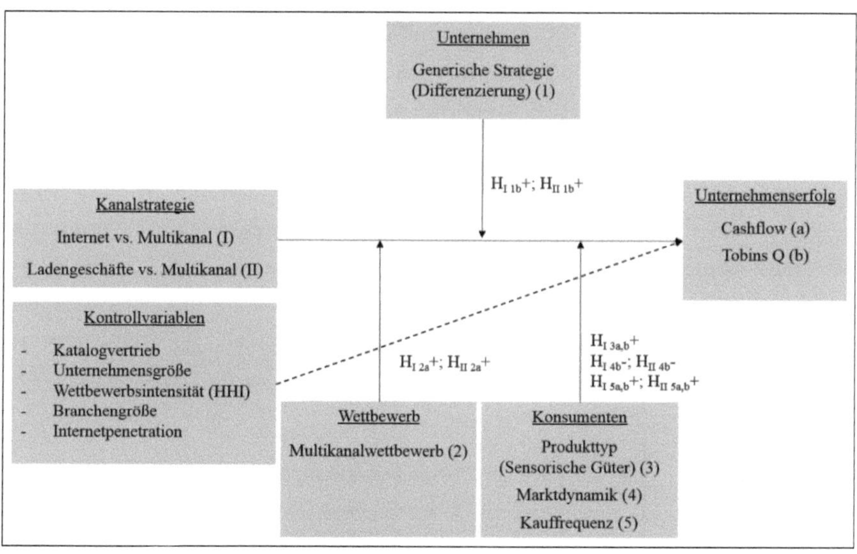

Quelle: Eigene Darstellung.

Während auf der linken Seite des Modells die unterschiedlichen Kanalstrategien gegenübergestellt und darunter die Kontrollgrößen aufgelistet sind, befinden sich die Maße des Unternehmenserfolgs auf der rechten Seite. Die Pfeile geben die angenommene Wirkungsrichtung der Strategie und Kontrollgrößen auf den Unternehmenserfolg an. Die Kontingenzfaktoren sind im oberen und unteren Teil des Modells dargestellt und wirken auf die Beziehung zwischen der Kanalstrategie und dem Unternehmenserfolg, was ebenfalls anhand der Pfeilrichtung deutlich wird. Neben diesen Pfeilen sind die Kürzel der jeweiligen Moderationshypothesen aufgeführt und geben an, ob ein positiver (+) oder negativer (-) Effekt erwartet wird. Dem Kapitel 4.3 ist die ausführliche Herleitung aller Hypothesen und deren konkrete Aussage zu entnehmen.

4.2 Bestandteile des konzeptuellen Modells

4.2.1 Kanalstrategien als unabhängige Variablen

Ziel dieser Forschungsarbeit ist es, den kurz- und langfristigen Erfolg von unterschiedlichen Kanalstrategien zu betrachten, wobei einer Multikanalstrategie zwei Arten von Einkanalstrategien gegenübergestellt werden. Während als Einkanalstrategie entweder eine reine Internet- oder eine reine Ladengeschäftsstrategie betrachtet wird, besteht eine Multikanalstrategie in dieser Arbeit aus mindestens diesen beiden Distributionskanälen. Der Fokus auf diese Kanäle begründet sich zum einen darauf, dass sie sich in vielerlei Hinsicht unterscheiden und zum anderen weil sie die häufigste Kombination bei Multikanalstrategien darstellen. Kapitel 2.2.3 vergleicht die Eigenschaften von mehreren Distributionskanälen, woraus die Verschiedenheit des stationären Geschäfts und Internets hervorgehen. Darüber hinaus hat das Internet als jüngster Vertriebskanal die Handelslandschaft in den letzten zwei Jahrzehnten substantiell verändert (Levy und Weitz 2009; Zentes, Morschett und Schramm-Klein 2011), wohingegen der stationäre Kanal als die traditionellste Distributionsform gilt (Alba et al. 1997; Gupta, Su und Walter 2004; Tang und Xing 2001). Gerade weil sie so unterschiedlich sind und sich in vielen Eigenschaften ergänzen (Avery et al. 2012), hat die Kombination dieser zwei Kanäle die Multikanalperspektive im Handel erst zum Leben erweckt (Zentes, Morschett und Schramm-Klein 2011). Deskriptive Analysen in der vorliegenden Studie zeigen, dass die Kombination von Internet mit Ladengeschäften die häufigste Multikanalstrategie darstellt (siehe Kapitel 5.1.3.2).

Da auch der Katalog als ein wichtiger Distributionskanal zu betrachten ist, werden Multikanalhändler, die diesen als zusätzlichen Kanal anbieten, ebenso berücksichtigt und nicht ausgeschlossen. Eine Einkanalstrategie umfasst hingegen wirklich nur die Händler, welche ausschließlich den jeweiligen Kanal und keinen weiteren Distributionskanal betreiben. Da die mobile Applikation eine angepasste Version des Internets darstellt und demzufolge auch die nahezu gleichen Charakteristika aufweist, gilt dieser hierbei nicht als zusätzlicher Kanal. Alle Hypothesen H_I beziehen sich auf den Vergleich einer Multikanalstrategie mit einer reinen Internetstrategie und alle Hypothesen H_{II} auf deren Vergleich mit einer stationären Strategie.

4.2.2 Erfolgskennzahlen als abhängige Variablen

Als Erfolgsmaße, und damit abhängige Größen des Modells, werden Cashflow und Tobins Q herangezogen. Beides sind finanzwirtschaftliche Erfolgskennzahlen (siehe Kapitel 2.1.2.3) und befinden sich in der Kausalkette der Wirkung einer Marketingstrategie weitestgehend am Ende (Rust et al. 2004). Einerseits sind beide Maße weniger abhängig von den Methoden des Rechnungswesens eines Unternehmens und damit potenziellen Manipulationen, und andererseits ermöglichen sie eine Unterscheidung zwischen kurz- und langfristigen Effekten einer Kanalstrategie (Morgan und Rego 2009; Srivastava, Shervani und Fahey 1998).

Als Cashflow-Maß wird der Cashflow aus laufender Geschäftstätigkeit verwendet, der die Zuflüsse aus dem operativen Geschäft abzüglich der Abflüsse durch Kosten der operativen Tätigkeiten enthält (Dechow, Kothari und Watts 1998; Morgan und Rego 2009). Tobins Q wird, wie unter Kapitel 2.1.2.3.4 erläutert, gemeinhin als das Verhältnis des Marktwerts eines Unternehmens zum Wiederbeschaffungswert seiner Vermögenswerte verstanden und repräsentiert somit ein Maß des Firmenwerts (Bharadwaj, Bharadwaj und Konsynski 1999; Lee und Grewal 2004). Während sich Cashflow auf eine bestimmte Periode in der Vergangenheit eines Unternehmens bezieht, gilt Tobins Q als risikobereinigtes und zukunftsorientiertes Maß, das auf dem Aktienkurs des Unternehmens basiert (Morgan und Rego 2009; Srivastava, Shervani und Fahey 1998). Da Aktienpreise von Investoren unter Berücksichtigung des langfristigen Unternehmenserfolgs bestimmt werden, gilt diese Kennzahl als Langzeitmaß. Cashflow hingegen stellt ein Kurzzeitmaß dar, weil dieser den Erfolg einer Periode reflektiert.

Entsprechend der Effizienzmarkthypothese berücksichtigen Aktieninvestoren bei der Schätzung des zukünftigen Unternehmenswerts sämtliche verfügbare Informationen über das Unternehmen und den Markt (Fama 1991). Deshalb integriert Tobins Q als marktbasiertes Maß auch Cashflow-Informationen und weitere Informationen zum Risikopotenzial und intangiblen Vermögenswerten des Unternehmens (Srinivasan und Hanssens 2009; Srivastava, Shervani und Fahey 1998). Da die Auswahl und das Implementieren von Kanalstrategien fundamentale strategische Entscheidungen repräsentieren, die nicht ohne großen Aufwand geändert werden können, scheint die Betrachtung des Langzeiterfolgs unabdingbar. Im Modell und in den folgenden Hypothesen kennzeichnet der Buchstabe a den angenommenen Effekt auf Cashflow und b den Effekt auf Tobins Q.

4.2.3 Kontingenzfaktoren als moderierende Variablen

Der Kern der Kontingenztheorie bildet, wie in Kapitel 2.1.2.1 erläutert, das Konzept des strategischen Fits (Venkatraman 1989; Vorhies und Morgan 2003). Basierend auf Venkatramans (1989) Konzeptualisierung unterschiedlicher Typen von Fit, wird sich im vorliegenden Modell auf Fit als Moderation bezogen, was den Einfluss eines Faktors auf einen anderen Faktor in Abhängigkeit von einem dritten beschreibt (Spiller et al. 2013; Venkatraman 1989). In Übereinstimmung mit dem 3C-Modell (siehe Kapitel 2.1.2.2.3) werden Moderatoren auf Unternehmens-, Wettbewerbs- und Konsumentenebene betrachtet, um die Rahmenbedingungen umfassend zu berücksichtigen (Ohmae 1991). Auf Unternehmensebene wird die generische Strategie betrachtet, während der Multikanalwettbewerb als Wettbewerbsmoderator fungiert. Bezüglich des Konsumentenmarkts rücken der Produkttyp, die Marktdynamik und die Kauffrequenz in den Vordergrund. Die Auswahl der Moderatoren ist Ergebnis einer umfassenden Literaturdurchsicht zum strategischen Marketing, Management, Multikanalmarketing und Handel. Alle Moderatoren wurden bislang in keiner Studie zum Vergleich von Multikanal- mit Einkanalstrategien betrachtet. Außer dem Produkttyp, welcher aus logischen Überlegungen nur für den Vergleich zwischen einer Internet- und einer Multikanalstrategie relevant ist, gelten alle Moderatoren für die beiden unabhängigen Variablen. Darüber hinaus erlauben die unterschiedlichen Erfolgsmaße eine zeitliche Differenzierung, so dass die Effekte ausgewählter Moderatoren nur auf kurze oder lange Sicht erwartet werden.

4.2.4 Kontrollvariablen

Als Kontrollvariablen werden potenzielle Einflussfaktoren auf Unternehmens-, Branchen- und Volkswirtschaftsebene berücksichtigt. Als Kontrollfaktoren auf Unternehmensebene fungieren die abhängige Größe im Vorjahr, die Unternehmensgröße und die Existenz eines Katalogs als Distributionskanal. Der Einschluss der abhängigen Größe des Vorjahrs, das heißt Cashflow und Tobins Q in t-1, gilt als gängige Methode in der empirischen Forschung mit Zeitreihen oder Paneldaten und soll um den Unternehmenserfolg im Vorjahr kontrollieren (z.B. Gruca und Rego 2005; Morgan und Rego 2009; Yarbrough, Morgan und Vorhies 2011). Während die Unternehmensgröße in existierenden Forschungsstudien sehr häufig als Einfluss- und Kontrollgröße auf den Unternehmenserfolg genutzt wird (Capon, Farley und Hoenig 1990), stellt die Existenz eines Katalogs eine themenspezifische Variable dar. So könnte ein Unternehmen mit bereits bestehendem Katalogvertrieb über bestimmte Ressourcen und Fähigkeiten verfügen, die das Management von multiplen Kanälen erleichtern (Lee und Grewal 2004). Mit Blick auf die Branchenebene zeigen bisherige Studien häufig einen Einfluss der Wettbewerbsintensität und der Branchengröße auf den Unternehmenserfolg (Capon, Farley und Hoenig 1990). Des Weiteren schließt das Modell die Internetpenetrationsrate als Kontrollgröße auf Ebene der Volkswirtschaft mit ein, weil das Internet der am stärksten wachsende Distributionskanal ist und dessen Verbreitung das Kaufverhalten der Konsumenten und die Onlineumsätze beeinflussen könnte (Zentes, Morschett und Schramm-Klein 2011).

4.3 Identifikation von Erfolgsmechanismen einer Multikanalstrategie

4.3.1 Überblick über die Erfolgsmechanismen

Bestehende Forschung und Beispiele aus der Praxis zeigen, dass das Angebot mehrerer Distributionskanäle das Potenzial zur Steigerung oder auch Reduktion des Unternehmenserfolgs hat. Dafür sind erfolgsfördernde und erfolgshemmende Mechanismen verantwortlich, die bei der Implementierung einer Multikanalstrategie auftreten können. Tabelle 11 gibt die Mechanismen wider und ordnet sie der Nachfrage- oder Angebotsseite zu (Geyskens, Gielens und Dekimpe 2002). Diese Differenzierung erscheint insofern sinnvoll, als bestimmte Erfolgsmaße ausschließlich die Effekte der Nachfrageseite betrachten (z.B. Umsatz), andere die Angebotsseite (z.B. Kosten) und wiederum andere beide Seiten integrieren (z.B. Brutto-Marge). Demzufolge können logische Zusammenhänge und Auswirkungen auf die Erfolgsmaße präziser analysiert und argumentiert werden.

Tabelle 11: Überblick über die Erfolgsmechanismen von Multikanalstrategien

Valenz des Mechanismus	Nachfrage (Konsumenten)	Angebot (Unternehmen)
Erfolgsfördernd	- Kundenakquise - Kundenbindung - Serviceinnovationen	- Skaleneffekte - Verbundeffekte
Erfolgshemmend	- Kannibalisierung - Kundenabwanderung - Markenverwässerung	- Kanalbezogene Kosten - Kanalübergreifende Kosten

Quelle: Eigene Darstellung.

Alle Mechanismen sind Ergebnis einer umfangreichen Literaturdurchsicht im Bereich der Handels- und Marketingforschung. Die unter Kapitel 3.2.2.2 im Rahmen des Forschungsstandes erläuterten Mechanismen werden an dieser Stelle integriert und vervollständigt. Die zwei folgenden Subkapitel widmen sich der Erläuterung der einzelnen Mechanismen.

4.3.2 Erfolgsfördernde Mechanismen

Auf der Nachfrageseite, das heißt dem Konsumentenmarkt, kann das Angebot von mehreren Kanälen zu gesteigerter Kundenakquise, Kundenbindung und Serviceinnovationen führen. Die Möglichkeit der Kundenakquise begründet sich auf der Tatsache, dass mehrere Kanäle zum einen die Erreichbarkeit und zum anderen die Bekanntheit des Unternehmens und der Produkte erhöhen (Zhang et al. 2010). Da die Anzahl der möglichen Kontaktpunkte erhöht wird, werden auch Konsumenten erreicht, die zuvor in einem anderen als dem traditionell angebotenen Kanal eines Unternehmens aktiv waren. Darüber hinaus können auch Kunden von Wettbewerbern erreicht werden (Balasubramanian, Raghunathan und Mahajan 2005; Zhang et al. 2010). Ein Unternehmen, das beispielsweise nur stationäre Geschäfte anbietet und einen Internetkanal hinzufügt, kann dieser Logik folgend schließlich auch Internetnutzer bedienen, womit die potenzielle Zielgruppe erweitert wird. Die Bekanntheit erhöht sich dadurch, dass der Händler präsenter ist und bei Einkäufen in beiden Kanälen wahrgenommen wird. Dies kann in der Folge auch zur Steigerung der Markenbekanntheit führen und damit intangible Vermögenswerte des Unternehmens stärken (Keller 2010; Srivastava, Shervani und Fahey 1998).

Auch die langfristige Bindung von Kunden ist ein häufiger Grund, warum Unternehmen sich entscheiden, mehrere Kanäle anzubieten (Neslin und Shankar 2009). Während die vorstehend aufgeführten Vorteile der besseren Erreichbarkeit und gesteigerten Bekanntheit die Loyalität fördern, trägt auch die Wertstiftung durch die den Konsumenten gebotene Wahlmöglichkeit zwischen unterschiedlichen Kanälen zur Bindung bei (Wallace, Giese und Johnson 2004). Demzufolge erhalten Konsumenten die Möglichkeit, sich nach Belieben zwischen den Kanälen zu bewegen, ohne dass sie das Unternehmen wechseln müssen (Zhang et al. 2010). Forschungs-ergebnisse belegen die Annahme, dass das Angebot mehrerer Kanäle die Kundenbindung fördert (Danaher et al. 2010). Weitere Forschungsstudien haben herausgefunden, dass Multikanalkäufer, also Konsumenten die in mehreren Kanälen kaufen, profitabler sind als Konsumenten, die überwiegend in einem Kanal kaufen, was unter anderem auf der stärkeren Bindung an das Unternehmen beruht (Kushwaha und Shankar 2013). Multikanalkäufer kaufen jedoch auch häufiger und geben mehr Geld aus als Einkanalkäufer, weshalb die Kundenprofitabilität höher liegt (Kushwaha und Shankar 2013). In der Folge erhöht diese gesteigerte Profitabilität den individuellen Kundenlebenswert und damit auch den gesamten Kundenwert als intangiblen Vermögenswert des Unternehmens (Blattberg, Malthouse und Neslin 2009; Srivastava, Shervani und Fahey 1998).

Ein weiterer Vorteil einer Multikanalstrategie kann das Angebot multikanalspezifischer Leistungen und Innovationen sein. So ist es nur einem Multikanaluntekannibrnehmen möglich, den Kunden kanalübergreifende und integrierende Serviceangebote zu offerieren (Bendoly et al. 2005; Oh, Teo und Sambamurthy 2012). Beispiele für solche Serviceleistungen sind das Anbieten einer Produktbestellung im Internet mit Abholung im Ladengeschäft, eines Online-Live-Chats mit einem Mitarbeiter im Ladengeschäft oder der Konfigurationsmöglichkeit eines Produkts im Internet (z.B. ein Auto bei BMW) und dessen Bestellung in die Filiale. Derlei wertstiftende Leistungen bilden ein weiteres Potenzial zur Differenzierung vom Wettbewerb.

Auf der Angebotsseite können durch eine Multikanalstrategie Skalen- und Verbundeffekte erzielt werden, die die Kosten reduzieren und damit die Effizienz steigern (Neslin und Shankar 2009). Skaleneffekte können entstehen, wenn das Unternehmen Wissen aus den operativen Aktivitäten in einem Kanal auf einen anderen übertragen und durch die Distribution einer höheren Anzahl von Produkten über die unterschiedlichen Kanäle die Stückkosten, beziehungsweise Grenzkosten, z.B. von Marketingaktivitäten senken kann (Neslin und Shankar 2009; Pearce und Robinson 2011). Skaleneffekte basieren demzufolge auf Kosteneinsparungen durch die wachsende Größe des Unternehmens (Pearce und Robinson 2011). Verbundeffekte sind auf die Nutzung gleicher Ressourcen und Fähigkeiten und damit erzielte Synergien zurückzuführen (Neslin und Shankar 2009). Beispielsweise werden die Distributionsaktivitäten aller Kanäle in einer einzigen Marketingabteilung gebündelt. Es werden pro Kanal nur wenige zusätzliche Spezialisten benötigt, weshalb sich die Kosten letztlich auf mehrere Kanäle aufteilen (Neslin und Shankar 2009).

4.3.3 Erfolgshemmende Mechanismen

Auch erfolgshemmende Mechanismen können auf der Nachfrage- wie auf der Angebotsseite auftreten. Nachfrageseitig ist zwischen Kannibalisierung, Kundenabwanderung und Marken-verwässerung zu unterscheiden. Kannibalisierung bedeutet, dass Umsätze in einem Kanal zurückgehen, weil ein anderer eingeführt wurde und die Kunden von einem zum anderen Kanal desselben Unternehmens wechseln, ohne dass zusätzliche Umsätze erzielt werden (Avery et al. 2012; Zhang et al. 2010). Zudem besteht die Gefahr, dass diese Kunden ein opportunistisches Kanalnutzungsverhalten entwickeln, also beispielsweise vom Ladengeschäft in den Internetkanal wechseln, weil die Preise dort günstiger sind, was letztlich zu einem Umsatzrückgang führt (Sa Vinhas und Anderson 2005). Eine Multikanalstrategie kann außerdem sogar die Abwanderung von Kunden zu Wettbewerbern fördern. Wenn ein Kanal hinzugefügt wird und bestehende Kunden in diesen Kanal gelenkt werden, sind sie gleichzeitig einem anderen Wettbewerbsumfeld ausgesetzt. Dies kann einen Wechsel von Kunden zu erfahreneren Wettbewerbern dieses Kanals zur Folge haben, weil Letztere gegebenenfalls attraktiver für Kunden sind. Wenn zum Beispiel ein traditioneller Händler einen Internetkanal hinzufügt, tritt er in direkten Wettbewerb zu etablierten Internethändlern wie Amazon.com oder internet-erfahrenen Multikanalhändlern. Prinzipiell sind Multikanalhändler einem höheren Wettbewerbsdruck ausgesetzt, weil sie durch die hohe Anzahl von Kanälen auch mehr Kontaktpunkte zu Wettbewerbern bieten, als wenn sie nur einen Kanal bedienen.

Weiterhin kann das Angebot vieler verschiedener Distributionskanäle die Händlermarke verwässern, insofern als die Kanäle unterschiedliche Charakteristika aufweisen (Keller 2010; Kwon und Lennon 2009). Insbesondere wenn ein Kanal nicht zur Positionierung der Marke passt, ist eine Verwässerung des Markenimages wahrscheinlich. Zum Beispiel kann ein Internetkanal nicht alle Markenelemente kommunizieren, die ein Ladengeschäft transportieren kann, insbesondere wenn die Marke starken Erlebnischarakter hat, wie zum Beispiel Globetrotter im europäischen oder Bass Pro Shop im amerikanischen Raum (Levy und Weitz 2009). Eine solche Verwässerung der Marke kann ebenfalls die Nachfrage reduzieren.

Erfolgshemmende Mechanismen auf der Angebotsseite stellen höhere kanalbezogene und kanalübergreifende Kosten dar. Grundsätzlich verursacht jeder Kanal Kosten bezüglich seiner Einführung, Instandhaltung und Verbesserung. Bei der Einführung eines neuen Kanals werden kanalspezifische Ressourcen und Fähigkeiten benötigt und die Kommunikation des neuen Kanals an die Konsumenten erfordert anfänglich höhere Marketinginvestitionen (Lee und Grewal 2004; Zhang et al. 2010). Auch die andauernde Instandhaltung, Wartung und Aktualisierung eines Kanals ist bei den kanalbezogenen Kosten mit inbegriffen (Geyskens, Gielens und Dekimpe 2002; Lee und Grewal 2004).

Ein Multikanalsystem sollte darüber hinaus gut koordiniert werden, was letztlich die kanalübergreifenden Kosten steigert (Neslin und Shankar 2009). In der Literatur häufig als höhere Transaktionskosten bezeichnet, entstehen Kosten für die Homogenisierung oder Integration von Kanälen hinsichtlich der vier Marketinginstrumente (siehe Kapitel 2.2.2; Frazier 1999; Oh, Teo und Sambamurthy 2012; Zhang et al. 2010). Die dafür erforderliche Koordination beinhaltet zum Beispiel Kosten für Cross-Channel-Manager, die weiter steigen, wenn Konflikte zwischen den Kanälen bestehen (Falk et al. 2007; Neslin und Shankar 2009). Konflikte können auftreten, wenn die Kanäle widersprüchliche Ziele verfolgen und sich dadurch ein internes Konkurrenzdenken entwickelt. Unterschiedliche Ziele können zum Beispiel bezüglich des Umgangs mit Kunden auftreten. Während ein Internetkanal durch die höhere Transparenz besser zur Akquise neuer Kunden geeignet ist, kann die persönliche Betreuung in einem stationären Geschäft die Kunden vermutlich besser an das Unternehmen binden. Wenn die Geschäftsführung des Unternehmens nun aber für alle Kanäle gleiche Belohnungsgrundlagen setzt (z.B. Neukunden pro Monat), kann dies interne Konflikte fördern, die letztlich behoben werden müssen, um Effektivität und Effizienz zu wahren. Die Maßnahmen zur Entgegenwirkung von Konflikten implizieren wiederum Kosten. Die in diesem Kapitel zusammengetragenen Erfolgsmechanismen bilden im Folgenden die Grundlage zur logischen Herleitung von Hypothesen.

4.4 Herleitung von Hypothesen

Das folgende Kapitel ist der Herleitung der Hypothesen auf Basis des vorstehend aufgezeigten konzeptuellen Modells und der erarbeiteten Erfolgsmechanismen gewidmet.

4.4.1 Überblick über die Hypothesenherleitung

Die vorstehend hergeleiteten Erfolgsmechanismen einer Multikanalstrategie bilden die Grundlage der Argumentation von Zusammenhängen. Bei Betrachtung eines möglichen Haupteffekts einer Multikanalstrategie auf den Unternehmenserfolg ist das Auftreten all dieser Mechanismen wahrscheinlich, wobei sich die positiven und negativen Mechanismen aufheben mögen. Somit kann keine logische Annahme getroffen werden, ob ein bestimmter Effekt überwiegt; es wird also kein Haupteffekt einer Kanalstrategie erwartet. Dies entspricht der Grundannahme der Kontingenztheorie (Ginsberg und Venkatraman 1985; Venkatraman 1989). Dieser Theorie weiterhin folgend, können die moderierenden Faktoren bestimmte Erfolgsmechanismen auf kurze und/oder lange Sicht stimulieren und damit eine spezifische Kanalstrategie begünstigen. Wenn durch einen Moderator beispielsweise positive Mechanismen einer Multikanalstrategie verstärkt und zusätzlich negative Mechanismen abgeschwächt werden, wird diese erfolgreicher als die Einkanalstrategie sein.

Basierend auf dieser Logik werden die Hypothesen zu den Moderationseffekten hergeleitet, worüber Tabelle 12 einen Überblick gibt. Während in der ersten Spalte das jeweilige Kürzel der Hypothese sowie der involvierte Moderator aufgelistet sind, beinhalten die zwei darauffolgenden Spalten jene erfolgsfördernden und erfolgshemmenden Mechanismen, die durch den Moderator verstärkt oder vermindert werden. Ob der Moderator einen abschwächenden oder verstärkenden Effekt auf den Mechanismus hat, wird durch den Pfeil vor jedem Mechanismus angezeigt. Rechts des Mechanismus befindet sich außerdem ein Miniaturdiagramm, das den Zeitverlauf des erwarteten Effekts symbolisiert.

Tabelle 12: Überblick über die Hypothesen, Mechanismen und Moderationseffekte

Hypothese und Moderator	Involvierte Mechanismen		Moderationseffekt mit Multikanalstrategie	
	Erfolgsfördernde Mechanismen	Erfolgshemmende Mechanismen	a) Cashflow	b) Tobins Q
HI 1b: Generische Strategie	↑ Kundenakquise ↑ Kundenbindung ↑ Serviceinnovation ↑ Verbundeffekte	↑ Kanalbezogene Kosten ↑ Kanalübergreifende Kosten	n.a.	+
HII 1b: Generische Strategie	↑ Kundenakquise ↑ Kundenbindung ↑ Serviceinnovation ↑ Verbundeffekte	↑ Kanalbezogene Kosten ↑ Kanalübergreifende Kosten	n.a.	+
HI 2a: Multikanal-wettbewerb	↑ Kundenakquise ↑ Kundenbindung	↓ Kanalbezogene Kosten ↓ Kanalübergreifende Kosten	+	n.a.
HII 2a: Multikanal-wettbewerb	↑ Kundenakquise ↑ Kundenbindung	↓ Kanalbezogene Kosten ↓ Kanalübergreifende Kosten	+	n.a.
HI 3a,b: Produkttyp	↑ Kundenakquise ↑ Kundenbindung	↓ Kanalbezogene Kosten	+	+
HI 4b: Marktdynamik	↑ Kundenakquise ↑ Kundenbindung	↑ Kundenabwanderung ↑ Kanalbezogene Kosten ↑ Kanalübergreifende Kosten	n.a.	-
HII 4b: Marktdynamik	↑ Kundenakquise ↑ Kundenbindung	↑ Kundenabwanderung ↑ Kanalbezogene Kosten ↑ Kanalübergreifende Kosten	n.a.	-
HI 5a,b: Kaufhäufigkeit	↑ Kundenakquise ↑ Kundenbindung	↑ Kannibalisierung ↓ Kanalbezogene Kosten	+	+
HII 5a,b: Kaufhäufigkeit	↑ Kundenakquise ↑ Kundenbindung	↑ Kannibalisierung ↓ Kanalbezogene Kosten	+	+
↓ = vermindert, ↑ = verstärkt Mechanismus; = Ausmaß des Mechanismus über die Zeit; + = positiver, - = negativer Effekt				

Quelle: Eigene Darstellung.

Die y-Achse des Liniendiagramms repräsentiert das Ausmaß des Mechanismus während die x-Achse für den Zeitverlauf steht. Die gestrichelte Linie zeigt das erwartete durchschnittliche Ausmaß des Mechanismus bei einer Multikanalstrategie an, wohingegen die durchgezogene Linie dessen Entwicklung bei Einwirkung des Moderators repräsentiert. Wenn also eine Grafik neben Kundenbindung beispielsweise eine absteigende zum Mittelwert neigende Linie anzeigt ( ), bedeutet dies einen kurzfristigen Anstieg der Kundenbindung durch den Moderator, welche auf lange Sicht jedoch wieder das durchschnittliche Level erreicht. Ist die Linie gerade (z.B. oder), symbolisiert dies eine durchweg höhere oder niedrigere Ausprägung des Mechanismus auf kurze und lange Sicht. Daraus ergibt sich schließlich ein erwarteter Effekt auf den kurzfristigen (Cashflow) und/oder den langfristigen (Tobins Q) Unternehmenserfolg.

Die Tabelle fasst schließlich alle involvierten Mechanismen und erwarteten Effekte auf den Unternehmenserfolg zusammen. Wie genau die Moderatoren die Mechanismen vermindern oder verstärken können, wird im Zuge der Herleitung einzelner Hypothesen in den folgenden Kapiteln näher erläutert.

4.4.2 Unternehmensbezogener Kontingenzfaktor: generische Strategie

Die Kontingenztheorie postuliert, dass eine Marketingstrategie im Einklang mit der Geschäftsstrategie des Unternehmens sein sollte, um den Unternehmenserfolg steigern zu können (Vorhies und Morgan 2003). Eine Geschäftsstrategie kann auf der Unternehmens- oder Geschäftsfeldebene verankert sein (siehe Kapitel 2.1.1.1.3) und wird gemeinhin als Langzeitorientierung eines Unternehmens mit dem Ziel einer langfristigen Wettbewerbsfähigkeit verstanden (Walker und Ruekert 1987). Laut Porter (2004) ist zwischen den generischen Strategien Differenzierung, Kostenführerschaft und Fokus zu unterscheiden, wobei Fokus mit beiden vorstehenden Strategien kombinierbar ist. Differenzierung und Kostenführerschaft gelten als Idealtypen von Strategien, in der Realität existieren jedoch zahlreiche Unternehmen, die versuchen die Ziele beider Strategien zu kombinieren, indem sie höheren Wert für Kunden stiften und dabei Kosten minimieren, wie zum Beispiel Amazon.com (Kim, Nam und Stimpert 2004). Laut Porter (2004) würden diese Unternehmen aufgrund des fehlenden klaren Leitmotivs auf lange Sicht hin scheitern. Demzufolge konzentriert sich die Arbeit auf die zwei idealen Strategien, weil sie die erste und wichtigste Wahl eines Unternehmens bezüglich dessen strategischer Ausrichtung repräsentieren.

Mit Blick auf das Erfolgspotenzial einer Multikanalstrategie stimuliert der Moderator „generische Strategie“ positive sowie auch negative Mechanismen kurz- und langfristig (siehe Tabelle 12). So verstärkt ein strategischer Fit zwischen der Business- und Kanalstrategie die erfolgsfördernden Mechanismen Kundenakquise und Kundenbindung auf kurze und lange Sicht, Serviceinnovation und Verbundeffekte ausschließlich auf lange Sicht. Die erfolgshemmenden Mechanismen der kanalbezogenen und kanalübergreifenden Kosten werden kurz- und langfristig verstärkt. Die positiven Effekte auf der Nachfrageseite basieren auf den folgenden Annahmen: Da eine Differenzierungsstrategie die Wertsteigerung für Kunden zum Ziel hat, ist sie mit einer Multikanalstrategie aufgrund der folgenden zwei Tatsachen im Einklang: Erstens stiftet das Unternehmen mehr Wert für Konsumenten, indem es den Kunden ermöglicht, zwischen unterschiedlichen Kanälen zu wählen (Neslin und Shankar 2009). Und zweitens implizieren multiple Kanäle mehr Möglichkeiten, ein einzigartiges Kauferlebnis durch Kanalhomogenisierung und Kanalintegration zu kreieren, indem z.B. kanalübergreifende Serviceinnovationen etabliert werden können (siehe Kapitel 2.2.2; Bendoly et al. 2005; Oh, Teo und Sambamurthy 2012). Dieses gesteigerte Leistungsangebot erhöht folglich die Nachfrage und damit die Kapitalzuflüsse und verstärkt die Bindung bestehender und Akquise neuer Kunden. Zielgruppe der Neukundenakquise sind hierbei insbesondere Kunden von Unternehmen, die nicht über mehrere Kanäle verfügen oder eine Kostenführerschaft verfolgen und deswegen nicht in kanalübergreifende Serviceinnovationen investieren können.

Auf Angebotsseite äußert sich der Fit zwischen einer Multikanal- und Differenzierungsstrategie, und demzufolge auch der Widerspruch zwischen mehreren Kanälen und Kostenführerschaft, wie folgt: Die zusätzlichen kanalbezogenen und kanalübergreifenden Kosten bei Bereitstellen mehrerer Distributionskanäle widersprechen dem Leitmotiv einer Kostenführerschaft und bedrohen deren Effizienz (Kabadayi, Eyuboglu und Thomas 2007). Zwar steigen die Kosten auch für Differenzierer, jedoch sprechen diese ein weniger preissensibles Kundensegment an und können den zusätzlich generierten Wert demnach argumentativ für Preiserhöhungen nutzen und schließlich höhere Gewinnspannen erzielen und so ihre Profitabilität sichern (Porter 1991). Unter Umständen liegen die Multikanalkosten für Differenzierer sogar noch höher als für Kostenführer, weil Erstere stärker in die Koordination und Ausgestaltung ihres Multikanalsystems investieren, damit es dem Qualitätsanspruch ihrer strategischen Ausrichtung entspricht. Dem steht gegenüber, dass ein Unternehmen mit Differenzierungsstrategie und einem voll entwickelten Multikanalsystem noch höhere Verbundeffekte erzielen kann, weil es Ressourcen und die Infrastruktur teilt (Oh, Teo und Sambamurthy 2012), was schließlich die negativen Kosteneffekte auf lange Sicht ausgleichen und die Kapitalabflüsse reduzieren sollte.

Diese Verstärkung der Serviceinnovationen und Verbundeffekte sind jedoch nur auf lange Sicht zu erwarten, so dass ausschließlich ein Einfluss des Moderators auf Tobins Q, und nicht auf Cashflow, angenommen wird. Während sich auf kurze Sicht die positiven Mechanismen auf Nachfrageseite (d.h. Kundenakquise und –bindung) und die negativen Mechanismen auf Angebotsseite (d.h. kanalbezogene und –übergreifende Kosten) gegenseitig aufheben werden, können Multikanalhändler mit einer Differenzierungsstrategie über den Zeitverlauf wichtige Fähigkeiten entwickeln, so dass die erfolgsfördernden Mechanismen überwiegen. Die Möglichkeit, mittels Multikanalstrategie einen höheren Wert für Kunden durch kanalübergreifende Serviceinnovationen zu schaffen, erfordert üblicherweise etwas Zeit. Dies liegt darin begründet, dass solche Leistungen erst im gesamten Unternehmen effizient umgesetzt werden und

Kunden diese voll akzeptieren und nutzen müssen (Dotzel, Shankar und Berry 2013). Darüber hinaus entstehen Synergien durch Verbundeffekte ebenso erst nach einer gewissen Zeit, nach welcher die Prozesse und der Wissensaustausch innerhalb und zwischen den einzelnen Kanälen vollständig implementiert sind (Zhang et al. 2010). Der Effizienzmarkthypothese folgend gründen Aktieninvestoren ihre Entscheidungen auf dieselben vorstehend aufgeführten Reflektionen und gewichten das Zukunftspotenzial von Unternehmen mit einer Differenzierungsstrategie höher, wenn diese mittels multipler Kanäle höhere Qualität und mehr Wert für Kunden stiften (Lee und Grewal 2004; Srivastava, Shervani und Fahey 1998). Demzufolge wird ein positiver Effekt auf Tobins Q angenommen.

Die bisherige Argumentation basiert hauptsächlich auf dem Vergleich zwischen Ein- und Multikanalstrategien und ignoriert dabei kanalspezifische Eigenschaften. Demzufolge ist sie gleichsam für die Gegenüberstellung einer Multikanalstrategie mit reinen Internet- und Ladengeschäftsstrategien gültig. Außerdem scheint es für rein stationäre Händler mit Kostenführerschaft als Ziel besonders sinnvoll, sich aus Kostengründen auf ihre Kompetenzen zu konzentrieren und das Internet nur als Kommunikationskanal hinzuzufügen, wie beispielsweise der Händler TJ Maxx (Lee und Grewal 2004). Als Händler mit Differenzierungsstrategie erscheint es hingegen von wesentlich höherer Bedeutung, innovativ und fortschrittlich zu sein, indem neue Wege des Kundenservices kreiert werden, anstatt sich nur auf den traditionellen Kanal der stationären Geschäfte zu beschränken (Alba et al. 1997; Gupta, Su und Walter 2004; Tang und Xing 2001). Dieses Potenzial für Serviceinnovationen durch mehrere Kanäle berücksichtigen Aktieninvestoren ebenso in ihrer Evaluation des zukünftigen Erfolgs eines Unternehmens (Dotzel, Shankar und Berry 2013). Demnach sollte Tobins Q in Modell I sowie auch Modell II gesteigert werden.

$H_{I\,1b}$: Eine Multikanalstrategie hat einen positiven Einfluss auf Tobins Q, im Vergleich zu einer internetbasierten Einkanalstrategie, wenn die generische Strategie des Unternehmens Differenzierung, anstelle von Kostenführerschaft, ist.

$H_{II\,1b}$: Eine Multikanalstrategie hat einen positiven Einfluss auf Tobins Q, im Vergleich zu einer stationären Einkanalstrategie, wenn die generische Strategie des Unternehmens Differenzierung, anstelle von Kostenführerschaft, ist.

4.4.3 Wettbewerbsbezogener Kontingenzfaktor: Multikanalwettbewerb

Der Wettbewerb, insbesondere die Wettbewerbsintensität, stellt einen wichtigen Kontingenzfaktor für den Erfolg eines Unternehmens dar (Kirca, Jayachandran und Bearden 2005) und beeinflusst laut bisherigen Studien auch den Erfolg von Kanalerweiterungen (Geyskens,

Gielens und Dekimpe 2002; Homburg, Vollmayr und Hahn 2014). Häufig diskutieren Forschungsstudien in der Marketingwissenschaft die Multikanalstrategie als Mittel, um sich vom Wettbewerb zu differenzieren und einen Wettbewerbsvorteil zu kreieren (z.B., Neslin und Shankar 2009; Zhang et al. 2010). Die allgemeine Wettbewerbsintensität einer Branche kann jedoch keinen Aufschluss über diese Annahme geben, weshalb im Kontext dieser Arbeit der Multikanalwettbewerb in den Vordergrund rückt. Der Multikanalwettbewerb bezieht sich auf die Kanalstrategien aller Wettbewerber und gibt den Anteil aller Händler in einer Branche wider, die ihre Produkte über mehrere Kanäle distribuieren.

Wenn der Multikanalwettbewerb in einer Branche hoch ist, werden beim Angebot einer Multikanalstrategie positive nachfrageseitige Mechanismen wie Kundenakquise und –bindung verstärkt und negative angebotsseitige Mechanismen wie kanalbezogene und kanalübergreifende Kosten reduziert. Die Stimulation all dieser Effekte wird jedoch nur auf kurze Sicht erwartet (siehe Tabelle 12). Diese kurzfristigen Effekte stützen sich auf folgende Annahmen: Zum einen sollten Kunden in einem ausgereiften Multikanalumfeld die Nutzung von mehreren Kanälen als Kaufoptionen gewohnt sein und könnten die Wahl zwischen mehreren Kanälen von allen Händlern dieser Branche erwarten. Zum anderen sollte auch das Wissen der Unternehmen bezüglich der Ausgestaltung eines wertstiftenden Multikanalsystems fortgeschrittener sein als in einer Branche, in der Multikanalstrategien als Seltenheit gelten. Existierende Studien zeigen, dass heutzutage ungefähr 80% der US-Händler mehr als einen Distributionskanal anbieten (DMA 2005; Kilcourse und Rowen 2008). Wenn eine so hohe Anzahl an Firmen einer Branche mehrere Kanäle anbietet, sollte ein Händler sehr motiviert sein, zu diesen Wettbewerbern aufzuschließen. Dieser Argumentation folgend, wäre eine Multikanalstrategie notwendig, um neue Kunden zu akquirieren und bestehende an das Unternehmen zu binden, insofern als die Einnahmen nur gesteigert werden können, wenn ein Unternehmen seinen Kunden mindestens den gleichen Wert stiften kann wie der Großteil seiner Wettbewerber. Darüber hinaus lernen Unternehmen von Erfahrungen und Aktivitäten der Wettbewerber, wenn bestimmte Multikanalprozesse und –leistungen sich zum Standard einer Branche entwickeln (Geyskens, Gielens und Dekimpe 2002; Pentina, Pelton und Hasty 2009). Dies maximiert wiederum deren Fähigkeiten zur Kreation von attraktiven Multikanalangeboten, was in einer gesteigerten Kundenloyalität resultiert.

Während die Lerneffekte vom Wettbewerb demzufolge die Einnahmen eines Multikanalhändlers auf der Nachfrageseite, und damit die Kapitalzuflüsse, erhöhen sollten, besitzen sie gleichzeitig das Potenzial, Kosteneffekte auf der Angebotsseite, also Kapitalabflüsse, zu minimieren. Ein detaillierteres Wissen zum Management von Multikanalsystemen sollte zu effizienteren Systemen führen und damit kanalübergreifende Kosten reduzieren (Geyskens, Gielens und Dekimpe 2002). Wenn die Kunden außerdem schon erfahren im Umgang mit mehreren Kanälen sind, sind weniger Investitionen in die Kommunikation der Existenz und Funktionsweise eines zusätzlichen Kanals erforderlich, was wiederum die kanalbezogenen Kosten minimiert (Geyskens, Gielens und Dekimpe 2002).

Dennoch sind all diese positiven Effekte nur auf kurze Sicht zu erwarten. Während der Wettbewerbsdruck in einer Branche Multikanalhändler für eine kurze Dauer beleben mag (Kumar et al. 2011), ist aufgrund der langfristig abnehmenden Grenzerträge, Wissenszuwachs und Kostenvorteile kein andauender positiver Effekt zu erwarten. Mit anderen Worten, wenn jedes Unternehmen dieselben umfangreichen Informationen über die bestmögliche Art des Multikanalmanagements zur Verfügung hat, ist das volle Potenzial einer Multikanalstrategie ab einem bestimmten Punkt ausgeschöpft und die Erreichung eines Wettbewerbsvorteils gestaltet sich schwieriger (Kumar et al. 2011). Händler könnten sich dann in einem Gefangenendilemma befinden, insofern als eine Multikanalstrategie den Industriestandard darstellt, den Kunden als Grundvoraussetzung ihrer Loyalität erwarten (Neslin et al. 2006). Hinzukommend werden auch reine Internethändler ihr Potenzial zur Schaffung eines Wettbewerbsvorteils weiterentwickeln und könnten in Zukunft vermutlich auch mit Multikanalhändlern mithalten, selbst wenn diese in der Überzahl sind. Manche Onlinehändler, wie z.B. Amazon.com dominieren bereits ihre Branche, was auch den Erfolg von Multikanalanbietern bedroht (Herhausen et al. 2015). Weil das Internet noch als relativ junger Distributionskanal gilt, bietet es zudem noch mehr Entfaltungsmöglichkeiten hinsichtlich der Optimierung des operativen Geschäfts und der Geschäftsmodelle. Zusammenfassend wird angenommen, dass das Angebot von mehreren Kanälen zu höherem Cashflow führt, wenn ein hoher Anteil an Wettbewerbern eine Multikanalstrategie verfolgt. Da diese Effekte jedoch nur auf kurze Sicht zu erwarten sind, wird kein Einfluss auf Tobins Q unterstellt.

$H_{I\ 2a}$: Eine Multikanalstrategie hat einen positiven Einfluss auf den Cashflow, im Vergleich zu einer internetbasierten Einkanalstrategie, wenn der Multikanalwettbewerb hoch ist.

$H_{II\ 2a}$: Eine Multikanalstrategie hat einen positiven Einfluss auf den Cashflow, im Vergleich zu einer stationären Einkanalstrategie, wenn der Multikanalwettbewerb hoch ist.

4.4.4 Konsumentenbezogene Kontingenzfaktoren

4.4.4.1 Produkttyp

Die bisherige Literatur diskutiert die angebotene Produktkategorie eines Unternehmens häufig als relevanten Faktor im Multikanalmanagement (Grewal et al. 2010; Gupta, Su und Walter 2004; Kushwaha und Shankar 2013; Levy und Weitz 2009). Hierbei bietet sich im Kanalkontext insbesondere die Differenzierung zwischen sensorischen und nicht-sensorischen Produkten an, weil diese einen starken Bezug zu kanalbezogenen Eigenschaften darstellt. Laut dieser Klassifizierung weisen sensorische Produkte einen hohen Anteil an sensorischen Eigenschaften auf, welche als "[...] those attributes that can be directly determined through our senses, particularly, touch, smell, or sound, *before* we purchase the product [...]" beschrieben werden (Degeratu, Rangaswamy und Wu 2000, S. 58). Diese können folglich vor dem Kauf nur physisch, also beispielsweise in einem stationären Geschäft evaluiert werden. Nicht-sensorische Eigenschaften können demgegenüber sehr gut verbal oder grafisch übermittelt werden und erfordern keine physische Produktevaluation vor dem Kauf, so dass sie im Ladengeschäft ebenso gut wie im Internetkanal bewertet werden können (Degeratu, Rangaswamy und Wu 2000). Ein Buch gilt als Beispiel für ein nicht-sensorisches Gut, denn üblicherweise bewerten Kunden vor dem Kauf eines Buches weniger dessen physische Merkmale (z.B. Aussehen und Material), sondern informieren sich über Inhalte durch das Lesen von Inhaltsbeschreibungen und Buchkritiken, welche verbal in beiden Kanälen kommuniziert werden können (Alba et al. 1997). Elektronische Produkte hingegen, wie zum Beispiel Smartphones, Stereoanlagen oder Kameras, sind reich an sensorischen Eigenschaften, so dass Kunden diese vor dem Kauf vorzugsweise anhören, anfassen und ausprobieren, was schließlich nur im Ladengeschäft umsetzbar ist (Gupta, Su und Walter 2004; Peck und Childers 2003).

Wenn die Kanalstrategie des Händlers im Einklang mit seiner Produktkategorie ist, verstärkt dieser strategische Fit die erfolgsfördernden Mechanismen Kundenakquise und Kundenbindung auf der Nachfrageseite und verringert die erfolgshemmenden kanalbezogenen Kosten auf der Angebotsseite (siehe Tabelle 12). All diese Mechanismen werden auf kurze und lange Sicht beeinflusst. Die Verstärkung der positiven nachfrageseitigen Effekte basiert auf folgender Argumentation. Ladengeschäfte bieten den Kunden die Möglichkeit der sofortigen Verfügbarkeit und physischen Evaluierbarkeit von Produkten (siehe Kapitel 2.2.3.2), weshalb sie einen adäquaten Kanal für sensorische Produkte darstellen (Balasubramanian, Raghunathan und Mahajan 2005; Peck und Childers 2003). So nutzen Kunden diesen Kanal vorzugsweise um Material, Geruch oder Klang von sensorischen Produkten zu bewerten, was für die Wahl des Kanals eine wesentliche Rolle spielen kann (Levy und Weitz 2009). Während ein reiner Internethändler diese Kundenbedürfnisse nicht befriedigen kann (siehe Kapitel 2.2.3.2), ermöglicht dies jedoch ein Multikanalhändler mit Internet und stationären Geschäften. Dieser Fit zwischen Kundenbedürfnissen bei sensorischen Produkten und Kanaleigenschaften beeinflusst die Akquise neuer und Bindung bestehender Kunden positiv, indem Konsumenten beim Kauf eines sensorischen Guts einen Händler bevorzugen, der auch die Möglichkeit der sensorischen Bewertung des Produkts bietet (Peck und Childers 2003). Selbst wenn ein Unternehmen mehrere Kanäle und dabei keine Ladengeschäfte anbietet (z.B. Katalog und Internet), verschaffen die unterschiedlichen Informationen in den Kanälen dem Konsumenten einen umfangreicheren Eindruck des sensorischen Produkts als nur der Internetkanal allein. Somit würde auch in diesem Fall eine höhere Kundenakquise und –bindung und demzufolge höhere Kapitalzuflüsse erzielt werden. Umgekehrt besteht auch ein Fit zwischen nicht-sensorischen Produkten und dem Internetkanal, da nicht-sensorische Produkteigenschaften in diesem viel leichter zugänglich sind als im Ladengeschäft, zum Beispiel in Form von Produktbeschreibungen, -empfehlungen und Kundenbewertungen (Bakos 1997; Balasubramanian, Raghunathan und Mahajan 2005; Lal und Sarvary 1999). Diese schnelle Verfügbarkeit von verbalen Informationen zu niedrigeren Suchkosten (siehe Kapitel 2.2.3.2) resultiert folglich in einer höheren Wahrscheinlichkeit der Wahl des Internets als Kaufkanals (Alba et al. 1997; Bakos 1997; Degeratu, Rangaswamy und Wu 2000).

In Anbetracht der Angebotsseite ist Händlern mit nicht-sensorischen Produkten von dem Angebot mehrerer Kanäle abzuraten, weil diese trotz höherer Kosten keinen wesentlichen Mehrwert für die Kunden stiften würden. Bei sensorischen Produkten hingegen rechtfertigen die positiven Nachfrageeffekte die Multikanalinvestitionen. Dem ist hinzuzufügen, dass Multikanal- oder Ladengeschäftskunden ihre erworbenen Produkte vermutlich weniger häufig reklamieren als Internetkunden, dank der umfangreichen sensorischen Informationen vor dem Kauf (Alba et al. 1997; Avery et al. 2012; Levy und Weitz 2009). Niedrigere Reklamationsraten reduzieren wiederum die kanalbezogenen Kosten für Multikanalhändler, weil einzelne Kunden weniger Betreuung und Kundenservice benötigen und Rückgabekosten gespart werden (Alba et al. 1997; Avery et al. 2012). Folglich führt entweder eine Multikanalstrategie in Kombination mit sensorischen Produkten oder eine Internetstrategie mit nicht-sensorischen Produkten zum Anstieg des Cashflows.

Alle Mechanismen werden durch die ideale Kombination in positiver Weise stimuliert, was eine erfolgssteigernde Wirkung auf kurze und lange Sicht vermuten lässt. Es ist zu erwarten, dass Aktionäre die Stärkung von Kundenakquise und –bindung sowie die Reduktion der kanalbezogenen Kosten ebenfalls positiv bewerten und auf Basis dessen auch gesteigerte zukünftige Profitabilität prognostizieren (Ngobo, Casta und Ramond 2012). Dies sollte wiederum in einem höheren Tobins Q resultieren. Da die vorstehende Argumentation größtenteils auf den Eigenschaften des stationären Kanals basiert, wird kein Moderationseffekt beim Vergleich von rein stationären und Multikanalhändlern erwartet. Die Hypothesen 3 beziehen sich somit lediglich auf Modell I.

$H_{I\,3a}$: Eine Multikanalstrategie hat einen positiven Einfluss auf den Cashflow eines Unternehmens, im Vergleich zu einer internetbasierten Einkanalstrategie, wenn das Unternehmen als Produktkategorie überwiegend sensorische Produkte, anstelle von nicht-sensorischen Produkten, vertreibt.

$H_{I\,3b}$: Eine Multikanalstrategie hat einen positiven Einfluss auf Tobins Q eines Unternehmens, im Vergleich zu einer internetbasierten Einkanalstrategie, wenn das Unternehmen als Produktkategorie überwiegend sensorische Produkte, anstelle von nicht-sensorischen Produkten, vertreibt.

4.4.4.2 Marktdynamik

Die Marktdynamik beschreibt die Häufigkeit von unvorhersehbaren Veränderungen in einer Marktumgebung aufgrund wechselnden Konsumentenverhaltens (Kabadayi, Eyuboglu und Thomas 2007). Je höher die Dynamik eines Marktes, desto stärker benötigt ein Unternehmen Möglichkeiten, seine Ressourcen mit dem Ziel der Aufrechterhaltung oder Stärkung der Marktposition anzupassen (Morgan 2012). Kundenbindung kann hierbei nur erzielt werden, wenn ein Unternehmen flexibel bleibt und sich schnell an die sich verändernden Kundenbedürfnisse und -verhaltensweisen anpassen kann (Morgan 2012).

Ein dynamischer Markt verstärkt als Moderator im vorliegenden Modell die nachfrageseitigen Mechanismen Kundenakquise und –bindung kurz- und langfristig, jedoch gleichzeitig auch die Kundenabwanderung zu Einkanalhändlern auf lange Sicht. Auf der Angebotsseite führt die Marktdynamik zu höheren kanalbezogenen und kanalübergreifenden Kosten auf kurze und lange Sicht. Bezüglich der Nachfrage sind demnach gegensätzliche Effekte zu erwarten. Einerseits werden die Akquise und Bindung von Kunden in einem dynamischen Umfeld durch mehrere Distributionskanäle verstärkt: Bei höherer Dynamik benötigt ein Unternehmen unterschiedliche Möglichkeiten zur Ressourcenadaption, welche Distributionskanäle bieten können (Morgan 2012). Wenn unvorhersehbare Ereignisse in einem Markt geschehen, haben Multikanalfirmen gegenüber Einkanalhändlern den Vorteil, über unterschiedliche Distributionsoptionen zu verfügen, so dass das Multikanalsystem schließlich hilft, bestehende Kunden zu binden und neue zu akquirieren (Kabadayi, Eyuboglu und Thomas 2007). Andererseits ist auch eine höhere Wahrscheinlichkeit der Abwanderung von Kunden zu Einkanalhändlern denkbar. So kann Letzterer mit weniger Koordinationsaufwand seinen Kanal vermutlich leichter und schneller anpassen. Insbesondere das Internet ermöglicht im Verhältnis zum Ladengeschäft eine wesentlich schnellere Adaption von Aktivitäten, weil es weniger abhängig von verschiedenen Subeinheiten, wie z.B. Geschäftsleitern und Kundenkontaktmitarbeitern, ist und digitale Inhalte unmittelbar aktualisiert werden können (Dholakia, Zhao und Dholakia 2005; Levy und Weitz 2009).

Des Weiteren werden erfolgshemmende Mechanismen insofern verstärkt, als die Kosten in einem dynamischen Markt steigen. Wenn Unternehmen in einem dynamischen Markt ihre Leistungsangebote häufig an die wechselnden Bedürfnisse der Konsumenten anpassen müssen, ist auch die Anpassung eines jeden Kanals erforderlich. Multikanalhändler müssen demzufolge Veränderungen in jedem einzelnen Kanal implementieren und darüber hinaus diesen Prozess auch kanalübergreifend koordinieren, was in gesteigerten kanalbezogenen und kanalübergreifenden Kosten resultiert (Kabadayi, Eyuboglu und Thomas 2007; Neslin et al. 2006). Hierbei ist nicht anzunehmen, dass diese höheren Kosten nur kurz- oder nur langfristig auftauchen. Da auch die positiven Effekte auf Kundenakquise und –bindung kurz- und langfristig bestehen, ist ein gegenseitiger Ausgleich beider Effekte auf kurze Sicht zu erwarten.

Hinsichtlich des Langzeiterfolgs ist hingegen wahrscheinlich, dass die Abwanderung von Konsumenten von Bedeutung sein wird. Wenn Einkanalhändler, insbesondere internetbasierte, über einen längeren Zeitraum immer wieder ihre Fähigkeit beweisen, wechselnden Kundenbedürfnissen begegnen zu können, werden die von Multikanalhändlern abgewanderten Kunden sich schließlich für den flexibleren Einkanalhändler entscheiden, anstatt zu ihrem ursprünglichen Multikanalhändler zurückzukehren. Obwohl Ladengeschäfte aufgrund ihrer dezentralen Struktur weniger flexibel sind als das Internet, wird ein stationärer Einkanalhändler dennoch anpassungsfähiger sein als ein Multikanalhändler mit demselben Aufwand zuzüglich zum Internetkanal. Darauf aufbauend ist anzunehmen, dass Einkanalhändler auf lange Sicht in einem dynamischen Markt erfolgreicher sind als Multikanalhändler. Zuzüglich der vorstehenden Argumentation, nehmen Aktionäre dynamische Märkte als Risiko wahr, weil sie Unsicherheit für alle Unternehmen in dem Markt darstellen und Veränderungen schwerer prognostizierbar sind (Stock, Six und Zacharias 2013). Auch das Angebot von mehreren Kanälen kann im Vergleich zur Einkanalstrategie als risikoreiche Strategie wahrgenommen werden, weil hierbei die Fähigkeiten und Kompetenzen eines Unternehmens diversifiziert werden

(Wernerfelt und Montgomery 1988). Die Kombination beider Risikopotenziale sollte bei Aktienmarktinvestoren zu einer niedrigeren Bewertung des zukünftigen Erfolgs eines Unternehmens führen, was schließlich ein niedrigeres Tobins Q bedeutet.

$H_{I\,4b}$: Eine Multikanalstrategie hat einen negativen Einfluss auf Tobins Q, im Vergleich zu einer internetbasierten Einkanalstrategie, wenn die Marktdynamik hoch ist.

$H_{II4\,b}$: Eine Multikanalstrategie hat einen negativen Einfluss auf Tobins Q, im Vergleich zu einer stationären Einkanalstrategie, wenn die Marktdynamik hoch ist.

4.4.4.3 Kauffrequenz

Die Kauffrequenz wurde schon des Öfteren als Einflussgröße des Konsumentenverhaltens in einem Kanalumfeld diskutiert (Dholakia, Zhao und Dholakia 2005; Rhee und Bell 2002; Venkatesan, Kumar und Ravishanker 2007). Im Kontext einer Multikanalstrategie verstärkt eine hohe Kauffrequenz die Kundenakquise und Kundenbindung, aber auch die Kannibalisierung zwischen Kanälen auf der Nachfrageseite und reduziert die kanalbezogenen Kosten auf Angebotsseite. All diese Effekte werden auf kurze und lange Sicht stimuliert.

Die Nachfrageeffekte erhöhen die Einnahmen aufgrund folgender Annahmen: Wenn die Kauffrequenz eines Guts generell hoch ist, haben die Konsumenten häufiger Kaufabsichten bezüglich dieses Guts in unterschiedlichen Situationen. Ein Händler wird dann vermutlich am Ehesten ausgewählt, wenn er in diesem Moment in Gedanken des Kunden kognitiv präsent und zudem auch räumlich erreichbar ist (Keller 2010; Zhang et al. 2010). Da das Angebot mehrerer Kanäle die Erreichbarkeit und Sichtbarkeit eines Händlers erhöht, besteht diesbezüglich ein Fit zwischen einer Multikanalstrategie und den Konsumentenbedürfnissen nach häufigen Kaufgelegenheiten. Im Ergebnis steigt die Akquise neuer Kunden und die Bindung existierender, weil sie diese Bedürfnisse bei Multikanalhändlern stärker als erfüllt ansehen.

Demgegenüber führen die steigende Familiarität und das Vertrauen bezüglich der Produkte und Händler bei Gütern mit hoher Kauffrequenz zum Anstieg von Kannibalisierungseffekten, weil Konsumenten häufiger zwischen den Kanälen eines Händlers wechseln (Rhee und Bell 2002; Venkatesan, Kumar und Ravishanker 2007). Eine mögliche Erklärung hierfür kann das Streben nach Abwechslung liefern (Van Tripj, Hoyer und Inman 1996). Dieses taucht bei Konsumenten auf, die von ihren eigenen repetitiven Verhaltensweisen und Angewohnheiten gelangweilt sind und in der Folge nach neuen, anderen Wegen suchen, um ihre Ziele zu erreichen (Van Tripj, Hoyer und Inman 1996). Dies wiederum erhöht auch die Wahrscheinlichkeit der Adoption von mehreren Kanälen bei Produkten mit hoher Kauffrequenz, was schließlich in stärkerer Kundenakquise und Bindung von Kunden mit dem Bedürfnis nach Abwechslung resultiert. Diese Bedürfnisbefriedigung verankert sich über die Zeit zunehmend im Gedächtnis der Konsumenten, so dass die Nachfrageeffekte auch langfristig auftauchen sollten. Ein solches Kundenverhalten beeinflusst aber auch Mechanismen auf der Angebotsseite: Aufgrund des häufigeren Kanalwechsels im Vergleich zu Produkten mit niedriger Kauffrequenz (Rhee und Bell 2002) akzeptieren Kunden auch leichter andere Kanäle, was wiederum die kanalbezogenen Kosten des Kundenservices und der Kommunikation eines zusätzlichen Kanals reduziert (Venkatesan, Kumar und Ravishanker 2007).

Über den strategischen Fit zwischen einer Multikanalstrategie und hoher Kauffrequenz hinausgehend werden Produkte mit niedriger Kauffrequenz vermutlich eher im Internet gekauft, was sich auf zwei Überlegungen stützt: Erstens, im Gegensatz zu Produkten mit hoher Kauffrequenz, wie z.B. Lebensmittel, besitzen Konsumenten üblicherweise kein dringendes Bedürfnis, die Produkte mit niedriger Kauffrequenz, z.B. Schmuck, sofort zu verwenden. Dies führt zu einer gesteigerten Akzeptanz des Umstands, dass das Internet keinen sofortigen Gebrauch ermöglicht (siehe Kapitel 2.2.3.2) und die Bereitschaft, auf die Zustellung des Produkts zu warten (Avery et al. 2012; Venkatesan, Kumar und Ravishanker 2007). Zweitens besitzen Konsumenten generell weniger Produktwissen bei Produkten mit niedriger Kauffrequenz, was zu einer höheren Informationssuche führen kann, die im Internet einfacher und schneller umzusetzen ist (siehe Kapitel 2.2.3.2; Avery et al. 2012; Peck und Childers 2003). Weil Kunden laut dieser Argumentation also primär den passenderen Internetkanal nutzen würden, würde das Angebot einer Multikanalstrategie bei niedriger Kauffrequenz schlichtweg Kosten verursachen, ohne zusätzliche Einnahmen zu generieren, was den Cashflow reduziert.

Beim Vergleich von stationären Einkanalhändlern mit Multikanalhändlern stützt sich die Argumentation hauptsächlich auf den strategischen Fit zwischen mehreren Kanälen und Produkten hoher Kauffrequenz. An dieser Stelle ist kein besonderer Einklang zwischen dem stationären Kanal und der niedrigen Kauffrequenz anzunehmen. Trotz der Argumentation, ein selten gekauftes Gut impliziere ein stärkeres Bedürfnis nach Produktinformationen, erfordert dies keine Informationen aus mehreren Kanälen, es sei denn, es ist ein sensorisches Gut. Letzteres behandelt jedoch die Hypothese $H_{I\,3}$. Schließlich wird auch im Vergleich zur stationären Einkanalstrategie ein positiver Effekt einer Multikanalstrategie bei hoher Kauffrequenz aufgrund positiver Nachfrage- und Angebotseffekte angenommen.

Zusammenfassend sollte der Cashflow also gesteigert werden, wenn ein Händler Produkte mit hoher (bzw. niedriger) Kauffrequenz anbietet und eine Multikanalstrategie (bzw. Einkanalstrategie) verfolgt. Es besteht kein logischer Grund zur Annahme, dass dieser Fit nur kurzfristig bestünde, weshalb dieser auch von Investoren auf dem Aktienmarkt berücksichtigt werden und schließlich zu einem erhöhten Tobins Q führen sollte.

$H_{I\,5a}$: Eine Multikanalstrategie hat einen positiven Einfluss auf den Cashflow, im Vergleich zu einer internetbasierten Einkanalstrategie, wenn die Kauffrequenz der Konsumenten hoch ist.

$H_{I\,5b}$: Eine Multikanalstrategie hat einen positiven Einfluss auf Tobins Q, im Vergleich zu einer internetbasierten Einkanalstrategie, wenn die Kauffrequenz der Konsumenten hoch ist.

$H_{II\,5a}$: Eine Multikanalstrategie hat einen positiven Einfluss auf den Cashflow, im Vergleich zu einer stationären Einkanalstrategie, wenn die Kauffrequenz der Konsumenten hoch ist.

$H_{II\,5b}$: Eine Multikanalstrategie hat einen positiven Einfluss auf Tobins Q, im Vergleich zu einer stationären Einkanalstrategie, wenn die Kauffrequenz der Konsumenten hoch ist.

4.5 Zwischenfazit

Das vorstehende Kapitel 4 dient der Herleitung und Begründung eines konzeptuellen Kontingenzmodells zum Erfolg einer Multikanalstrategie im Vergleich zu Einkanalstrategien. Als Basis für die sachlogische Herleitung der Hypothesen trägt das Kapitel zunächst diverse Erfolgsmechanismen einer Multikanalstrategie zusammen. Diese Erfolgsmechanismen ermöglichen im Anschluss die Begründung von kausalen Zusammenhängen zwischen der Kanalstrategie, den Kontingenzfaktoren und den finanzwirtschaftlichen Erfolgskennzahlen eines Händlers. Hierbei werden Moderationseffekte einzelner Kontingenzfaktoren auf kurze (Cashflow) und lange Sicht (Tobins Q) unterschieden. In Anlehnung an die Kontingenztheorie und das 3C-Modell inkludiert das umfassende Modell Kontingenzfaktoren des Unternehmens (generische Strategie), des Wettbewerbs (Multikanalwettbewerb) und der Konsumenten (Produkttyp, Marktdynamik und Kauffrequenz). Damit gibt das Kapitel einen detaillierten Einblick in die Wirkungsweise einer Multikanalstrategie, im Vergleich zu Einkanalstrategien, auf den Unternehmenserfolg unter Berücksichtigung unterschiedlicher Rahmenbedingungen. Das in diesem Kapitel logisch hergleitete Modell soll im Folgenden schließlich mittels empirischen Datenmaterials validiert werden.

5. Empirische Untersuchung zum Einfluss von Multikanalstrategien auf den Unternehmenserfolg

Dieses Kapitel hat die empirische Validierung des vorstehend hergeleiteten konzeptuellen Modells zum Gegenstand. Hierbei werden zunächst die Vorgehensweise bei der Datenerhebung und der Datenanalyse näher erläutert und anschließend die modellbezogenen und weiterführenden Ergebnisse der empirischen Studie berichtet. Das Kapitel endet mit der Diskussion dieser Ergebnisse.

5.1 Datenerhebung, Operationalisierungen und Stichprobe

5.1.1 Datenerhebung

5.1.1.1 Stichprobenziehung und Datenextraktion aus der Compustat-Datenbank

Die empirische Untersuchung konzentriert sich auf US-amerikanische Händler, was auf folgenden Gründen beruht: Erstens haben Handelsunternehmen überwiegend direkte Kontrolle über die Vertriebskanäle und treffen demnach auch die strategischen Entscheidungen über Anzahl und Ausgestaltung der Kanäle (Levy und Weitz 2009). Zwar sind Händler zum Teil auch Hersteller und produzieren ihre Produkte oder einen Teil davon selbst, jedoch besteht ihre Hauptfunktion in der Distribution und damit auch im Management der Distributionskanäle. Zweitens entwickelte sich der Internethandel im nordamerikanischen Raum früher als in Deutschland und Europa, so dass dort eine längere Zeitspanne beobachtbar ist. Und drittens sind in den Vereinigten Staaten aufgrund deren Größe zahlreiche Händler am Aktienmarkt gelistet, so dass die Erfolgsdaten der Unternehmen öffentlich zugänglich sind. Im europäischen Raum sind Händler demgegenüber häufig Familienunternehmen die eher national aktiv sind und nicht am Aktienmarkt gehandelt werden, wie z.B. die Dirk Rossmann GmbH.

Anhand der von der US-amerikanischen Regierung entwickelten standardisierten Industrieklassifikation (engl. Standard Industry Classification; SIC) wird die Auswahl von Handelsunternehmen vereinfacht, so dass alle Unternehmen betrachtet werden, die laut SIC-Codes zur Handelsbranche zugeordnet werden. Dies sind alle zweistelligen SIC-Codes von 52 bis 59 (Siccode.com 2014). Einzig die Unternehmen des SIC-Codes 58 werden ausgeschlossen, weil diese Restaurants und Bars sind, die aufgrund ihrer Produkte überwiegend an stationäre Geschäfte gebunden und damit von vornherein auf diesen einen Kanal beschränkt sind. Der Untersuchungszeitraum liegt zwischen 1994 bis 2012. 1994 wurde als Startjahr ausgewählt, weil es den Beginn des Internethandels kennzeichnet. Zum einen fand in diesem Jahr die Gründung vom ersten erfolgreichen Onlinehändler Amazon.com statt und zum anderen wurde in den USA der Netscape-Navigator als erster erfolgreicher Webbrowser eingeführt (Geyskens, Gielens und Dekimpe 2002).

Zur Stichprobenziehung und Datenerhebung wurde als Sekundärdatenquelle die von Standard & Poor‘s angebotene Datenbank Compustat mit Zugang über das Programm „Research Insight“ genutzt (Standard & Poor's 2002). Die Extraktion der Daten aus der Datenbank fand 2011 bis 2012 statt, so konnten sämtliche Händler betrachtet werden, zu denen in diesem Zeitraum Daten verfügbar waren. Zunächst enthielt die Unternehmensliste 269 Handelsfirmen. Allerdings war eine weitere Beschränkung dieser Unternehmensliste erforderlich, die auf den folgenden Kriterien basiert (siehe Anhang A für eine detaillierte Liste): Um eine möglichst homogene Stichprobe mit hoher Datenverfügbarkeit und hoher Vergleichbarkeit zwischen den Unternehmen zu erzielen, sollen ausschließlich US-amerikanische Handelsunternehmen mit Geschäftstätigkeit und Börsenaktivität in den USA und einem Fokus auf den Konsumentenmarkt betrachtet werden. 44 Unternehmen waren zum Zeitpunkt der Datenerhebung nicht (mehr) an der Börse aktiv. Das Kriterium der US-amerikanischen Herkunft erfüllten 17 Unternehmen nicht. Um eine möglichst vergleichbare Ausgangssituation der Unternehmen gewährleisten zu können, solle dieses Kriterium jedoch erfüllt sein. Weitere vier Unternehmen wurden möglicherweise in den USA gegründet, aber haben zum Zeitpunkt der Datenerhebung keine dortige Geschäftstätigkeit. Zehn andere Unternehmen haben ihren Fokus nicht auf dem Handel im Business-to-Consumer-Markt (B2C). Als Kriterium zur Aufnahme in die Stichprobe galt, dass mehr als die Hälfte der Umsätze aus dem B2C-Handel stammen sollte. Zu weiteren drei Unternehmen existiert kein Zugang zu Erfolgsdaten. Dies resultiert schließlich in einer Stichprobe von 191 Unternehmen. Da nicht jedes Unternehmen über die gesamten 19 Jahre aktiv oder am Aktienmarkt gelistet ist, enthält der vorliegende Datensatz für einzelne Variablen maximal 3.163 Beobachtungen.

Aufgrund der Datenverfügbarkeit könnte ein Stichprobenfehler vorliegen, insofern als die Beobachtung der interessierenden Variablen nur für aktive Unternehmen möglich war. Je nach Informationsverfügbarkeit wurden zwar auch Unternehmen betrachtet, die im Laufe der Jahre erst hinzukamen (z.B. Gamestop Corporation) oder Konkurs gegangen sind (z.B. Borders), der Großteil in der Stichprobe war zum Zeitpunkt der Datenextraktion in 2011 jedoch aktiv. Problematisch wäre dieser Stichprobenfehler, wenn ein Zusammenhang zwischen dem Hauptuntersuchungsgegenstand, also der Multikanalstrategie im Vergleich zur Einkanalstrategie, und der Existenz eines Unternehmens bestünde (Klarmann 2008), denn dann könnte der Einfluss einer Kanalstrategie nicht realistisch abgebildet werden. Der Kontingenztheorie und den konzeptuellen Ausführungen in Kapitel 4.3 folgend, ist jedoch nicht anzunehmen, dass die Wahl zwischen einer Ein- und einer Multikanalstrategie per se die Existenz eines Unternehmens beeinflusst (Ginsberg und Venkatraman 1985). Dennoch ist es denkbar, dass kanalbezogene Fehlentscheidungen unter bestimmten Bedingungen zur Inaktivität eines Unternehmens führen könnten. Die im Datensatz enthaltene, ehemals aktive Buchhandelskette Borders Group Inc. gilt hierfür als Präzedenzfall. So wird deren Konkurs im Jahr 2011 häufig mit unterschiedlichen Fehlentscheidungen bezüglich ihrer Internetstrategie in Zusammenhang gebracht (Sanburn 2011). Die Ursachen der Inaktivität ausgeschlossener Fälle wurden deshalb recherchiert und dahingehend geprüft, ob die Kanalstrategie hierfür verantwortlich gewesen sein konnte. Diese Vermutung traf jedoch auf keinen weiteren Fall neben der Borders Group Inc. zu. Um dennoch einen möglichen Stichprobenfehler ausschließen zu können, wird in Kapitel 5.2.4.4 ein Heckman-Zweistufen-Test durchgeführt, welcher der Aufdeckung ebendieses Problems dient (Heckman 1979).

Trotz des Anstrebens einer möglichst homogenen Stichprobe, weisen die betrachteten Unternehmen ausreichend Varietät hinsichtlich ihrer Tätigkeitsfelder auf, was anhand der unterschiedlichen Handelsbranchen sichtbar wird. Obwohl die Klassifizierung der Branchen über SIC-Codes weitgehend akzeptiert ist, weist sie bezüglich der inhaltlichen Interpretation der Branchen Verbesserungspotenzial auf. Während ein Großteil der Branchen eine Aussage über die Produktkategorien der Händler zulässt (z.B. SIC 5411: „Grocery Stores“), ist dies bei einzelnen Kategorien nicht möglich. Als Beispiel sei hier die Kategorie „Catalog, Mail-Order Houses“ genannt, welche vielmehr den Ursprungskanal der Unternehmen anzeigt als Rückschlüsse auf die Produktkategorie zuzulassen. Demzufolge wurden Unternehmen solcher SIC-Codes neu klassifiziert. Um die Neuklassifizierung vorzunehmen, wurden zum einen die North American Industry Classification (NAIC) und zum anderen die Global Industry Classification Standard (GICS) herangezogen, welche eine Erweiterung der Standardindustrieklassifikation darstellen und zum Teil auf die genaue Produktkategorie schließen lassen (Siccode.com 2014). Zum anderen wurden mittels Inhaltsanalyse (siehe Kapitel 5.1.1.2) die vertriebenen Produkte erhoben. Für die Neuzuordnung war eine Bildung neuer Kategorien erforderlich. Anhang B fasst die 50 neu zugeordneten Unternehmen unter Berücksichtigung der neuen Kategorien im Überblick zusammen. Bei Amazon.com ändert sich die Zuordnung über den Zeitverlauf, insofern als das Unternehmen bis 1999 dem Buchhandel und nachfolgend den Kauf- und Warenhäusern zugeordnet wird. Laut Geschäftsbericht distribuierte Amazon von Beginn an hauptsächlich Bücher, berichtet im Jahre 1999 jedoch erstmals einen Umsatzanteil anderer Produktkategorien (z.B. Elektronik, Spielzeug, Spiele) der über 50% hinausgeht (Amazon.com 1999).

Schließlich wurden der Datenbank Compustat verfügbare Informationen zu Unternehmenscharakteristika (z.B. Mitarbeiteranzahl) und Erfolgsmaße (z.B. Umsatz) entnommen (siehe Tabelle 15) (Standard & Poor's 2002). Standard & Poor's sammelt in der Compustat-Datenbank seit 1962 sämtliche leistungsbezogene Informationen zu börsennotierten Unternehmen, indem geschultes Personal der Finanzwirtschaftsforschung diese aus Aktionärsberichten, Jahres- und Quartalsberichten (10-K und 10-Q), Presseberichten und durch direkten Unternehmenskontakt erhebt (Standard & Poor's 2002). Weil die Berechnung einzelner Finanzgrößen zwischen den Unternehmen abweicht, nutzt Standard & Poor's einheitliche Definitionen und Datensammlungsprozeduren um die Konsistenz und Vergleichbarkeit der Daten zu gewährleisten (Standard & Poor's 2002). Da in der vorliegenden Studie Daten zu US-amerikanischen Unternehmen von Interesse sind, wird die Datenbank „Compustat North America" verwendet. Sämtliche Informationen werden in jährlicher Taktung gemäß des fiskalischen Jahres entnommen. Tabelle 13 listet die aus der Datenbank entnommen Größen inklusive ihrer Kürzel in der Compustat-Datenbank auf.

Tabelle 13: Überblick über extrahierte Variablen aus der Compustat-Datenbank

Variablenbezeichnung	Kürzel
Company Name	CONAME
Earnings Before Interest and Taxes	EBIT
Depreciation	DP
Global Industry Classification Standard	GICS
Income Taxes - Total	TXT
Employees	EMP
Price Close Fiscal Year	PRCCF
Common Shares Outstanding	CSHO
Preferred Stock	PSTK
Liabilities Total	LT
Current Assets Total	ACT
Inventories Total	INVT
LT Debt Total	LTDT
Assets Total	AT
Sales Net	SALE
Standard Industry Classification	SIC
Historical SIC Code	SICH
NAICS Classifications	NAICS

Quelle: Standard & Poor's (2002).

Die Daten wurden anschließend von einem geschulten Codierer auf fehlende und fehlerhafte Datenpunkte anhand der Geschäftsberichte überprüft und angepasst. Dadurch konnte die Anzahl der Beobachtungen erhöht und die Datenqualität verbessert werden.

5.1.1.2 Durchführung einer Inhaltsanalyse

Neben der vorstehend erläuterten Extraktion von Sekundärdaten aus einer Datenbank, nutzt die vorliegende Forschungsstudie auch diverse Aufzeichnungen der Unternehmen, der öffentlichen Presse und von Drittanbietern als Informationsquellen für eine Primärdatenerhebung. Da die Informationen allesamt aus der Vergangenheit stammen und in unterschiedlichsten Formen archiviert wurden, ist die Inhaltsanalyse in dieser Arbeit der Archivmethode zuzuordnen (Soltes 2014). Als archivierte Quellen fungieren beispielsweise dokumentierte Manuskripte von Unternehmen (z.B. Geschäftsberichte) oder archivierte Internetseiten aus der Vergangenheit. Die Inhaltsanalyse ermöglicht es schließlich, aus diesen Texten relevante Informationen zur Beantwortung einer bestimmten Fragestellung zu extrahieren. Definiert wird sie von Krippendorff (2004) wie folgt: „Content analysis is a research technique for making replicable and valid inferences from texts (or other meaningful matter) to the contexts of their use." (Krippendorff 2004, p. 18). Demzufolge wird sie als Forschungstechnik eingeordnet, die durch Textanalyse Schlussfolgerungen auf einen bestimmten Kontext zulässt. Die Inhaltsanalyse soll den Anspruch der Reliabilität erfüllen und somit zu Forschungsergebnissen führen, die zuverlässig und reproduzierbar sind (Krippendorff 2004). Zudem enthält die Definition einen Verweis auf die Validität der Ergebnisse, was die Gültigkeit der Messung voraussetzt, also inwiefern das Richtige gemessen wird (Krippendorff 2004). Die Inhaltsanalyse findet in unterschiedlichen Wissenschaften Anwendung, kann qualitativer oder quantitativer Natur sein und impliziert die Erhebung von Primärdaten, die in der Form vorher noch nicht existierten (Krippendorff 2004). Mithilfe der quantitativen Inhaltsanalyse werden häufig eine hohe Anzahl an Aussagen von Konsumenten analysiert und gruppiert (Krippendorff 2004). In der vorliegenden Arbeit dient sie der Informationssammlung zur Charakterisierung von Unternehmen und Codierung von interessierenden Variablen und bildet damit eine Technik zur Datensammlung.

Das Codieren ist zentraler Bestandteil der Inhaltsanalyse, so dass frühere Forschung jene sogar ausschließlich darüber definierte (Krippendorff 2004). Zur Datenerhebung dieser Studie wurden insgesamt neun Personen als Codierer eingesetzt. Alle Codierer befanden sich zum Zeitpunkt der Datenerhebung in einer betriebswirtschaftlichen Ausbildung oder hatten eine solche schon abgeschlossen, was deren Interesse an und Verständnis von betriebswirtschaftlichen Inhalten sicherstellte. Dementsprechend wiesen sie eine grundlegende Qualifikation für das Codieren der Variablen auf (Krippendorff 2004). Dennoch erforderte es ein Trainieren der Codierer um die Einheitlichkeit und Verlässlichkeit ihrer Interpretation gewährleisten zu können (Hayes und Krippendorff 2007; Krippendorff 2004). Hierfür wurden neben einem umfangreichen Anleitungsbogen auch Präzedenzfälle zur Verfügung gestellt. Der Anleitungsbogen enthielt umfassende Angaben zur Vorgehensweise, den Informationsquellen, empfohlenen Schlagwörtern, Interpretationsmöglichkeiten und Vorgaben zur Codierung und Dokumentation von Belegen. Der vollständige Anleitungsbogen ist Anhang C und eine originale Beispieldokumentation Anhang D zu entnehmen. Nach einem mehrstündigen Training zur Einführung besprach die Forschungsleitung die ersten Fälle mit jedem Codierer persönlich, bis die Qualität des eigenständigen Codierens gewährleistet war. Die Datencodierung fand von Juni 2012 bis März 2013 statt.

Es wurden sämtliche Variablen codiert, die nicht in der Compustat-Datenbank enthalten sind, wie zum Beispiel die Kanalstrategie, die generische Strategie oder das Gründungsjahr eines Unternehmens. Hierfür wurden der Inhaltsanalyse drei Arten von Informationsquellen zugrunde gelegt: Informationen von Seiten der Unternehmen selbst, Presseberichte und Informationen von Drittanbietern. Erstens wurden die jährlichen Geschäftsberichte (10-K) und die Internetseiten von Händlern zum Beispiel auf Informationen zu den Distributionskanälen, der Einführungszeitpunkte dieser und der generischen Strategie durchsucht. Zweitens wurde eine Presserecherche unter der Verwendung der LexisNexis-Datenbank durchgeführt, um diese Informationen zu vervollständigen. Drittens dienten öffentliche Unternehmensberichte (Datamonitor Company Profiles, Standard & Poor's Corporate Descriptions, und Hoover's Company Records) und die Wayback Machine (www.web.archive.org) als Informationsquellen. Letztere ermöglichte es, Internetseiten der Händler rückblickend und somit die Kaufmöglichkeiten in den einzelnen Jahren zu betrachten.

Jeder Fall, das heißt jedes Unternehmen, wurde von zwei Personen codiert. Ausschließlich die Variable der generischen Strategie wurde von drei Codierern bearbeitet, da sie stärkeres betriebswirtschaftliches Verständnis und Wissen erfordert. Um die Reliabilität der Codierung zu untersuchen, greift diese Arbeit auf die Reliabilität gemessen als „proportional reduction in loss" (PRL) zurück (Rust und Cooil 1994). Entsprechend seiner Bezeichnung gibt es die proportionale Reduktion des Informationsverlusts an, indem es den erwarteten Verlust aus der jeweiligen Stichprobe $E(L)$ vom maximal möglichen Verlust $E_{max}(L)$ subtrahiert und dies ins Verhältnis zu letzterem setzt (Rust und Cooil 1994).

(1) $$\text{PRL} = \frac{E_{max}(L) - E(L)}{E_{max}(L)}$$

Dementsprechend repräsentiert ein höherer Wert eine bessere Reliabilität, wobei 1 für vollständige Übereinstimmung zwischen den Codierern und 0 für eine vollständige Diskrepanz steht. Vergleichbar mit dem Gütemaß Cronbachs Alpha, sollte die PRL-Reliabilität einen

Wert von 0,7 (70%) übersteigen (Rust und Cooil 1994). Das Maß hat die Vorteile, die Anzahl der möglichen Kategorien einer Variable ebenso zu berücksichtigen, wie auch die Anzahl der Codierer. Rust und Cooil (1994) stellen Tabellen zur Verfügung, die das Ablesen des jeweiligen PRL-Werts anhand der Übereinstimmung zwischen Codierern, der Anzahl der Variablenkategorien und der Anzahl der Codierer ermöglichen. Im Folgenden interessiert die Reliabilität der Variablen, die im Modell Berücksichtigung fanden. Bezüglich der Variablen zur Erhebung der Kanalstrategie, dem Gründungsjahr, der Kauffrequenz und des Produkttyps des Unternehmens konnte von den zwei Codierern eine PRL-Reliabilität von 91% erzielt werden, wobei alle involvierten Variablen zwei Kategorien aufwiesen (Rust und Cooil 1994). Die generische Strategie beinhaltet die drei Kategorien Differenzierung, Kostenführerschaft und Hybridstrategie und wurde von drei Codierern bearbeitet. Letztlich erzielten diese eine PRL-Reliabilität von 90%, so dass die durch eine Inhaltsanalyse erfassten Variablen den Mindestwert von 70% weit übersteigen und die Messung als reliabel kennzeichnen (Rust und Cooil 1994). Tabelle 14 enthält alle Zahlen zur Herleitung des PRL-Werts der Variablen.

Tabelle 14: Grundberechnungen zur Herleitung der PRL-Reliabilität

Variablen-bezeichnung	Maximale Übereinstimmungen zwischen Codierern	Tatsächliche Übereinstimmungen zwischen Codierern	Verhältniswert Intercoder-Übereinstimmung	PRL-Reliabilität
Gründungsjahr, Kanalstrategien, Kauffrequenz und Produkttyp	13.998	12.733	0,91 (91%)	0,91 (91%)
Generische Strategie	1.782	1.252	0,70 (70%)	0,90 (90%)

Quelle: Eigene Darstellung.

Alle Fälle, die inkonsistent codiert wurden, wurden im Forschungsteam ausführlich diskutiert, um die inhaltlich richtige Codierung sicherzustellen. Da sämtliche Informationen zu den Händlern im Geschäftsbericht und in Compustat auf Unternehmensebene ausgewiesen werden (siehe Kapitel 2.1.1.1.3), einzelne Händler jedoch mehrere Geschäftsbereiche in Form von unterschiedlichen Marken betreiben, war eine Aggregation der Informationen auf die Unternehmensebene erforderlich. Hierfür wurde jeweils ein Kanal als existent codiert, wenn mindestens eine der Marken diesen Kanal nutzt. Insgesamt besitzen 82% (157) der Unternehmen nur eine einzige Marke. Bei den Fällen mit unterschiedlichen Submarken (34 Unternehmen) sind die Kanalstrategien bei 78% der einzelnen Submarken des Unternehmens gleich. Beispielsweise betreibt der Händler Abercrombie & Fitch die Marken Abercrombie & Fitch, Abercrombie & Fitch Kids, Hollister und Gilly Hicks. Alle diese Submarken vertreiben ihre Produkte über die Kanäle Ladengeschäfte, Internet und Telefon.

5.1.2 Operationalisierung der Messgrößen

5.1.2.1 Überblick über die Operationalisierungen

Die Operationalisierung dient der Messbarmachung und Repräsentierung von Phänomenen und bildet somit die Grundlage für eine Überprüfung von Zusammenhängen mittels empirischer Datenanalyse (Hair et al. 2010). Je nach Verfügbarkeit wurden für die Operationalisierung der Konstrukte etablierte Verfahren aus existierenden Forschungsstudien genutzt. Tabelle 15 listet alle im Modell enthaltenen Variablen auf und bildet deren Operationalisierung, Datenquellen und zugehörige Literaturverweise in einer Übersicht ab.

Tabelle 15: Tabellarischer Überblick über die Operationalisierung der Variablen

Variable	Operationalisierung	Datenquelle	Literaturverweise
Ein- vs. Multikanal Strategie	-1 = Einkanalstrategie (Internet oder Ladengeschäfte) 1 = Multikanalstrategie (min. Internet und Ladengeschäfte)	- Geschäftsberichte (10-K) - Internetseiten des Händlers - LexisNexis - Wayback Machine	Min und Wolfinbarger (2005); siehe Anhang E
Generische Strategie	-1 = Hybridstrategie 0 = Differenzierung/ Kostenführerschaft 1 = Kostenführerschaft/ Differenzierung	- Geschäftsberichte (10-K) - Internetseiten des Händlers - Firmenberichte von Drittanbietern - LexisNexis	Kabadayi, Eyuboglu und Thomas (2007); Porter (2004); siehe Anhang E
Multikanalwettbewerb	∑ Marktanteil der Multikanalunternehmen (min. Internet und Ladengeschäfte) einer Branche	- Geschäftsberichte (10-K) - Internetseiten des Händlers - Compustat	Morgan und Rego (2009); Uslay, Altinig und Winsor (2010)
Produkttyp	-1 = Nicht-sensorisches Produkt anhand SIC-Code 1 = Sensorisches Produkt anhand SIC-Code	- Geschäftsberichte (10-K) - Compustat	Degeratu, Rangaswamy und Wu (2000); Krishna (2012); siehe Anhang F
Marktdynamik	$\frac{\text{Std.-abw. Branchenumsatz in vorangehenden 4 Jahren}}{\text{MW Branchenumsatz in vorangehenden 4 Jahren}}$	- Geschäftsberichte (10-K) - Compustat	Fang, Palmatier und Steenkamp (2008); Finkelstein und Boyd (1998)
Kauffrequenz	-1 = niedrige Kauffrequenz anhand SIC-Code 1 = hohe Kauffrequenz anhand SIC-Code	- Compustat - Handelsstatistiken	Urbany und Dickson (1991); siehe Anhang F
Cashflow	Operativer Cashflow = EBIT + Abschreibung – Steuern	- Geschäftsberichte (10-K) - Compustat	Krasnikov, Mishra und Orozco (2009); e.g., Morgan und Rego (2009); Vorhies und Morgan (2003)
Tobins Q	$\frac{\text{Marktwert+Vorzugsaktien+Schulden}}{\text{Buchwert des Gesamtvermögens}}$	- Geschäftsberichte (10-K) - Compustat	Chung und Pruitt (1994)
Katalogvertrieb	-1 = keine Distribution über Katalog 1 = Distribution über Katalog	- Geschäftsberichte (10-K) - Internetseiten des Händlers - LexisNexis - Wayback Machine	Lee und Grewal (2004)
Unterneh-	Anzahl der Mitarbeiter im Unternehmen	- Geschäftsberichte (10-K)	Geyskens, Gielens und

Variable	Operationalisierung	Datenquelle	Literaturverweise
mens-größe		- Compustat	Dekimpe (2002); Pentina, Pelton und Hasty (2009); Vorhies und Morgan (2003)
Branchen-größe	Branchenumsatz	- Geschäftsberichte (10-K) - Compustat	Fang, Palmatier und Grewal (2011); Fang, Palmatier und Steenkamp (2008); Morgan und Rego (2009)
Wettbewerbs-intensität (HHI)	$1 - (\sum \text{Marktanteile einer Branche}^2)$	- Geschäftsberichte (10-K) - Compustat	Fang, Palmatier und Grewal (2011); Fang, Palmatier und Steenkamp (2008)
Internet-penetration	Jährlicher Prozentsatz der U.S.-Haushalte mit Internetanschluss	- US Census Bureau - Universität Virginia	Avery et al. (2012)

Quelle: Eigene Darstellung.

Das Vorgehen bei der Operationalisierung einzelner Variablen wird unter Bezugnahme auf die vorstehende Tabelle in den folgenden Subkapiteln näher erläutert.

5.1.2.2 Operationalisierung der abhängigen Variablen

Als abhängige Größen konzentriert sich die vorliegende Arbeit auf Cashflow und Tobins Q (siehe Kapitel 2.1.2.3.4). Cashflow wird als operativer Cashflow operationalisiert, welcher aus den Einnahmen aus operativen Geschäftsaktivitäten abzüglich der Kosten für operative Tätigkeiten resultiert (Dechow, Kothari und Watts 1998; Morgan und Rego 2009). Tabelle 15 gibt die detaillierte Formel zur Berechnung des Cashflows wider. Die dafür notwendigen Daten stammen aus der Compustat-Datenbank (Krasnikov, Mishra und Orozco 2009; Morgan und Rego 2009). Da Cashflow im vorliegenden Datensatz nicht normalverteilt ist, wird eine Logarithmus-Transformierung mit dem natürlichen Logarithmus vorgenommen (Morgan und Rego 2009). So sind die Daten vor der Transformierung schief verteilt mit Neigung nach rechts (Schiefe = 11,87) und im Nachhinein näherungsweise normalverteilt (Schiefe = -0,33).

Tobins Q wird ebenso unter Verwendung von Compustat-Daten wie von Chung und Pruitt (1994) vorgeschlagen berechnet (siehe Tabelle 15). Der Marktwert ergibt sich aus der Multiplikation der Jahresendaktienpreise mit der Anzahl der im Umlauf befindlichen Aktien (Lee und Grewal 2004). Während die Vorzugsaktien den Liquidationswert, also Auflösungswert, aller bevorzugten Aktien bezeichnet, beinhalten Schulden die langfristigen Unternehmensschulden, das Vorratsvermögen und laufende Verbindlichkeiten abzüglich des Umlaufvermögens (Lee und Grewal 2004; Morgan und Rego 2009). Das Gesamtvermögen wird als Buchwert des Gesamtvermögens eines Unternehmens gemessen (Morgan und Rego 2009). Da auch Tobins Q im Datensatz nicht normalverteilt ist (Schiefe = 30,03), wurde es mittels Logarithmieren normalisiert (Schiefe = 1,76).

5.1.2.3 Operationalisierung der unabhängigen Variablen

Die Kanalstrategie eines Unternehmens bildet die unabhängige Größe im Modell. Da eine Multikanalstrategie mit zwei unterschiedlichen Einkanalstrategien verglichen wird, erfordert es zwei Variablen. In zwei unterschiedlichen Modellen wird die Multikanalstrategie zum einen mit einer reinen Internetstrategie verglichen und zum anderen mit einer reinen Ladengeschäftsstrategie. Die Studie hat Distributionskanäle zum Gegenstand, weshalb ein Kanal nur berücksichtigt wird, wenn dieser den Kunden mindestens die Möglichkeit der Produktbestellung bietet. Eine Einkanalstrategie bedeutet, dass die Produkte eines Händlers ausschließlich über einen einzigen Kanal bestellbar sind. Im Falle dieser Studie kann das der Internetkanal oder es können Ladengeschäfte sein. Ein Multikanalhändler nutzt demgegenüber mindestens das Internet und Ladengeschäfte als Distributionskanäle. Wenn ein Händler jedoch nur einen Flagship-Store in einer bestimmten Region betreibt, gilt dies nicht als stationärer Kanal, da der Vertrieb in dem Fall hauptsächlich über das Internet stattfindet. Weitere Distributionskanäle sind nicht ausgeschlossen, werden jedoch nicht als interessierende Größe betrachtet. Der Fokus auf diese beiden Kanäle liegt darin begründet, dass sie sehr unterschiedliche Charakteristika und eine völlig unterschiedliche Historie aufweisen und die am häufigsten existierende Kombination von Kanälen in der Praxis darstellen (siehe Kapitel 5.1.3.1). Entsprechend Kapitel 2.2.3.3 ist das Internet als Komfortkanal und stationäre Geschäfte sind als Erfahrungskanal einzuordnen, weshalb sie gegensätzliche Eigenschaften innehaben (Alba et al. 1997; Avery et al. 2012). Historisch betrachtet gelten Ladengeschäfte als ursprünglicher, traditioneller Kanal wohingegen die Distribution über das Internet erst Anfang der 1990er Jahre begann (Alba et al. 1997; Geyskens, Gielens und Dekimpe 2002; Gupta, Su und Walter 2004). Beispiele für die Codierung der Kanalstrategien bei einzelnen Unternehmen sind Anhang E zu entnehmen.

Wie unter Kapitel 5.1.1.2 näher erläutert, wurde eine Inhaltsanalyse der Jahresgeschäftsberichte, Internetseiten der Händler und LexisNexis-Pressequellen durchgeführt (siehe Tabelle 15). Als Informationsquellen bei der Presserecherche wurden Wirtschaftsmagazine und -zeitungen der US-Presse verwendet, wie zum Beispiel „The Wallstreet Journal". Darüber hinaus wurde der Internetauftritt des Händlers aus vergangenen Jahren mit Hilfe der Wayback Machine hinsichtlich seiner Distributionsfunktion untersucht, so dass eine verlässlichere Information zur tatsächlichen Einführung des Internetshoppings bei einem Händler erzielt wurde. Die Variablen wurden letztlich mittels Effektcodierung erstellt (Cohen und Cohen 1983), so dass 1 eine Multikanalstrategie und -1 eine Einkanalstrategie, entweder Internet oder Ladengeschäfte, repräsentiert.

5.1.2.4 Operationalisierung der Kontingenzfaktoren

Als Kontingenzfaktoren werden die generische Strategie, der Multikanalwettbewerb, die Marktdynamik, der Produkttyp und die Kauffrequenz betrachtet. Informationen zur generischen Strategie wurden den Geschäftsberichten, den Internetseiten der Händler, den externen Unternehmensberichten und Pressequellen entnommen. Hierfür nutzten die Codierer neben der ausführlichen Definition auch Items einer reflektiven Skala zur Messung von Differenzierung und Kostenführerschaft, die zur Orientierung an Stichworten dienten (Kabadayi, Eyuboglu und Thomas 2007), um dem Unternehmen die richtige Strategie zuordnen zu können. Vor dem Ziel der höheren Realitätsnähe der Daten, codierten sie neben den zwei Idealstrategien auch eine Hybridstrategie, welche eine Kombination beider strategischer Ziele vorsieht. Demzufolge enthält die effektcodierte Variable letztlich drei Ausprägungen (1; 0; -1). Anhang E enthält Beispiele der Codierung der Variable zur generischen Strategie.

Multikanalwettbewerb ist der Anteil an Unternehmen in einer Branche, die eine Multikanalstrategie verfolgen, gewichtet um deren relativen Marktanteil. Der relative Marktanteil setzt hierbei den jährlichen Umsatz eines Unternehmens mit dem jährlichen Gesamtumsatz aller Unternehmen einer Branche ins Verhältnis (Morgan und Rego 2009). Durch eine solche Gewichtung mit dem Marktanteil enthält die Variable folglich auch Informationen über die Marktmacht der Multikanalhändler in der Branche. Dementsprechend reichen die Werte der Variable Multikanalwettbewerb von 0 bis 1, wobei 0 die Abwesenheit von Multikanalfirmen und 1 die Abwesenheit von Einkanalfirmen in einer Branche repräsentiert. Zahlen dazwischen zeigen an, wieviel Prozent der Umsätze einer Branche über Multikanalfirmen umgesetzt werden. Der Mittelwert von 0,571 lässt also darauf schließen, dass durchschnittlich 57,1% Umsatz über alle Branchen hinweg von Multikanalhändlern stammt. Die Variable der Marktdynamik repräsentiert die Volatilität des Umsatzes in einer Branche und ergibt sich aus der Umsatzbeobachtung der jeweils vorangehenden vier Jahre, insofern als die Standardabweichung der vergangenen Umsätze durch ihren Gesamtmittelwert geteilt wird (Fang, Palmatier und Steenkamp 2008; Finkelstein und Boyd 1998). Die Umsatzzahlen stammen aus der Compustat-Datenbank und wurden anhand der Geschäftsberichte überprüft und vervollständigt.

Zur Operationalisierung der Variablen Produkttyp und Kauffrequenz wurden Informationen zu den unterschiedlichen Handelsbranchen herangezogen, da keine verlässlichen Zahlen oder Klassifikationen zu jedem Unternehmen zugänglich sind. Somit erforderte es eine umfassende Recherche zur Literatur und Statistiken bezüglich der Klassifizierung der Branchen. Dem Anhang F sind die finale Klassifikation der Branchen, Erläuterungen und verwendete Quellen zu entnehmen. Bezüglich des Produkttyps wird unterschieden, ob die Produkte einer Branche reich an sensorischen Eigenschaften sind, die vor dem Kauf verfügbar und wichtig für die Kaufentscheidung sind (Peck und Childers 2003). Im Rahmen dieser Studie sind insbesondere die sensorischen Eigenschaften von Relevanz, die nur im Ladengeschäft evaluiert und nicht im selben Ausmaß online dargestellt werden können. Darüber hinaus spielt es im Kanalkontext eine Rolle, ob die Konsumenten diese Eigenschaften üblicherweise bewerten, wenn sie das jeweilige Produkt in einem Ladengeschäft kaufen. Zum Beispiel bewerten Kunden meist das Aussehen, den Klang und die Handhabung von elektronischen Produkten, wie beispielsweise Stereo-Anlagen oder Smartphones, in einem stationären Geschäft (Gupta, Su und Walter 2004).

Eine hohe Kauffrequenz einer Produktgruppe liegt vor, wenn die Produkte typischerweise mindestens einmal im Monat gekauft werden (Chaffe 2010; Urbany und Dickson 1991). Produkte mit hoher Kauffrequenz werden auch als kurzlebige Verbrauchsgüter bezeichnet, während Produkte mit niedriger Kauffrequenz unter dem Begriff langlebige Gebrauchsgüter bekannt sind (Chaffe 2010; Kotler et al. 2012; Sexton Jr. 1970). Diese beiden Produktklassifizierungen sind weitestgehend kongruent, insofern als Verbrauchsgüter aufgrund ihrer Natur häufig gekauft werden müssen, wohingegen Gebrauchsgüter eine längere Lebensdauer aufweisen (Kotler et al. 2012). Demzufolge wird eine offizielle Klassifikation von Branchen hinsichtlich dieser beiden Typen als Basis für die Operationalisierung der Kauffrequenz genutzt (U.S. Department of Labor 2015). Im Falle der Nichtklassifizierung einer Branche in dieser offiziellen Klassifizierung wurden weitere Kaufstatistiken bezüglich der Branchen hinzugezogen (siehe Anhang F). Musik und Medien stellen die einzigen Produkte dar, die eine hohe Kauffrequenz aufweisen, trotz ihrer langen Lebensdauer. Da jedoch der Produktlebenszyklus von Medien- und Unterhaltungsgütern generell sehr kurz ist, weil die Konsumentenbedürfnisse für diese Produkte sehr schnell wechseln, werden sie hier als kurzlebig betrachtet (Ainslie, Dreze und Zufryden 2005; Luan und Sudhir 2010). Ein Beispiel hierfür sind bekanntermaßen die Musikcharts, welche sich wöchentlich verändern.

5.1.2.5 Operationalisierung der Kontrollvariablen

Das Modell enthält Kontrollgrößen des Unternehmens, der Branche und des Wirtschaftsraumes. Auf Unternehmensseite werden die Unternehmensgröße und der Vertrieb über einen Katalog in das Modell aufgenommen. Ersteres ist als Anzahl der Mitarbeiter operationalisiert, weil dieser Indikator ein objektives Maß darstellt und im Gegensatz zum Gesamtvermögen nicht als Erfolgsmaß gilt (Geyskens, Gielens und Dekimpe 2002; Pentina, Pelton und Hasty 2009). Die Anzahl der Mitarbeiter wurde der Compustat-Datenbank entnommen und durch Angaben in den Geschäftsberichten validiert und bei Bedarf ergänzt. Das Logarithmieren der Variable ist notwendig, um Verzerrungen durch mögliche Ausreißer zu reduzieren und eine Normalverteilung der Daten zu erzielen. Informationen zum Vertrieb über einen Katalog wurden, wie auch bei den anderen Distributionskanälen, mittels Inhaltsanalyse von Geschäftsberichten, Internetseiten der Händler, LexisNexis-Presseartikeln und der Wayback Machine erhoben. In der effektcodierten Variable repräsentiert die 1 schließlich eine Existenz und die -1 eine Absenz des Kanals bei dem jeweiligen Händler.

Branchenbezogene Kontrollgrößen sind die Branchengröße und die Wettbewerbsintensität. Ersteres wird durch die log-transformierte Anzahl des Gesamtumsatzes einer Branche repräsentiert (Fang, Palmatier und Grewal 2011). Wettbewerbsintensität wird unter Verwendung des Herfindahl-Hirshman Indexes (HHI) kalkuliert, welcher sich aus der Summe der quadrierten Marktanteile aller Unternehmen einer Branche ergibt (Fang, Palmatier und Steenkamp 2008). Da um die Wettbewerbsintensität anstelle der -konzentration kontrolliert werden soll, wird der Wert von 1 abgezogen. Schließlich wird auf der gesamtwirtschaftlichen Ebene die Internetpenetration in den Haushalten der USA berücksichtigt, mit dem Ziel, das hohe Wachstum dieses Kanals aufgrund seiner jüngeren Geschichte zu kontrollieren. Die Prozent-sätze der Haushalte mit Internetanschluss über die Jahre stammen vom Census Bureau der USA und der Universität von Virginia (University of Virginia 2014; US Census Bureau 2012).

5.1.3 Beschreibung der Stichprobe

5.1.3.1 Charakteristika der Unternehmen in der Stichprobe

Nach Sammlung aller notwendigen Informationen enthält der Datensatz Daten zu 191 US-amerikanischen Händlern über einen Zeitraum von 19 Jahren (1994 bis 2012). Da die Verfügbarkeit von Daten in diesem Zeitraum zwischen den Unternehmen variiert, liegt ein unausgewogener Paneldatensatz vor. Gründe für die Variation der Zeiträume sind einerseits das Hinzukommen von neuen börsennotierten Handelsunternehmen oder das Verschwinden von Unternehmen, die über den Zeitverlauf ihre Geschäfts- oder Aktientätigkeit aufgelöst haben. Im Folgenden werden deskriptive Statistiken der Unternehmen dargestellt, für die vollständige Informationen zu den Variablen des Modells zu mindestens einem Zeitpunkt im Datensatz verfügbar sind. Die in der Stichprobe enthaltenen Unternehmen verteilen sich auf die verschiedenen Handelsbranchen über den beobachteten Zeitraum wie folgt (Abbildung 6).

Abbildung 6: Aufteilung der Unternehmen auf unterschiedliche Handelsbranchen

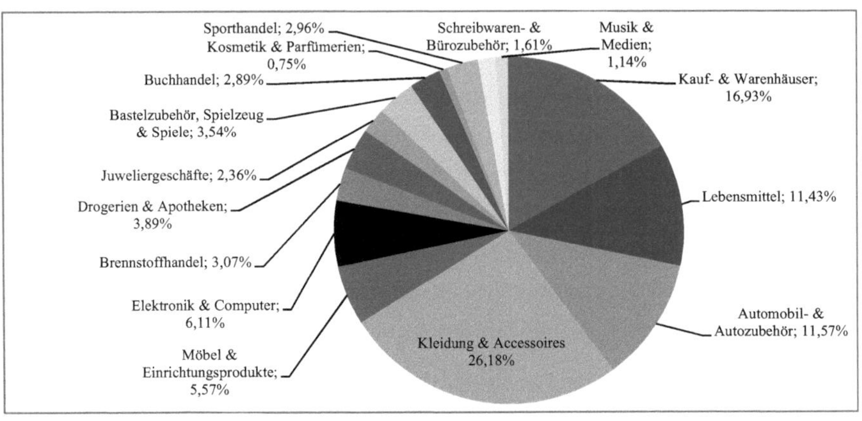

Quelle: Eigene Darstellung.

Die größte Branche anhand der verfügbaren Beobachtungen in der Stichprobe stellt der Handel von Kleidung und Accessoires mit 26,18% dar, gefolgt von den Kauf- und Warenhäusern (16,93%) und vom Automobil- (11,57%) und Lebensmittelhandel (11,43%). Andere Branchen, wie zum Beispiel Elektronik und Computer, Möbel und Einrichtungsprodukte oder Drogerien und Apotheken, verteilen sich mit jeweils weniger als 10% auf den Datensatz. Die Zahlen verdeutlichen die Vielfalt der Handelsbranchen in der vorliegenden Stichprobe, was die Generalisierbarkeit der Ergebnisse erhöht.

Die Kanalstrategie eines Unternehmens ist Hauptgegenstand dieser Untersuchung, weshalb die Betrachtung der Kombination der drei wichtigsten Distributionskanäle stationäre Geschäfte, Internet und Katalog naheliegt. Abbildung 7 zeigt die prozentualen Anteile der Unternehmen mit unterschiedlichen Einzelkanälen und Kanalkombinationen in der Stichprobe im Zeitverlauf. Aus der Abbildung geht hervor, dass grundsätzlich alle Kombinationen in der Stichprobe vertreten sind. Während 65,90% der Unternehmen im Jahre 1994 noch eine stationäre Einkanalstrategie verfolgten, schrumpft dieser Anteil bis zum Jahre 2012 auf 15,06%. Demgegenüber verbreitet sich das Internet seit 1995 zunehmend, wobei ein besonders starker Wachstum des Kanals bis zu den Jahren 2000/2001 erkennbar wird. Das Internet verdrängt den stationären Kanal jedoch nicht; vielmehr wächst der Anteil an Firmen mit mehreren Distributionskanälen. Die Kombination von Internet und Geschäften ist demnach in 2012 die häufigste Kanalkombination (45,18%). Aber auch der Katalog wird über die Jahre nicht substituiert sondern um andere Kanäle ergänzt, so dass die Kombination aller drei Kanäle mit 30,12% die zweithäufigste im Jahr 2012 ist.

Abbildung 7: Kanalkombinationen im Zeitverlauf

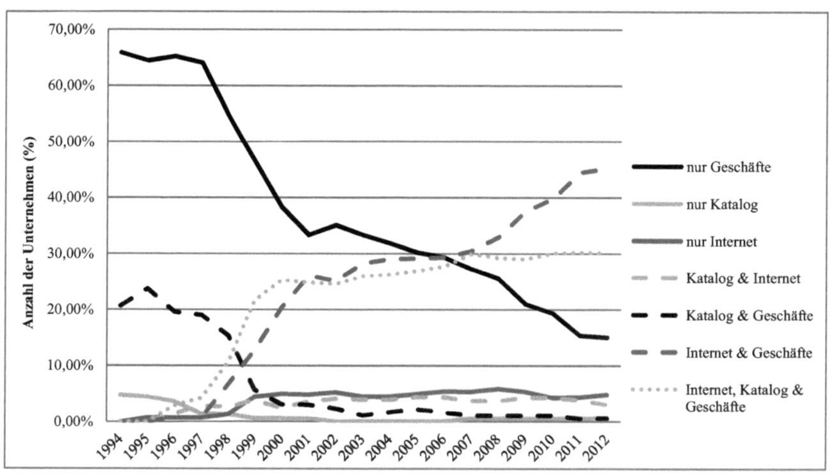

Quelle: Eigene Darstellung.

Da diese Forschungsarbeit primär eine Multikanalstrategie mit Einkanalstrategien vergleicht, ist zudem deren Betrachtung im Zeitverlauf von Interesse. Abbildung 8 schafft einen Überblick über die prozentuale Verteilung von Einkanal- und Multikanalhändlern in der Stichprobe im Zeitverlauf. Aus dieser geht hervor, dass der Anteil an Multikanalhändlern ab dem Jahre 2001 überwiegt, während die Einkanalhändler in 1994 noch 100% repräsentieren. Im Jahre 2012 vertreiben nahezu 80% der Händler ihre Produkte über mindestens die zwei Kanäle Internet und Ladengeschäfte, was mit Anteilen bisheriger Studien zum Multikanalmanagement übereinstimmt (DMA 2005).

Abbildung 8: Anteil an Händlern mit Einkanal- und Multikanalstrategie im Zeitverlauf

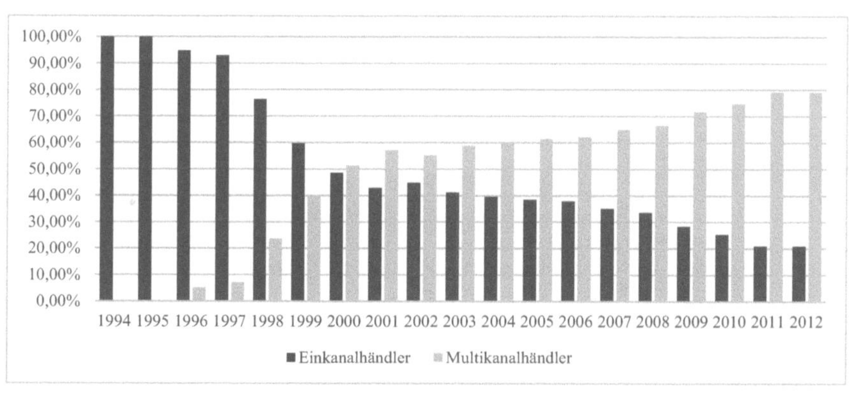

Quelle: Eigene Darstellung.

Hinsichtlich der Kanalstrategien und –kombinationen im Zeitverlauf von Unternehmen wird ersichtlich, dass der Großteil der Multikanalhändler (73%) das Internet dem stationären Kanal hinzugefügt hat (siehe Abbildung 9). Dennoch existieren auch andere Kanalerweiterungen und einzelne Händler bleiben ihrer Kanalstrategie über den gesamten Zeitraum treu. Außerdem haben 7,32% der Unternehmen (n=14) einen Kanal über die 19 Jahre entfernt.

Abbildung 9: Anteil an Händlern mit Änderung der Kanalstrategie im Zeitverlauf

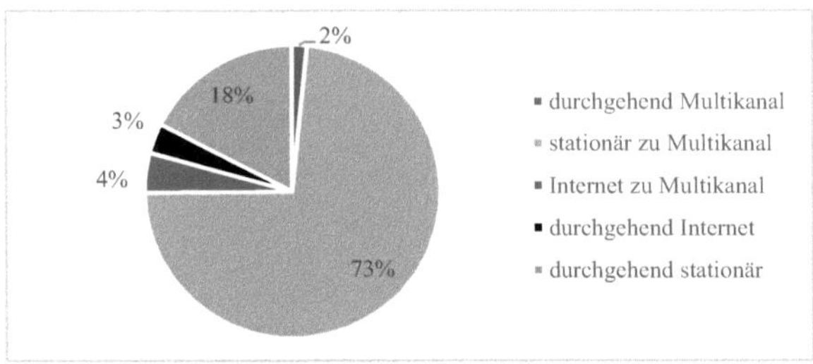

Quelle: Eigene Darstellung.

Die vorstehenden Abbildungen bringen schlussendlich die gesteigerte Verbreitung von Multikanalstrategien aber auch die Vielfalt von Kanalentscheidungen in der Praxis zum Ausdruck, was die Relevanz der vorliegenden Forschungsfrage weiterhin stützt.

5.1.3.2 Charakteristika der Modellvariablen in der Stichprobe

Deskriptive Betrachtungen der Modellvariablen ermöglichen zum einen potenzielle Verzerrungen im Datensatz zu identifizieren, welche die Ergebnisse verfälschen können, und zum anderen die Ergebnisse im Nachgang folgerichtig zu interpretieren. Insbesondere gilt die Identifikation von Ausreißern als besonders entscheidend, da diese extreme Werte im Vergleich zu den restlichen Daten darstellen und demzufolge Mittelwerte verzerren (Hair et al. 2010). Bei Begutachtung der im Modell inkludierten Variablen wird bei den Variablen Firmengröße der Ausreißer Wal-Mart Stores Inc. deutlich. So liegt der Mittelwert der Anzahl von Mitarbeitern ohne den Ausreißer bei 29.609,26 mit Ausreißer jedoch bei 39.226,95, der Mittelwert vom Ausreißer allein bei 1.506.684. Auch Cashflow ist bei Wal-Mart Stores Inc. wesentlich höher ($MW_{\text{inkl. Ausreißer}}$ = 382.457,9; $MW_{\text{exkl. Ausreißer}}$ = 29.609,26). Diese Variablen wurden folglich mittels natürlichen Logarithmus transformiert.

Im Folgenden stellt Abbildung 10 deskriptive Werte, wie Mittelwert, Standard-Abweichung, Minimum und Maximum im Überblick dar. Um die Interpretierbarkeit zu erhöhen, sind hier die Werte vor der Mittelwertzentrierung angegeben (siehe Kapitel 5.2.3). Außerdem sind die Korrelationskoeffizienten nach Pearson aufgelistet, welche Rückschlüsse auf mögliche Beziehungen zwischen den Variablen zulassen. Die Stichprobengröße variiert je nach Modell, da zum einen Objekte mit bestimmten Kanalstrategien verglichen werden und zum anderen die Datenverfügbarkeit je Fall variiert. Über diese Statistiken zeigt Anhang G die Eigenschaften der einzelnen Handelsbranchen in einer Übersicht, was dem besseren Verständnis von Branchenunterschieden dienen soll. Hierbei werden nur die erklärenden Variablen zur Beschreibung der Branchen berücksichtigt, die innerhalb einer Branche variieren. Weil der Produkttyp und die Kauffrequenz auf Branchenebene gemessen werden und innerhalb dieser somit über alle Fälle konstant sind, sind sie in der Tabelle nicht enthalten. Diese Tabelle zeigt u.a., ob in einzelnen Branchen Einkanalhändler oder Multikanalhändler überwiegen. Ein Mittelwert von -0,21 symbolisiert beispielsweise, dass in der Automobilbranche mehr stationäre Händler vorhanden sind als Multikanalhändler. Im Juwelierhandel hingegen vertreiben die Mehrzahl der Händler ihre Produkte über mindestens zwei Kanäle (MW =0,88). Demzufolge variiert auch der durchschnittliche Multikanalwettbewerb zwischen den einzelnen Branchen, was Abbildung 10 belegt. Ebenso stellt diese die Mittelwerte der Marktdynamik für alle Branchen dar, woraus die z.B. die hohe Dynamik der Automobilbranche und des Sporthandels ersichtlich wird.

Abbildung 10: Durchschnittlicher Multikanalwettbewerb und Marktdynamik nach Handelsbranchen

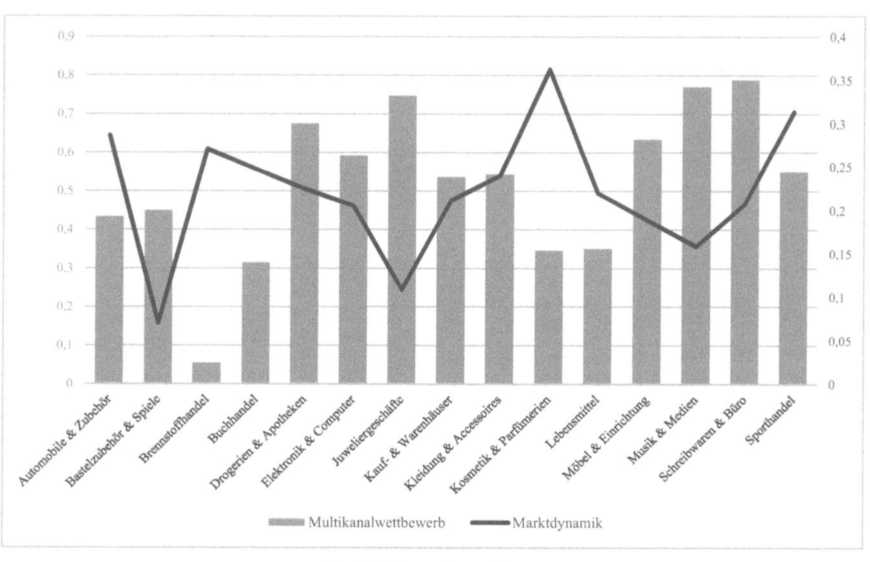

Quelle: Eigene Darstellung.

Tabelle 16: Deskriptive Statistiken und Korrelationen der Modellvariablen

	Variable	MW	Std-Abw.	Min.	Max.	Korrelationen im Modell I (Internet vs. Multikanal)													
						1	2	3	4	5	6	7	8	9	10	11	12	13	14
1	Internet vs. Multikanal Laden vs. Multikanal	0,8 0,1	0,5 0,9	-1 -1	1 1	1													
2	Differenzierung	0,2	0,9	-1	1	0,122	1												
3	Kostenführerschaft	-0,2	0,6	-1	1	0,126	0,728	1											
4	Produkttyp	0,1	0,9	-1	1	0,182	0,161	-0,065	1										
5	Multikanal-Wettbewerb	0,6	0,4	0	1	-0,050	0,050	0,116	-0,028	1									
6	Marktdynamik	0,2	0,2	0	1,9	-0,039	0,019	-0,018	0,094	-0,149	1								
7	Kauffrequenz	-0,5	0,9	-1	1	-0,051	-0,052	0,020	-0,306	-0,037	-0,015	1							
8	Cashflow (ln)	9,9	5,5	-14,2	17,1	0,167	-0,121	-0,084	-0,174	0,104	-0,063	0,276	1						
9	Tobins Q (ln)	0,4	0,7	-4,4	7,9	-0,153	-0,011	0,033	0,005	-0,067	0,006	-0,038	0,055	1					
10	Katalogvertrieb	-0,4	0,9	-1	1	0,206	0,179	0,109	0,143	0,165	-0,028	-0,032	0,049	-0,059	1				
11	Branchengröße (ln)	16,7	1,9	8,2	20,3	0,014	-0,085	-0,030	-0,300	-0,005	-0,233	0,326	0,486	-0,082	-0,099	1			
12	Wettbewerb (HHI)	0,7	0,2	0	1	0,040	0,047	-0,134	0,279	-0,091	-0,032	0,285	0,138	0,092	0,006	0,232	1		
13	Firmengröße (ln)	8,9	1,9	1,1	14,6	0,325	-0,147	-0,097	-0,121	0,089	-0,070	0,310	0,912	-0,082	0,089	0,480	0,120	1	
14	Internetpenetration	0,5	0,2	0,1	0,8	-0,073	0,049	0,010	0,008	0,255	-0,418	-0,120	0,042	-0,074	-0,139	0,197	0,076	-0,011	1
						Korrelationen im Modell II (Ladengeschäft vs. Multikanal)													
1	Internet vs. Multikanal Laden vs. Multikanal	0,8 0,1	0,5 0,9	-1 -1	1 1	1													
2	Differenzierung	0,2	0,9	-1	1	0,182	1												
3	Kostenführerschaft	-0,2	0,6	-1	1	0,018	0,662	1											
4	Produkttyp	0,1	0,9	-1	1	0,075	0,212	-0,058	1										
5	Multikanal-Wettbewerb	0,6	0,4	0	1	0,539	0,126	0,183	0,074	1									
6	Marktdynamik	0,2	0,3	0	1,9	-0,179	-0,004	-0,069	0,127	-0,197	1								
7	Kauffrequenz	-0,5	0,9	-1	1	0,032	-0,032	0,133	-0,292	0,077	-0,103	1							
8	Cashflow (ln)	9,9	5,5	-14,2	17,1	0,143	-0,099	-0,038	-0,188	0,135	-0,114	0,242	1						
9	Tobins Q (ln)	0,4	0,7	-4,4	7,9	-0,048	-0,010	0,119	0,020	-0,010	0,028	0,024	0,095	1					
10	Katalogvertrieb	-0,4	0,9	-1	1	0,485	0,198	0,063	0,113	0,348	-0,097	0,000	0,081	-0,045	1				
11	Branchengröße (ln)	16,7	1,9	8,2	20,3	-0,006	-0,011	0,204	-0,279	0,176	-0,271	0,396	0,433	-0,019	-0,070	1			
12	Wettbewerb (HHI)	0,7	0,2	0	1	0,008	0,070	-0,158	0,343	-0,038	-0,054	0,121	0,114	0,062	0,002	0,149	1		
13	Firmengröße (ln)	8,9	1,9	1,1	14,6	0,118	-0,145	-0,048	-0,205	0,138	-0,130	0,371	0,903	0,014	0,075	0,487	0,059	1	
14	Internetpenetration	0,5	0,2	0,1	0,8	0,424	0,089	0,026	0,091	0,591	-0,350	-0,119	0,140	-0,081	0,147	0,182	0,169	0,055	1

Quelle: Eigene Darstellung.

5.2 Methodik der Datenanalyse und Güte des Modells

5.2.1 Paneldatenanalyse

Da der Datensatz Beobachtungen von mehreren Objekten (Unternehmen) über mehrere Zeitperioden (Jahre) enthält, stellt die Panelregressionsanalyse das geeignete Verfahren zur Analyse der Daten dar (Wooldridge 2009). Die lineare Panelregressionsanalyse basiert auf der Schätzung der folgenden Gleichung:

(2) $$Y = \beta_0 + \beta x_{it} + \mu_i + \varepsilon_{it}$$

wobei Y = abhängige Variable

β_0 = Konstante der Funktion

β = Regressionskoeffizient der unabhängigen Variable

x = unabhängige Variable

i = Objekt

t = Zeitperiode

μ_i = Fehlerterm eines Objekts

ε_{it} = Fehlerterm eines Objekts je Zeitperiode

Die Fehlerterme enthalten die nicht-erklärte Varianz des Modells, also jene Varianz, die durch die im Modell inkludierten unabhängigen Variablen nicht erklärt werden kann (Wooldridge 2009). Im Unterschied zur linearen Regressionsanalyse berücksichtigt die Panelregression zusätzlich zum objektbezogenen zeitkonstanten Fehlerterm auch einen Fehlerterm, der die Restvarianz der Objekte in den unterschiedlichen Zeitperioden berücksichtigt, häufig auch als idiosynkratischer Fehler bezeichnet (Wooldridge 2010).

Grundsätzlich bietet die Panelregression zwei Arten der Datenanalyse, die je nach Datenstruktur adäquat sind: das Fixed-Effects- und das Random-Effects-Modell, nachfolgend als FE- und RE-Modell bezeichnet (Wooldridge 2010). Während das FE-Modell für die Analyse von kausalen Effekten über die Zeit geeignet ist und auf der Varianz innerhalb der Objekte basiert, berücksichtigt das RE-Modell auch Unterschiede zwischen den Unternehmen, die für die abhängige Variable von Relevanz sein können (Wooldridge 2010). Laut FE-Modell wäre demzufolge anzunehmen, dass kein systematischer Zusammenhang zwischen unternehmensbezogenen zeitkonstanten Variablen und der abhängigen Variable, in der vorliegenden Studie der Unternehmenserfolg, besteht. Das FE-Modell kontrolliert um die objektbezogenen Eigenschaften und kann diese demnach nicht statistisch abbilden. Das RE-Modell demgegenüber lässt eine Modellierung dieser Effekte zu (Wooldridge 2010). Da für die Anwendung des RE-Modells keine Korrelation zwischen dem Residuum, also den nicht im Modell eingeschlossenen Variablen, und der abhängigen Variable bestehen darf, erfordert es einen Hausman-Test, welcher dessen Anwendbarkeit prüft (Hausman 1978). Die vorliegende Studie enthält mehrere unabhängige Variablen, die unternehmensbezogen und teilweise zeitkonstant sind, wie beispielsweise die Kanalstrategie, die generische Strategie und der Produkttyp eines Unternehmens. Dementsprechend ist das FE-Modell nicht anwendbar, weil es zeitkonstante Variablen ausschließt, und kann nicht mittels Hausman-Test mit dem RE-Modell verglichen werden (Wooldridge 2009).

5.2.2 Regressionsanalyse mit panelkorrigierten Standardfehlern

Aufgrund der Modellannahmen und der Datenstruktur ist die Zeitreihen-Querschnitts-Analyse, im Speziellen die Regressionsanalyse mit panelkorrigierten Standardfehlern (PCSE), eine geeignete Methode zur statistischen Überprüfung der Modellzusammenhänge (Beck und Katz 1995). Diese wurde für vergleichbare Fragestellungen auch schon angewandt (Pentina, Pelton und Hasty 2009). So berücksichtigt diese Methodik unabhängige objektbezogene Variablen, die sich im Zeitverlauf nicht verändern (Beck und Katz 1995; Pentina, Pelton und Hasty 2009). Darüber hinaus bietet sich die Methodik bei Datensätzen mit geringer Anzahl an Objekten und langer Zeitperiode an, wobei Langzeiteffekte von Ereignissen, kontinuierlichen Veränderungen und auch von Interaktionen analysiert werden können (Beck 2001; Beck und Katz 1995; Pentina, Pelton und Hasty 2009). Die Konzentration auf historische Daten in der vorliegenden Studie resultiert in einer Zeitperiode von 19 Jahren und einer eher geringen Anzahl von 191 Objekten. Da außerdem langfristige Effekte einer Kanalstrategie auf den Unternehmenserfolg im Interesse stehen, stellt PCSE die geeignete Analysemethode dar.

PCSE nutzt die gewöhnliche Methode der kleinsten Quadrate (engl. Ordinary Least Squares; OLS), berücksichtigt aber die Panelstruktur im Fehlerterm (Beck 2001; Beck und Katz 1995). Häufig wird die OLS-Methode zur Schätzung von Regressionsmodellen genutzt, wobei die quadrierten Abweichungen der statistisch geschätzten Funktion von den beobachteten Daten minimiert werden (Hair et al. 2010). Die gewöhnliche OLS-Regression gilt für Paneldaten als zu optimistisch und ineffizient, da sie die Korrelationen der Fehlerterme über die Objekte und die Zeit nicht berücksichtigt (Beck 2001; Beck und Katz 1995). Die Alternative, Generalized Least Squares (GLS), kann zwar ebendiese Korrelationen berücksichtigen, unterschätzt jedoch häufig die Variabilität der Modellparameter (Beck und Katz 1995). Deshalb schlagen Beck und Katz (1995) eine Methode vor, welche OLS-Schätzer nutzt, die OLS-Fehlerterme aber durch panelkorrigierte Standardfehler ersetzt. Weil diese Methodik die objekt- und zeitbezogenen Korrelationen in der Stichprobe modelliert und demnach berücksichtigt, erfüllt die Analysemethode den Anspruch der Effizienz, schätzt also das Modell mit der kleinstmöglichen Varianz (Beck 2001; Hair et al. 2010).

Als weitere Methode, die zeitkonstante individuelle Effekte erlaubt, gilt der Hausman-Taylor-Schätzer, welcher die Verwendung von Instrumentvariablen vorsieht (Baltagi, Bresson und Pirotte 2003; Hausman und Taylor 1981; Proppe 2007). Die Methodik nutzt einen Instrumentschätzer, der aus der Paneldatenstruktur Instrumentvariablen generiert (Hausman und Taylor 1981; Proppe 2007). Hierfür erfordert es die Unterteilung der zeitkonstanten und zeitvarianten Variablen in endogene und strikt exogene Variablen, so dass die individuenbezogenen Mittelwerte der exogenen Variablen als Instrumente für die zeitkonstanten Variablen genutzt werden können (Hausman und Taylor 1981; Proppe 2007). Somit ist also die Identifikation von Variablen von Nöten, welche strikt exogen sind und welche die zeitkonstanten, objektbezogenen Variablen zu einem Großteil erklären (Baltagi, Bresson und Pirotte 2003). Die Identifikation von geeigneten Instrumentvariablen gilt jedoch als äußerst herausfordernd, weil diese selbst einen sehr hohen Varianzanteil in der ursprünglich interessierenden Variable erklären müssen, aber dennoch nicht mit anderen unabhängigen Variablen oder dem Fehlerterm korrelieren dürfen (Baltagi, Bresson und Pirotte 2003; Murray 2006). Häufig werden Instrumentvariablen von Forschern eher ungenau geprüft, was das Modell letztlich ungültig macht (Rossi 2014). Da in der vorliegenden Studie exogene Variablen für mindestens vier unterschiedliche Variablen gefunden werden müssten und die Genauigkeit der Messung dieser interessierenden Variablen darunter leiden kann, validiert diese Arbeit das Modell mit der PCSE-Methodik.

5.2.3 Moderierte Regressionsanalyse

Das konzeptuelle Modell dieser Arbeit hat Interaktionen zwischen den unabhängigen Variablen und Kontingenzfaktoren zum Gegenstand, deren Effekt auf dem Konzept des strategischen Fit als Moderation beruht (siehe Kapitel 2.1.2.1.2), weshalb die Schätzung von Moderationseffekten erforderlich ist. Moderationseffekte sind definiert als die Veränderung eines Effekts einer unabhängigen auf eine abhängige Variable, beeinflusst von der Ausprägung einer anderen unabhängigen Variable (Kugler et al. 2014). Die statistische Validierung eines solchen Effekts erfordert die Anwendung gebräuchlicher Methoden der multiplen moderierten Regressionsanalyse (Irwin und McClelland 2001; Spiller et al. 2013). Ein Moderationseffekt wird in der Regressionsgleichung als Interaktionsterm dargestellt, wie die folgende beispielhafte Formel veranschaulicht.

(3) $$Y = \beta_0+\beta x_{it}+\beta z_{it}+\beta(xz_{it})+\mu_i+\varepsilon_{it}$$

wobei Y = abhängige Variable

β_0 = Konstante der Funktion

β = Regressionskoeffizient der unabhängigen Variable

x = unabhängige Variable

z = moderierende Variable

i = Objekt

t = Zeitperiode

μ_i = Fehlerterm eines Objekts

ε_{it} = Fehlerterm eines Objekts je Zeitperiode

Die Interpretierbarkeit der Ergebnisse kann schließlich durch bestimmte Methoden der Variablencodierung sowie die grafische Darstellung einer Spotlight-Analyse verbessert werden (Irwin und McClelland 2001; Spiller et al. 2013). Wie aus der Gleichung hervorgeht, werden die Moderatorvariable (z) und deren Produktterm mit einer anderen unabhängigen Variable (xz) als zusätzliche erklärende Variablen in das Modell aufgenommen. Der Effekt der einzelnen unabhängigen Variablen (x oder z), die auch Bestandteil des Interaktionsterms sind, wird gemeinhin als einfacher Effekt bezeichnet und unterscheidet sich vom Haupteffekt wie folgt (Preacher, Curran und Bauer 2014): Während ein Haupteffekt den Einfluss einer unabhängigen auf eine abhängige Variable unter Annahme des Mittelwerts aller anderen unabhängigen Variablen im Modell angibt, nimmt der einfache Effekt einen Wert von null bei der anderen im Interaktionsterm inkludierten Variable an (Kugler et al. 2014; Spiller et al. 2013). Zum Beispiel wäre der einfache Effekt von x auf y unter der Annahme zu interpretieren, dass z gleich null ist. Da dieser Wert aber nicht bei jeder Variable existent oder sinnvoll ist, erschwert dies die Interpretation eines Effekts (Irwin und McClelland 2001).

Deshalb ist eine bestimmte Codierung der Variablen notwendig, so dass null näherungsweise den Mittelwert der Variable repräsentiert und die einfachen Effekte demzufolge wieder als übliche Haupteffekte interpretierbar sind (Irwin und McClelland 2001; Spiller et al. 2013). Während diesem Problem bei metrischen Variablen durch eine Mittelwertzentrierung, also der Subtraktion des Mittelwerts von jedem einzelnen Wert der Variable, begegnet werden kann (Spiller et al. 2013), schafft die Effektcodierung bei kategorialen Variablen Abhilfe (Kugler et al. 2014). Bei Letzterer werden die Variablen mit zwei Ausprägungen mit -1 und 1 und mit drei Ausprägungen mit -1, 0 und 1 codiert, was bei annähernd gleicher Verteilung der Beobachtungen auf die Gruppen in einem Mittelwert von 0 resultiert (Kugler et al. 2014). Die Effektcodierung hat darüber hinaus den Vorteil, auch die Basiskategorie als Ausprägung zu codieren (z.B. -1 statt 0), weshalb die Kombination mit einer niedrigen Ausprägung der anderen Variable auch zu einem Wert im Interaktionsterm führt. Angenommen die Variable z ist eine kategoriale Variable, wobei z in einer Beobachtung die niedrige Ausprägung hat, also bei einer Dummycodierung 0 und bei Effektcodierung -1, und x hat den Wert 6. Der Produktterm bei der Dummycodierung wäre dann 0, ungeachtet des Werts von x. Bei der Effektcodierung hätte er jedoch den Wert -6 und nur 0, wenn auch x gleich 0 ist.

Um die Interpretation des Moderationseffekts weiterhin zu vertiefen, empfiehlt sich die Darstellung der Interaktion in einer Spotlight-Analyse, die die statistische und grafische Betrachtung des Effektes bei bestimmten Werten der Moderationsvariable ermöglicht (Preacher, Curran und Bauer 2014; Spiller et al. 2013). Hierfür ist die Kalkulation der Steigungskoeffizienten des Moderationseffekts bei unterschiedlichen Werten der Moderations-variable erforderlich. Die betrachteten Werte sind frei wählbar, wobei sich bei kategorialen Variablen stets die vorhandenen Ausprägungen anbieten (Preacher, Curran und Bauer 2014). Bei metrischen Variablen empfiehlt es sich, den Effekt für den Mittelwert oder den Median des Moderators und das im Datensatz existierende Minimum und Maximum oder die Abweichung vom Mittelwert oder Median um die Standardabweichung zu betrachten (Preacher, Curran und Bauer 2014; Spiller et al. 2013). Abbildung 11 zeigt ein Beispiel einer Spotlight-Analyse, bei dem alle Variablen metrisch gemessen wurden. Während die durchgehende Linie die Veränderung von y bei unterschiedlichen Werten von x beim niedrigsten Wert von z anzeigt, repräsentiert die gestrichelte Linie die Veränderung beim höchsten Wert von z. Die gepunktete Linie gibt die Veränderung von Y an, wenn z den Wert des Medians annimmt.

Abbildung 11: Beispiel einer Spotlight-Analyse

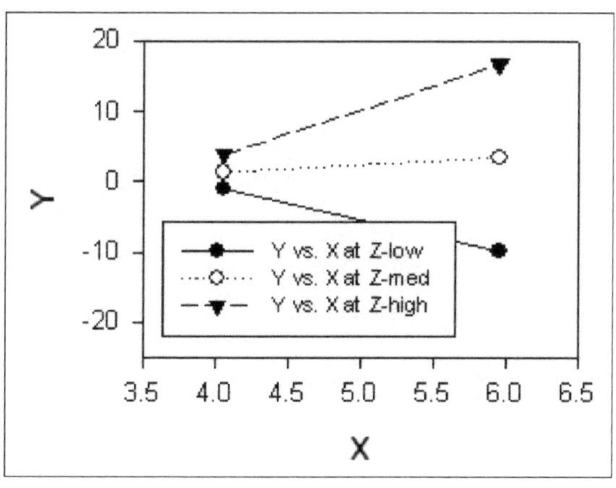

Quelle: Preacher, Curran und Bauer (2014).

Alternativ können auch Johnson-Neyman-Punkte identifiziert werden, welche den Umschwung von nicht-signifikanten zu signifikanten Effekten markieren (Johnson und Neyman 1936; Spiller et al. 2013). Dementsprechend bildet die Spotlight-Analyse in diesem Fall die einfachen Steigungskoeffizienten der Unter- und Obergrenze des signifikanten Effekts eines Moderators ab.

5.2.4 Güte des Regressionsmodells

5.2.4.1 Modellprämissen der linearen Regressionsanalyse

Basis einer Regressionsanalyse ist ein stochastisches Modell, dass die Realität mit Hilfe einer zufälligen Stichprobe bestmöglich abbilden soll (Backhaus et al. 2011). Der Regressionsanalyse liegen sieben Annahmen zugrunde, die erfüllt sein müssen, damit das Modell laut Gauß-Markov-Theorem unverzerrt und effizient ist: eine korrekte Modellspezifikation, der Erwartungswert null der Residuen, Exogenität zwischen unabhängigen Variablen und Residuen, Homoskedastizität der Residuen, keine Autokorrelation der Residuen, keine Multikollinearität und eine Normalverteilung der Residuen (Backhaus et al. 2011). Die vorstehenden Annahmen sind häufig auf die Residuen des Modells bezogen, weil jene eine Zufallsgröße darstellen, die mögliche unbeobachtete Einflüsse auffängt. Eine statistische Schätzung gilt als unverzerrt (beziehungsweise erwartungsgetreu), wenn der erwartete Wert der geschätzten Funktion, also der Mittelwert des Regressionsparameters in der Stichprobe, dem wahren Parameter in der Grundgesamtheit entspricht. Die Schätzung ist darüber hinaus effizient, wenn keine alternative unverzerrte Funktion existiert, die eine kleinere Varianz erzielt (Backhaus et al. 2011). Im Idealfall sind diese beiden Kriterien erfüllt, so dass die Schätzung als bestmögliche statistische Schätzung gilt. In der englischsprachigen Literatur werden die Schätzer in diesem Fall als „best linear unbiased estimators“ (BLUE) bezeichnet, wobei sich „best“ auf das Kriterium der Effizienz bezieht (Backhaus et al. 2011). Tabelle 17 liefert einen Überblick über die Testergebnisse zur Überprüfung der Modellannahmen.

Im Folgenden werden in Bezug auf Tabelle 17 die einzelnen Modellannahmen näher erläutert, Ursachen der Verletzung von Annahmen spezifiziert, das Modell dieser Studie hinsichtlich der Prämissen getestet, und bei Notwendigkeit das Beheben der Fehler mit empfohlenen Methoden erläutert und angewandt. Schlussendlich wird das Modell mit adäquaten Methoden geschätzt, die eine potenzielle Verzerrung und Ineffizienz ausschließen.

Tabelle 17: Ergebnisse der Modelltests

	Modelltest	Cashflow (a)		Tobins Q (b)	
		Testergebnis	Lösung	Testergebnis	Lösung
Modell I: Internet vs. Multikanal	Linearitätstest	$p_{KanalXMK\text{-}Wettbewerb^2} = 0{,}587$ (ß = 0,529) $p_{KanalXMarktdynamik^2} = 0{,}571$ (ß = 0,344)	-	$p_{KanalXMK\text{-}Wettbewerb^2} =$ 0,338 (ß = 0,720) $p_{KanalXMarktdynamik^2} =$ 0,002 (ß = -0,919)	-
	Likelihood-Ratio (LR)-Test auf Heteroskedastizität	LR X^2 = -1777,91 (p = 1,000)	-	LR X^2 = 803,25 (p = 1,000)	-
	Wooldridge-Test auf Autokorrelation	F = 30,827 (p = 0,000)	Prais-Winsten-Regression	F = 110,021 (p = 0,000)	Prais-Winsten-Regression
	Multikollinearitätstest	VIF > 10: Differenzierung = 37,71 MKxDifferenzierung = 36,91 Kostenführerschaft = 48,89 MKxKostenführerschaft = 52,33 Produkttyp = 12,88 MKxProdukttyp = 13,30 Multikanalwettbewerb = 10,28 Unternehmensgröße = 10,05	Residual-zentrierung	VIF < 10	-
	Tests auf Endogenität	Durbin-Wu-Hausman: p_{res} = 0,314 Heckman: $p_{Mills\ \lambda}$ = 0,390	-	Durbin-Wu-Hausman: pres = 0,872 Heckman: pMills λ = 0,839	-
Model II: Ladengeschäft vs. Multikanal	Linearitätstest	$p_{KanalXMK\text{-}Wettbewerb^2} = 0{,}288$ (ß = 0,209) $p_{KanalXMarktdynamik^2} = 0{,}662$ (ß = -0,065)	-	$p_{KanalXMK\text{-}Wettbewerb^2} =$ 0,931 (ß = -0,010) $p_{KanalXMarktdynamik^2} =$ 0,971 (ß = -0,006)	-
	Likelihood-Ratio (LR)-Test auf Heteroskedastizität	LR X^2 = 3042,71 (p = 0,000)	PCSE	LR X^2 = 981,78 (p = 1,000)	-
	Wooldridge-Test auf Autokorrelation	F = 4,068 (p = 0,045)	Prais-Winsten-Regression	F = 211,530 (p = 0,000)	Prais-Winsten-Regression
	Multikollinearitätstest	VIF < 10	-	VIF < 10	-
	Tests auf Endogenität	Durbin-Wu-Hausman: p_{res} = 0,111 Heckman: $p_{Mills\ \lambda}$ = 0,785	-	Durbin-Wu-Hausman: p_{res} = 0,525 Heckman: $p_{Mills\ \lambda}$ = 0,753	-

Quelle: Eigene Darstellung.

5.2.4.2 Korrekte Modellspezifikation

Ein Modell gilt als korrekt spezifiziert und damit unverzerrt, wenn es linear in den Regressionsparametern ist, es die relevanten unabhängigen Variablen enthält und die Zahl der zu schätzenden Parameter kleiner als die Anzahl der Beobachtungen ist (Backhaus et al. 2011). Nichtlinearität liegt vor, wenn eine unabhängige die abhängige Variable mit einer nichtlinearen Funktion, z.B. einer Quadrat- oder Exponentialfunktion, besser erklärt (Backhaus et al.

2011). Eine nichtlineare Beziehung sollte logisch erklärbar sein. Darüber hinaus sollten alle relevanten Variablen im Modell enthalten sein, da andererseits ein Endogenitätsproblem auftreten könnte (Wooldridge 2009). Dieser Problematik wird sich unter Kapitel 5.2.4.4 näher angenommen.

Damit ein Modell generell schätzbar ist, muss die Anzahl der Parameter kleiner als die der Beobachtungen sein. In den vorliegenden Modellen liegt die Anzahl der zu schätzenden Regressionsparameter inklusive der Konstante in Modell I bei 20 und in Modell II bei 18. Die Beobachtungsanzahl liegt mit mindestens N=1.285 deutlich höher, weshalb diese Prämisse erfüllt ist. Die Modelle dieser Studie enthalten dichotome sowie metrisch skalierte unabhängige Variablen, wobei nur für letztere ein nichtlinearer Zusammenhang möglich wäre. Grundsätzlich werden für die interessierenden Variablen lineare Zusammenhänge angenommen. Ausschließlich zwei der fünf Kontrollgrößen bilden durch ihre Logtransformation einen nichtlinearen Zusammenhang ab. Bei beiden metrischen Moderatoren Multikanalwettbewerb und Marktdynamik wäre ein nichtlinearer Zusammenhang in Form einer quadratischen Funktion prinzipiell denkbar. Beispielsweise wäre eine progressive Entwicklung des positiven Effekts von Multikanalwettbewerb auf den Unternehmenserfolg bei Anstieg des Werts möglich.

Ein Modell kann mittels grafischer Inspektion oder polynomialer Regression auf Nichtlinearität hin geprüft werden (Backhaus et al. 2011; Klarmann 2008). Die visuelle Inspektion erfolgt durch die Betrachtung der Werte der abhängigen und unabhängigen Variablen in einem Streudiagramm, wobei die daraus resultierenden Punktwolken jedoch nicht immer ein bestimmtes Muster des Zusammenhangs erkennen lassen (Klarmann 2008). Abbildung 12 zeigt beispielhaft das Streudiagramm von Cashflow und der Interaktionsvariable (Kanalstrategie und Multikanalwettbewerb) und verdeutlicht, dass kein eindeutiges lineares oder nichtlineares Muster erkennbar ist. Darüber hinaus berücksichtigt eine solche Grafik weder eine Panelstruktur der Daten noch Kontrollvariablen, weshalb Klarmann (2008) die Anwendung polynomialer Regressionsverfahren empfiehlt.

Da für die vorliegenden Zusammenhänge quadratische Effekte denkbar erscheinen, werden diese mittels Einschluss der quadrierten, metrischen Moderatorvariable (z.B. Multikanalwettbewerb^2) und deren Interaktionsterm mit der unabhängigen Variable (z.B. Kanalstrategie*Multikanalwettbewerb^2) als zusätzliche Variablen im Modell überprüft. Die Ergebnisse dieser Regressionsanalysen weisen in sieben von acht Fällen nicht-signifikante Zusammenhänge bei einem Signifikanzniveau von $\alpha > 0{,}100$ auf (siehe Tabelle 17). Deshalb muss in diesen Fällen die Nullhypothese, es bestünde kein quadratischer Zusammenhang, angenommen werden. Der negative Zusammenhang zwischen der quadrierten Interaktionsvariable von Marktdynamik und Tobins Q ist hingegen mit einer Vertrauens-wahrscheinlichkeit von mindestens 99% als signifikant anzunehmen (p = 0,002; ß = -0,919), wonach die Nullhypothese nicht verworfen werden kann. In diesem Fall erscheint demzufolge eine nichtlineare Funktion zur Erklärung des Zusammenhangs empfehlenswert.

Abbildung 12: Streudiagramm von Cashflow und Kanalstrategie * Multikanalwettbewerb

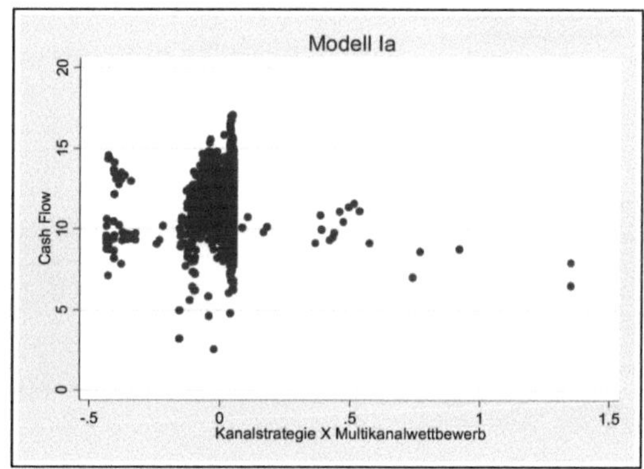

Quelle: Eigene Darstellung.

Soll nun eine nichtlineare Regression angewandt werden, birgt dies jedoch die Schwierigkeit, dass die tatsächliche funktionale Form nur explorativ identifiziert und nie vollständig als bestmögliche Schätzung bestimmt werden kann (Backhaus, Erichson und Weiber 2011; Klarmann 2008). Vor diesem Hintergrund und der Tatsache, dass für die Moderationsvariable von Marktdynamik in allen anderen Modellen kein Hinweis auf Nichtlinearität existiert, wird in dieser Studie der Empfehlung von Backhaus, Erichson und Weiber (2011) Folge geleistet und das lineare Regressionsmodell geschätzt.

5.2.4.3 Erwartungswert der Residuen

Das Regressionsmodell sollte alle Variablen enthalten, die einen systematischen Einfluss auf die abhängige Größe haben, so dass die Residuen nur rein zufällige Effekte auffangen, die sich im Mittel gegenseitig aufheben und deshalb einen Erwartungswert von null aufweisen (Backhaus et al. 2011). Gilt diese Annahme als verletzt, führt dies zu einer verzerrten Schätzung der Modellkonstante ($ß_0$). Ursache können systematische Messfehler sein, wenn zum Beispiel die abhängige Größe systematisch zu hoch oder zu niedrig gemessen wird (Backhaus et al. 2011). Auch das Fehlen wichtiger erklärender Variablen im Modell kann dazu führen, dass der Störterm nicht zufällig ist (Klarmann 2008). Die Inspektion der geplotteten Residuen und Schätzwerte der Abhängigkeit liefern Hinweise darauf, ob die Residuen im Mittel bei null liegen, weshalb Abbildung 13 diese Plots für alle vier Modelle der Untersuchung zeigt.

Abbildung 13: Streudiagramme der Residuen und Schätzwerte der abhängigen Variable

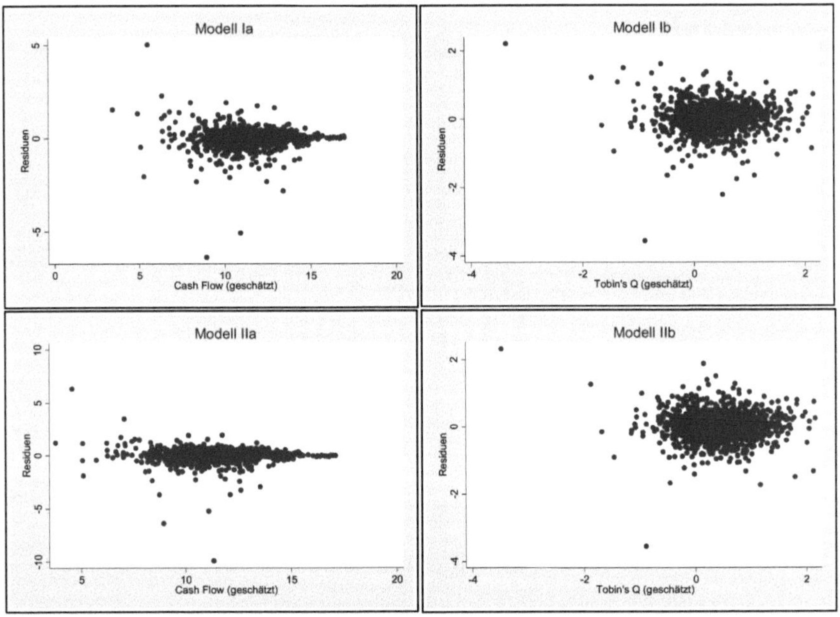

Quelle: Eigene Darstellung.

Die Streudiagramme lassen auf eine annähernd ausgeglichene Streuung der Residuen um den Wert 0 schließen. Zudem zwingt die in dieser Arbeit angewandte Kleinstquadrate-Methode den durchschnittlichen Wert der Residuen zu dem erwarteten Wert null, weshalb diesbezüglich keine Verzerrung der Ergebnisse anzunehmen ist (Backhaus et al. 2011).

5.2.4.4 Exogenität der unabhängigen Variablen und Residuen

Laut Exogenitätsannahme dürfen die unabhängigen Variablen nicht mit den Residuen korrelieren, also nicht endogen sein (Backhaus et al. 2011; Proppe 2007). Bei Verletzung der Annahme von Exogenität gilt der Schätzer der Funktion als verzerrt, was zu einem systematischen Fehler bei der Parameterschätzung führt (Proppe 2007). Mögliche Ursachen von Endogenität sind das Fehlen wichtiger erklärender Variablen, Messfehler, Simultanität, Autokorrelation bei verzögerten Variablen oder Selbstselektion (Murray 2006; Proppe 2007). Wenn relevante erklärende Variablen im Modell fehlen (engl. omitted variable bias), die die abhängige Variable und möglicherweise auch eine unabhängige Variable erklären, wird deren Einfluss vom Fehlerterm aufgefangen, so dass dieser folglich mit einer anderen erklärenden Größe korreliert (Wooldridge 2009). Außerdem können Messfehler, zum Beispiel die falsche Eingabe oder absichtliche Fälschung von Daten, Endogenität auslösen, indem der Fehlerterm auch in diesen Fällen die systematischen Fehler auffängt (Proppe 2007; Wooldridge 2009). Simultane Kausalität in den Variablen bezeichnet eine gegenseitige Abhängigkeit von Regressoren und Regressanden, so dass beide Variablen nicht strikt exogen sind, was den klassischen Fall von Endogenität darstellt (Proppe 2007). Autokorrelation kann bei der Verwendung von zeitverzögerten abhängigen Variablen Endogenität verursachen, indem der Fehlerterm mit den verzögerten endogenen Variablen korreliert (Proppe 2007). Nickell (1981) wies im Jahre 1981 auf dieses Endogenitätsproblem bei Einschluss einer zeitlich vorgelagerten abhängigen Größe und dem Fixed-Effects-Modell hin. Da das FE-Modell eine Abwesenheit von objektbezogenen Unterschieden annimmt, würde ein sogenanntes dynamisches Panelmodell dessen Annahme grundsätzlich widersprechen (Nickell 1981). Obwohl das vorliegende Modell nicht mittels FE-Panelanalyse geschätzt wird, wird es auf Endogenität und Autokorrelation geprüft, um diesen Fehler vollständig auszuschließen. Die letzte Ursache der Selbstselektion beruht auf dem Vorkommen von systematischer, anstatt zufälliger, Stichprobenziehung und ist auch als Stichprobenproblem bekannt. Dies kann beispielsweise auftreten, wenn die Auswahl der Stichprobe vom Regressanden oder von einem unbeobachteten Faktor abhängt, der einen Regressor und auch den Regressanden beeinflusst (Proppe 2007; Wooldridge 2009).

Zur Detektion von Endogenität eignet sich der Durbin-Wu-Hausman-Test, welcher mit einer durch Instrumentvariablen geschätzten Hilfsregression arbeitet (Davidson und MacKinnon 1989). In der vorliegenden Studie könnte zum Beispiel die unabhängige Variable der Kanalstrategie durch den Unternehmenserfolg, also Cashflow oder Tobins Q, beeinflusst werden, was Endogenität verursachen würde. Deshalb untersucht der Test die Kanalstrategievariable in beiden Modellen auf Endogenität. In einer ersten Stufe ist hierfür die Regression aller unabhängigen Variablen im Modell und möglicher Instrumentvariablen auf die zu untersuchende Variable, also die Kanalstrategievariable, erforderlich (Davidson und MacKinnon 1989). Als Instrumentvariablen verwendet die vorliegende Studie sämtliche Faktoren, die die Wahl einer Kanalstrategie beeinflussen könnten und zum Teil in bisheriger Multikanalliteratur behandelt wurden: die Ausrichtung als Generalist oder Spezialist (Min und Wolfinbarger 2005), die Ausrichtung als Luxushändler, die Anzahl an Submarken, die Anzahl der Ladengeschäfte (Balasubramanian 1998), das Unternehmensalter und die einzelnen Branchen entsprechend der zweistelligen SIC-Codes (Homburg, Vollmayr und Hahn 2014). Letztere sind Lebensmittel (SIC = 54), Automobil, Gas und Handwerk (SIC = 55), Kleidung und Accessoires (SIC = 56), Möbel und Einrichtung (SIC = 57) und sonstiges (SIC = 59) (Siccode.com 2014). Die Kategorie „Sonstiges" fungiert als Basiskategorie der effektcodierten Dummyvariablen und wird demzufolge nicht in das Modell mit aufgenommen. Außer der Zuordnung nach SIC-Codes wurden alle vorstehenden Variablen in einer Primärdatenerhebung durch Inhaltsanalyse (siehe Kapitel 5.1.1.2) mittels dem in Anhang C enthaltenen Anleitungsbogen erhoben.

Gemäß Durbin-Wu-Hausman-Methodik wird das Residuum dieser ersten Hilfsregression als zusätzliche unabhängige Variable in das Ursprungsmodell aufgenommen und auf ihren signifikanten Einfluss geprüft (Davidson und MacKinnon 1989). Tabelle 17 ist zu entnehmen, dass das Residuum in allen vier Modellen (Ia, Ib, IIa, IIb) keinen signifikanten Einfluss mit mindestens 90%iger Vertrauenswahrscheinlichkeit auf den Unternehmenserfolg hat ($\alpha >$ 0,100). Die Nullhypothese, wonach kein Zusammenhang bestünde, kann also nicht verworfen werden und Exogenität der unabhängigen Variable mit der Störgröße wird angenommen.

Der Durbin-Wu-Hausman-Test kann jedoch nicht überprüfen, ob Endogenität aufgrund eines Stichprobenfehlers, also einer systematischen Selbstselektion, vorliegt. Zur Überprüfung dieses Fehlers wird das Heckman-Zweistufenverfahren herangezogen (Heckman 1979). In einem ersten Schritt wird hierfür eine Selektionsgleichung geschätzt, bei der die Wahl der interessierenden unabhängigen Größe (Kanalstrategie) mit einem Probit-Modell geschätzt wird (Chen, Ganesan und Liu 2009; Heckman 1979). Anhand dieses Modells wird das inverse Mills-Ratio λ für die Beobachtungen berechnet, welches im zweiten Schritt als Korrektionsparameter für mögliche Selbstselektion fungiert (Chen, Ganesan und Liu 2009). In dieser Selektionsgleichung ist der Einschluss von mindestens einer Variablen erforderlich, die die Wahl der Kanalstrategie beeinflussen könnte, jedoch keinen direkten Einfluss auf die abhängige Variable des Ursprungsmodells, im vorliegenden Falle Unternehmenserfolg, hat (Hamilton und Nickerson 2003). Im zweiten Schritt des Testverfahrens wird das geschätzte inverse Mills-Ratio als zusätzliche Variable ins Ursprungsmodell der OLS-Regression zur Erklärung vom Unternehmenserfolg aufgenommen und mittels t-Test auf signifikanten Einfluss hin überprüft (Chen, Ganesan und Liu 2009). Die Nullhypothese nimmt hierbei an, dass keine endogene Selektion vorliegt, weshalb λ nicht signifikant sein sollte.

Als zusätzliche Variablen zur Erklärung einer Kanalstrategiewahl in der ersten Stufe des Tests finden dieselben Einflussgrößen Anwendung wie beim Durbin-Wu-Hausman-Test. Nur die Branchenvariablen werden nicht ins Modell aufgenommen, da diese zum Teil einen Einfluss auf die abhängige Größe haben und bei Dummy-Regressionen alle Dummyvariablen aufgenommen werden müssen, um auch die Basiskategorie abbilden zu können. Um die Verwendbarkeit der zusätzlichen Variablen zu prüfen, werden diese in die Regressionsmodelle als weitere Kontrollgrößen aufgenommen. Die Ergebnisse zur Signifikanz des Einflusses sind Tabelle 18 abzulesen.

Tabelle 18: Ergebnisse zum Einfluss zusätzlicher Variablen auf die abhängige Größe

Variable	Modell Ia		Modell Ib		Modell IIa		Modell Ib	
	Koeffizienten (Standardfehler)	p (z-Wert)	Koeffizienten (Standardfehler)	p (z-Wert)	Koeffizienten (Standardfehler)	p (z-Wert)	Koeffizienten (Standardfehler)	p (z-Wert)
Anzahl der Submarken	0,000 (0,011)	0,994 (0,01)	-0,004 (0,005)	0,451 (-0,75)	0,014* (0,008)	0,079 (1,76)	-0,003 (0,004)	0,448 (-0,76)
Anzahl der Ladengeschäfte	0,000 (0,000)	0,531 (0,63)	0,000 (0,000)	0,500 (0,67)	0,000 (0,000)	0,661 (5,26)	0,000 (0,000)	0,258 (1,13)
Firmenalter	0,000 (0,000)	0,555 (0,59)	-0,000 (0,001)	0,790 (-0,27)	-0,001** (0,000)	0,030 (-2,17)	-0,000 (0,000)	0,808 (-0,24)
Generalist	0,031* (0,017)	0,065 (1,84)	-0,037** (0,011)	0,001 (-3,32)	0,011 (0,013)	0,378 (0,88)	-0,012 (0,009)	0,184 (-1,33)
Luxushändler	0,002 (0,042)	0,972 (0,04)	0,029 (0,019)	0,127 (1,53)	0,075** (0,029)	0,009 (2,61)	0,006 (0,015)	0,678 (0,42)
*= signifikant mit p < 0,100; ** signifikant mit p < 0,050								

Quelle: Eigene Darstellung.

Entsprechend den Ergebnissen in der vorstehenden Tabelle weisen die Variablen in den unterschiedlichen Modellen teilweise einen signifikanten Einfluss auf die abhängige Größe auf. Diese Variablen werden folglich nicht im Heckman-Test des jeweiligen Modells berücksichtigt; alle im Test inkludierten Variablen sind hellgrau hinterlegt. In Tabelle 17 sind die Signifikanzwerte der inversen Mills-Ratio im Modell der zweiten Teststufe zu entnehmen. In allen vier Modellen kann die Nullhypothese aufgrund eines Signifikanzniveaus von $\alpha > 0{,}100$ nicht verworfen werden. Demnach wird keine endogene Selektion, also kein Stichprobenfehler, angenommen und die Modellprämisse der Exogenität gilt als erfüllt.

5.2.4.5 Homoskedastizität der Residuen

Als weitere Prämisse des linearen Regressionsmodells gilt die Homoskedastizität der Residuen, was bedeutet, dass die Streuung der Residuen über mehrere prognostizierte Werte konstant bleibt (Hair et al. 2010). Wenn diese Annahme nicht erfüllt ist und die Störgröße von den unabhängigen Variablen oder der Reihenfolge der Beobachtungen abhängt, führt dies zu einer verzerrten und ineffizienten Schätzung (Backhaus et al. 2011). Ursachen von heteroskedastischen Residuen können Messfehler oder bei Zeitreihendaten auch eine systematische Veränderung, zum Beispiel Vergrößerung, des Fehlers über den längeren Zeitraum sein (Backhaus et al. 2011). Auch diese Prämisse kann mittels visueller Inspektion der Residuen eines Regressionsmodells untersucht werden, indem die Residuen gegen die geschätzten Werte der abhängigen Variable geplottet werden (Backhaus et al. 2011). Zur Veranschaulichung sind in Abbildung 14 zwei beispielhafte Streudiagramme der prognostizierten Werte für Cashflow und der Residuen von den Modellen Ia und IIa dargestellt. Den Abbilddungen ist kein offensichtlicher Entwicklungstrend der Residuen abzulesen.

Abbildung 14: Beispielhafte Streudiagramme zur Detektion von Heteroskedastizität

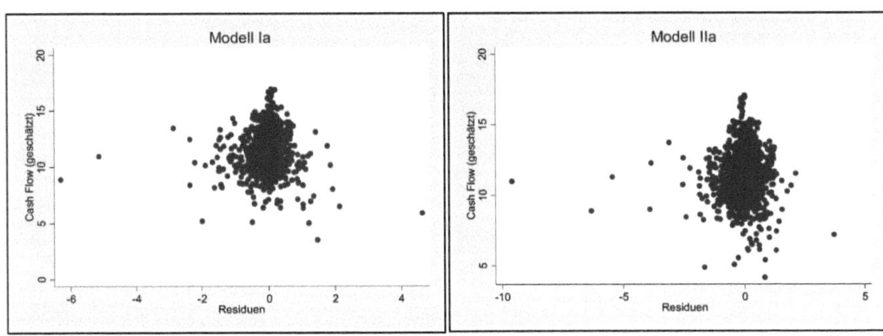

Quelle: Eigene Darstellung.

Allerdings kann anhand dieser Streudiagramme oft nur eine leichte Tendenz abgelesen werden und statistische Verfahren gelten grundsätzlich als verlässlicher. Da in dieser Studie ein Paneldatensatz vorliegt, wird das Modell mittels Likelihood-Ratio (LR)-Test auf Heteroskedastizität der Residuen geprüft (Greene 2012). Im Rahmen des Tests werden die Residuen unter Verwendung der Maximum-Likelihood-Methode (GLS) zunächst unter Annahme von Heteroskedastizität und darauffolgend unter Annahme von Homoskedastizität geschätzt. Im Anschluss sieht der Test einen Vergleich des Fits beider Modelle mittels X^2-Verteilung vor und gibt an, welches Modell wahrscheinlicher ist. Ist der X^2-Wert des Likelihood-Ratio-Tests signifikant, liegt Heteroskedastizität vor (Wooldridge 2010).

Wie den Signifikanzwerten der X^2-Ergebnisse in Tabelle 17 zu entnehmen ist, liegen bei den Modellen Ia, Ib und IIb homoskedastische Residuen vor. In Modell IIa jedoch muss Heteroskedastizität angenommen werden (p = 0,000; X^2 = 3042,71). Da die in dieser Studie verwendete Methodik der OLS-Regression mit panelkorrigierten Standardfehlern standardmäßig für heteroskedastische Residuen kontrolliert (Beck 2001), bleibt das Modell hinsichtlich dieser Prämisse effizient und unverzerrt.

5.2.4.6 Autokorrelation der Residuen

Autokorrelation oder auch serielle Korrelation bezeichnet die Abhängigkeit der Residuen im Modell, welche die Schätzung der Standardfehler verzerrt und zur Inneffizienz der Schätzung führt (Drukker 2003; Wooldridge 2009). Da bei Zeitreihen und Paneldaten ein und dieselben Objekte über längere Zeit analysiert werden und somit eine zeitlich nachgelagerte Größe von der vorgelagerten abhängig sein kann, ist eine Korrelation der Residuen wahrscheinlicher als in einem zeitpunktbezogenen Modell mit unterschiedlichen Objekten (Backhaus et al. 2011).

Eine visuelle Inspektion der Residuen wie in Abbildung 14 dargestellt, kann auch auf die Existenz von Autokorrelation hinweisen, z.B. wenn die Residuen sehr dicht beieinander liegen (Backhaus et al. 2011). Wooldridge (2010) hat darüber hinaus einen für Paneldaten geeigneten Test auf Autokorrelation entwickelt, der für FE- und RE-Modelle anwendbar ist und genaue Ergebnisse liefert (Drukker 2003). Weil der Test mit Differenzen der Variablen aus ihrer vorhergehenden Periode rechnet, ist die Entfernung von zeitverzögerten Variablen für den Test notwendig, wenn im Modell auch die Variable der darauffolgenden Periode enthalten ist (Drukker 2003). In der vorliegenden Studie werden für den Test demnach die zeitverzögerten abhängigen Variablen aus dem Modell entfernt. Schließlich überprüft der Wooldridge-Test mittels F-Test die Nullhypothese, dass keine Autokorrelation im empirischen Modell vorliegt (Wooldridge 2010). Die Testergebnisse in Tabelle 17 lassen auf eine Ablehnung der Nullhypothese mit einer Vertrauenswahrscheinlichkeit von mindestens 95% schließen, da das Signifikanzniveau zwischen 0,000 und 0,045 liegt. Es muss somit in allen vier Modellen eine Existenz von panelbezogener Autokorrelation angenommen werden. Zur Behebung der seriell korrelierenden Residuen und damit der verzerrten Schätzung der Standardfehler im Modell, eignet sich eine von Prais und Winsten vorgeschlagene Methodik, welche die autokorrelierten Residuen erster Ordnung berücksichtigt und um sie korrigiert (Prais und Winsten 1954; Wooldridge 2009). Die Berücksichtigung von Autokorrelation im Modell macht die Existenz des Nickell-Bias‘ neben der Nichtverwendung eines FE-Modells und den Tests auf Endogenität weiterhin obsolet.

5.2.4.7 Multikollinearität der unabhängigen Variablen

Eine weitere Prämisse des linearen Regressionsmodells ist die gegenseitige Unabhängigkeit der erklärenden Größen, das heißt, ein Regressor darf einen anderen nicht signifikant beeinflussen (Backhaus et al. 2011). Während die Schätzung bei perfekter Multikollinearität, also vollständiger Erklärung eines Regressors als lineare Funktion von anderen Regressoren, nicht mehr durchführbar ist, resultiert ein hoher Grad an Multikollinearität in verzerrten Standardfehlern (Backhaus et al. 2011). Ursachen können die fehlerhafte Auswahl der Variablen oder Messfehler sein. Variablen mit inhaltlicher Nähe können beispielsweise Multikollinearität verursachen, wenn sie nicht präzise und überschneidungsfrei gemessen werden. Darüber hinaus ist das Auftreten von Multikollinearität bei Überprüfung von Moderationseffekten wahrscheinlicher, weil in diesem Fall zwei Variablen und deren Produktterm in das gleiche Modell aufgenommen werden (Lance 1988).

Zur Überprüfung von Multikollinearität empfiehlt sich die Betrachtung der sogenannten Toleranz, beziehungsweise deren Kehrwert des Varianz-Inflations-Faktors (VIF) (Backhaus et al. 2011). Die Toleranz ergibt sich aus eins reduziert um das Bestimmtheitsmaß einer Hilfsregression, die eine unabhängige Variablen auf die restlichen unabhängigen Variablen regressiert (Backhaus et al. 2011). Zur Berechnung des Kehrwerts VIF wird eins durch die Toleranz dividiert. Ein höherer VIF-Wert zeigt demzufolge stärkere Multikollinearität an, wobei 10 häufig als Obergrenze betrachtet wird (Lance 1988). Die VIF-Werte in den vorliegenden Modellen lassen ausschließlich auf Multikollinearität im Modell Ia schließen (siehe Tabelle 17). Als Möglichkeiten zur Behebung von Multikollinearität kann der Forscher zwischen dem Entfernen von Variablen, der Verwendung von Faktoren im Anschluss an eine Faktorenanalyse und der Orthogonalisierung durch Residualzentrierung von Variablen wählen (Backhaus et al. 2011; Geldhof et al. 2013). Während das Entfernen von Variablen deren Untersuchung unmöglich macht, könnte die Verwendung von Faktoren anstelle der ursprünglichen Regressoren den Untersuchungsgegenstand verfehlen. Demzufolge eignet sich die Residualzentrierung, bei der der Produktterm (Moderatorvariable) auf seine zwei Bestandteile regressiert wird und nur der nicht erklärte Teil, also das Residuum, letztlich in das Ursprungsmodell aufgenommen wird (Geldhof et al. 2013; Lance 1988). Somit wird im Model Ia die Residualzentrierung angewqandt und es werden VIF-Werte unter 10 mit einem Maximalwert von 8,56 erzielt und Multikollinearität verzerrt das Modell in der Folge nicht.

5.2.4.8 Normalverteilung der Residuen

Die Annahme der Normalverteilung der Residuen muss nicht zwingend erfüllt sein, da die Schätzung auch ohne diese Annahme effizient und unverzerrt (BLUE) ist (Backhaus et al. 2011). Dennoch ist diese Prämisse insofern nicht irrelevant, als die Signifikanztests eine Normalverteilung aller Parameter im Modell unterstellen (Backhaus et al. 2011). Bei einer ausreichend großen zufälligen Stichprobe sollte eine Variable laut zentralen Grenzwertsatz der Statistik stets annähernd normalverteilt sein (Backhaus et al. 2011). Eine Ursache kann demzufolge eine nicht ausreichend große zufällige Stichprobe sein. Eine Möglichkeit zur Aufdeckung von Nicht-Normalverteilung ist die visuelle Inspektion der Residuen in einem Histogramm (Backhaus et al. 2011; Hair et al. 2010). Es werden abermals die Residuen inspiziert, da deren Verteilung auch auf die Verteilung der abhängigen Variable und der Regressionsparameter schließen lässt (Backhaus et al. 2011). Abbildung 15 stellt die Histogramme der Residuen in den vier geschätzten Modellen in einem Überblick dar.

Die visuelle Inspektion der Residuen mittels Histogramm weist in den Modellen Ia, Ib, IIa und IIb auf eine annähernde Normalverteilung hin. Die Literatur verweist darauf, dass selbst bei Nicht-Normalverteilung der Residuen die Schätzer normalverteilt sein können (Backhaus et al. 2011). Zudem wird diese Prämisse bei ausreichend großer Stichprobe mit mehr als 40 Beobachtungen hinfällig, da die Signifikanztests in dem Fall auch ohne Erfüllung der Annahme gültig sind (Backhaus et al. 2011; Greene 2012). Aufgrund der Mindestbeobachtungszahl von 1.285, der Mindestobjektzahl von 141 in der vorliegenden Studie und den Ergebnissen der visuellen Inspektion besteht schlussendlich kein statistisches Problem bezüglich der Normalverteilung der Residuen.

Abbildung 15: Histogramme der Residuen der Modelle Ia, Ib, IIa und IIb

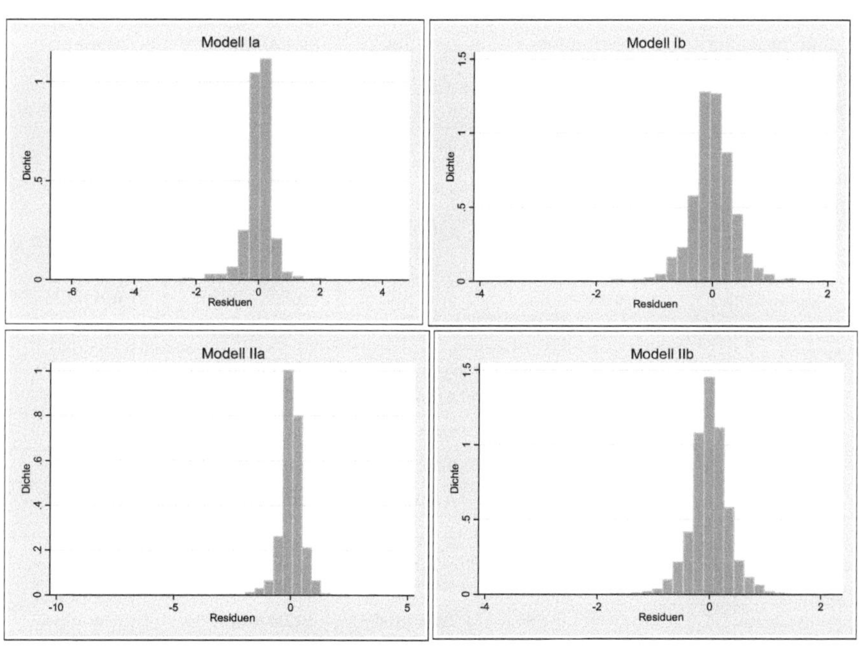

Quelle: Eigene Darstellung.

5.3 Ergebnisse der Hypothesentests

5.3.1 Überblick über die Ergebnisse

Nach ausführlicher Überprüfung der Modellprämissen wird sich im Folgenden den Ergebnissen hinsichtlich des konzeptuellen Modells gewidmet. Hierzu bedarf es der Betrachtung von Haupteffekten und Moderationseffekten der Kontingenzfaktoren auf die abhängigen Größen. Zusätzlich zu den Kontrollgrößen wurde die zeitlich vorgelagerte Erfolgsgröße (z.B. Cashflow im vorhergehenden Jahr) als weitere unabhängige Variable ins Modell aufgenommen. Die Ergebnisse der Regression mit panelkorrigierten Standardfehlern (PCSE) sind **Fehler! Verweisquelle konnte nicht gefunden werden.** zu entnehmen.

Tabelle 19: Ergebnisse der Paneldatenanalyse

	Model I: Multikanalhändler vs. Internethändler			
	a) Cashflow (N = 1.295; R^2 = 0,91)		b) Tobins Q (N = 1.285; R^2 = 0,58)	
	ß (Standardfehler)	p (z)	ß (Standardfehler)	p (z)
Abhängige Variable (t-1)	0,844 (0,048) **	0,000 (17,74)	0,711 (0,068)**	0,000 (10,48)
Multikanalstrategie (MK)	-0,103 (0,070)	0,139 (-1,48)	-0,092 (0,057)	0,106 (-1,62)
Differenzierung	0,008 (0,026)	0,747 (0,32)	-0,023 (0,019)	0,221 (-1,22)
Kostenführerschaft	0,020 (0,048)	0,672 (0,42)	0,084 (0,031)**	0,006 (2,75)
MK x Differenzierung	-0,029 (0,055)	0,603 (-0,52)	0,011 (0,042)	0,791 (0,26)
MK x Kostenführerschaft	0,066 (0,109)	0,549 (0,60)	-0,008 (0,049)	0,874 (-0,16)
Multikanalwettbewerb	0,025 (0,116)	0,833 (0,21)	-0,105 (0,062)*	0,087 (-1,71)
MK x Multikanalwettbewerb	0,609 (0,333)*	0,067 (1,83)	-0,100 (0,132)	0,449 (-0,76)
Produkttyp	-0,050 (0,039)	0,201 (-1,28)	-0,004 (0,024)	0,876 (-0,16)
MK x Produkttyp	0,161 (0,075)**	0,030 (2,17)	0,104 (0,052)**	0,045 (2,01)
Marktdynamik	0,006 (0,343)	0,986 (0,02)	0,503 (0,214)**	0,019 (2,35)
MK x Marktdynamik	0,245 (0,352)	0,487 (0,70)	-0,853 (0,206)**	0,000 (-4,14)
Kauffrequenz	-0,042 (0,020)**	0,041 (-2,04)	-0,056 (0,024)**	0,021 (-2,31)
MK x Kauffrequenz	0,081 (0,046)*	0,076 (1,77)	0,088 (0,031)**	0,005 (2,79)
Katalogvertrieb	-0,002 (0,019)	0,919 (-0,10)	-0,022 (0,014)	0,122 (-1,55)
Unternehmensgröße	0,264 (0,081)**	0,001 (3,25)	0,052 (0,016)**	0,001 (3,20)
Branchengröße	0,032 (0,028)	0,242 (1,17)	-0,043 (0,013)**	0,001 (-3,33)
Wettbewerbsintensität (HHI)	0,101 (0,136)	0,458 (0,74)	0,177 (0,124)	0,152 (1,43)
Internetpenetration	0,078 (0,185)	0,672 (0,42)	-0,026 (0,378)	0,944 (-0,07)
Konstante	1,978 (0,540)**	0,000 (3,66)	0,259 (0,088)**	0,003 (2,94)
** signifikant mit $\alpha < .05$; * signifikant mit $\alpha < .10$				

	Model II: Multikanalhändler vs. Ladengeschäftshändler			
	a) Cashflow (N = 2.067; R^2 = 0,87)		a) Cashflow (N = 2.067; R^2 = 0,87)	
	ß (Standardfehler)	p (z)	ß (Standardfehler)	p (z)
Abhängige Variable (t-1)	0,376 (0,087) **	0,000 (4,30)	0,773 (0,049)**	0,000 (15,87)
Multikanalstrategie (MK)	0,011 (0,025)	0,673 (0,42)	-0,011 (0,018)	0,539 (-0,61)
Differenzierung	0,024 (0,034)	0,487 (0,70)	-0,033 (0,017)*	0,052 (-1,94)
Kostenführerschaft	0,026 (0,039)	0,498 (0,68)	0,072 (0,026)**	0,005 (2,80)
MK x Differenzierung	0,032 (0,027)	0,241 (1,17)	0,030 (0,014)**	0,034 (2,12)
MK x Kostenführerschaft	-0,015 (0,028)	0,596 (-0,53)	-0,024 (0,020)	0,217 (-1,23)
Multikanalwettbewerb	-0,055 (0,083)	0,509 (-0,66)	-0,036 (0,049)	0,466 (-0,73)
MK x Multikanalwettbewerb	0,174 (0,084)**	0,020 (2,33)	-0,011 (0,051)	0,832 (-0,21)
Produkttyp	-	-	-	-
MK x Produkttyp	-	-	-	-
Marktdynamik	0,250 (0,110)**	0,022 (2,29)	-0,156 (0,070)**	0,026 (-2,23)
MK x Marktdynamik	0,011 (0,071)	0,879 (0,15)	-0,163 (0,073)**	0,026 (-2,23)
Kauffrequenz	-0,094 (0,024)**	0,000 (-3,97)	-0,016 (0,019)	0,391 (-0,88)
MK x Kauffrequenz	0,083 (0,017)**	0,000 (4,79)	0,002 (0,011)	0,989 (0,01)
Katalogvertrieb	-0,001 (0,021)	0,975 (-0,03)	-0,026 (0,013)*	0,051 (-1,96)
Unternehmensgröße	0,633 (0,088)**	0,000 (7,19)	0,012 (0,006)*	0,045 (2,01)
Branchengröße	0,001 (0,013)	0,948 (0,07)	-0,014 (0,010)	0,174 (-1,36)
Wettbewerbsintensität (HHI)	0,277 (0,108)**	0,010 (2,56)	0,154 (0,079)*	0,052 (1,94)
Internetpenetration	0,637 (0,215)**	0,003 (2,96)	-0,175 (0,237)	0,459 (-0,74)
Konstante	1,285 (0,233)**	0,000 (5,51)	-0,031 (0,076)	0,683 (-0,41)
** signifikant mit α < .05; * signifikant mit α < .10				

Quelle: Eigene Darstellung.

Wie erwartet, lassen die Ergebnisse auf keinen signifikanten Haupteffekt einer Kanalstrategie auf Cashflow oder Tobins Q schließen. Insgesamt wurden 10 der 12 Hypothesen bestätigt, wie Tabelle 20 im Überblick darstellt. Im Folgenden werden die Ergebnisse der Regressionsmodelle erläutert und mit Ergebnissen der Spotlight-Analyse ergänzt.

Tabelle 20: Vergleich der angenommenen und bestätigten Hypothesen

Hypothese & Moderator	Erwarteter Moderationseffekt mit Multikanalstrategie		Empirisch belegter Moderationseffekt mit Multikanalstrategie	
	a) Cashflow	b) Tobins Q	a) Cashflow	b) Tobins Q
HI 1b: Generische Strategie	n.a.	+	n.a.	x
HII 1b: Generische Strategie	n.a.	+	n.a.	✓
HI 2a: Multikanalwettbewerb	+	n.a.	✓	n.a.
HII 2a: Multikanalwettbewerb	+	n.a.	✓	n.a.
HI 3a,b: Produkttyp	+	+	✓	✓
HI 4b: Marktdynamik	n.a.	-	n.a.	✓
HII 4b: Marktdynamik	n.a.	-	n.a.	✓
HI 5a,b: Kaufhäufigkeit	+	+	✓	✓
HII 5a,b: Kaufhäufigkeit	+	+	✓	x

Quelle: Eigene Darstellung.

5.3.2 Ergebnisse zu dem unternehmensbezogenen Kontingenzfaktor

Als Kontingenzfaktor des Unternehmens wird die generische Strategie des Händlers betrachtet (siehe Kapitel 4.4.2). Die Ergebnisse weisen keinen signifikanten Moderationseffekt der generischen Strategie auf Tobins Q in Modell Ib auf ($\beta = 0{,}032$; $p = 0{,}241$), so dass Hypothese $H_{I\ 1b}$ nicht bestätigt wird. Bei Betrachtung von Modell IIb wird hingegen ein signifikant positiver Effekt einer Differenzierungsstrategie in Kombination mit einer Multikanalstrategie, mit einer Vertrauenswahrscheinlichkeit von mindestens 94%, deutlich ($\beta = 0{,}033$; $p = 0{,}052$). Die Hypothese $H_{II\ 1b}$ kann demzufolge angenommen werden. Eine Inspektion des Moderationseffekts im Rahmen der Spotlight-Analyse (siehe Kapitel 5.2.3) ergibt folgende Darstellung in Abbildung 16. Die Darstellung zeigt den gesteigerten Erfolg eines Unternehmens mit Differenzierungsstrategie, wenn es mehrere Vertriebskanäle anstelle von rein stationären Geschäften nutzt. Kostenführer hingegen sind auf lange Sicht geringfügig erfolgreicher, wenn sie bei dem einen Kanal der Ladengeschäfte bleiben.

Abbildung 16: Spotlight-Analyse zum Moderationseffekt der generischen Strategie

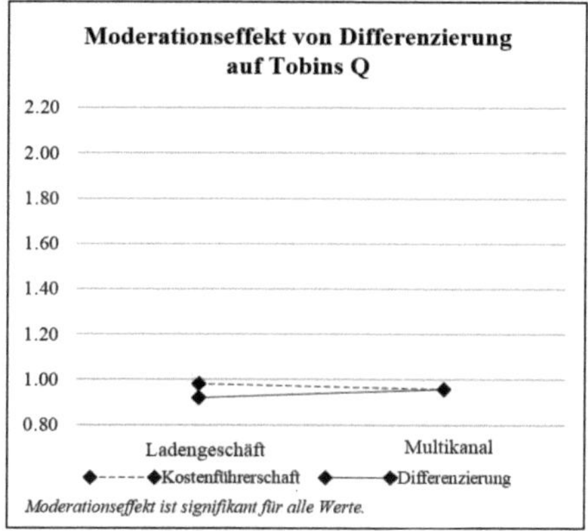

Quelle: Eigene Darstellung.

5.3.3 Ergebnisse zu dem wettbewerbsbezogenen Kontingenzfaktor

Die Hypothesen $H_{I\ 2a}$ und $H_{II\ 2a}$ beziehen sich auf den Moderationseffekt des Multikanalwettbewerbs und unterstellen, dass eine Multikanalstrategie bei hohem Multikanalwettbewerb den kurzfristigen Erfolg des Unternehmens steigert. Indem die Ergebnisse der vorliegenden Untersuchung signifikant positive Moderationseffekte auf Cashflow im Model I (β = 0,609; p = 0,067) und II (β = 0,174; p = 0,020) aufdecken, bestätigen sie die angenommenen Effekte. Die Hypothesen $H_{I\ 2a}$ und $H_{II\ 2a}$ gelten demnach als verifiziert.

Der Spotlight-Analyse (abgebildet in Abbildung 17) ist dementsprechend ein signifikant höherer Cashflow-Wert für Multikanalunternehmen zu entnehmen, je höher der durch Multikanalfirmen generierte Marktanteil einer Branche ist. Mit dem Ziel einer leichteren Ergebnisinterpretation wurden die Originalwerte der Variable als Mittelwert (MW) und Standardabweichung (Std.-Abw.) zur Darstellung in der Spotlight-Analyse gewählt, anstelle der Werte nach Mittelwertzentrierung. Der Interaktionseffekt in Modell I ist nur bis zu einem Level von 0,556, also 55,6% Multikanalwettbewerb, signifikant. Bei höherem Wert hat der Moderator keinen Einfluss auf das Erfolgspotenzial einer Kanalstrategie. Interessanterweise weisen die signifikanten Geraden eine abnehmende Steigung auf, so dass ein höherer Multikanalwettbewerb schlicht den niedrigeren Cashflow der Multikanalhändler reduziert. Die Internethändler sind im signifikanten Bereich stets erfolgreicher.

Beim Vergleich zwischen reinen Ladengeschäfts- und Multikanalhändlern wird wiederum deutlich, dass der Multikanalwettbewerb in einer Branche eine kritische Masse von 74,6% erreichen muss, um einen signifikanten Einfluss auf den Cashflow des Unternehmens auszuüben. Während ein Internethändler bei geringem Multikanalwettbewerb also einen höheren Cashflow erzielen kann als ein Multikanalhändler unter den gleichen Bedingungen, ist dies für einen durchschnittlichen Ladengeschäftshändler nicht zu erwarten.

Abbildung 17: Spotlight-Analyse zum Moderationseffekt des Multikanalwettbewerbs

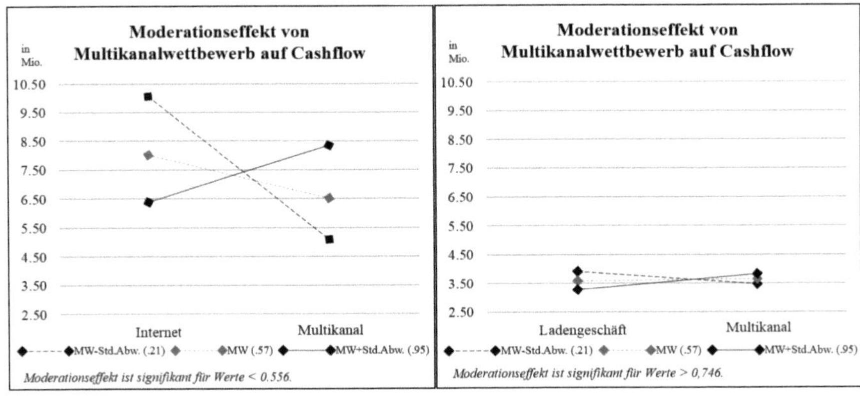

Quelle: Eigene Darstellung.

5.3.4 Ergebnisse zu den konsumentenbezogenen Kontingenzfaktoren

Die Hypothesen $H_{I\ 3a}$ und $H_{I\ 3b}$ unterstellen, dass eine Multikanalstrategie den Unternehmenserfolg kurz- und langfristig im Vergleich zu einer reinen Internetstrategie erhöht, wenn das Unternehmen überwiegend sensorische Produkte vertreibt. Die Ergebnisse bestätigen diesen Zusammenhang mit Blick auf Cashflow ($\beta = 0{,}161$; $p = 0{,}030$) und Tobins Q ($\beta = 0{,}104$; $p = 0{,}045$).

Abbildung 18: Spotlight-Analyse zum Moderationseffekt des Produkttyps

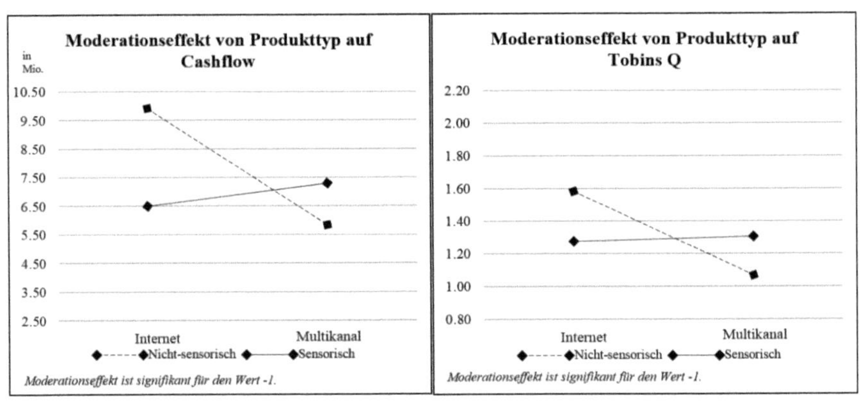

Quelle: Eigene Darstellung.

Die Ergebnisse der Spotlight-Analyse (siehe Abbildung 18) illustrieren ebenfalls, dass Cashflow und Tobins Q für Multikanalhändler, die sensorische Produkte vertreiben, höher liegen als für Multikanalhändler mit nicht-sensorischen Produkten. Demgegenüber erzielen reine Internethändler mit nicht-sensorischen Produkten einen größeren Erfolg, welcher sogar über dem durchschnittlichen Erfolg der Multikanalhändler mit sensorischen Gütern liegt. Mit Blick auf Tobins Q wird im Besonderen deutlich, dass Händler mit sensorischen Gütern ihren Langzeiterfolg durch eine Multikanalstrategie kaum oder nur sehr marginal steigern können, reine Internethändler mit nicht-sensorischen Produkten sollten hingegen unbedingt bei ihrer Einkanalstrategie bleiben.

Des Weiteren bestätigen die Ergebnisse der Regressionsanalyse die Hypothesen $H_{I\ 4b}$ und $H_{II\ 4b}$, wonach eine Multikanalstrategie zu einem niedrigeren Tobins Q führt, wenn in der Branche eine hohe Marktdynamik herrscht. Dieser Effekt ist im Vergleich zur reinen Internet- (β = -0,853; p = 0,000) oder Ladengeschäftsstrategie (β = 0,163; p = 0,026) signifikant mit einer Vertrauenswahrscheinlichkeit von mindestens 97%. Abbildung 19 veranschaulicht die unterschiedlichen Zusammenhänge je nach Art der Einkanalstrategie. Als niedrigen Wert der Marktdynamik weisen die Grafiken das Minimum von 0 aus, weil der Mittelwert abzüglich der Standardabweichung einen realistischen Wert geringfügig unterschreiten würde.

Abbildung 19: Spotlight-Analyse zum Moderationseffekt der Marktdynamik

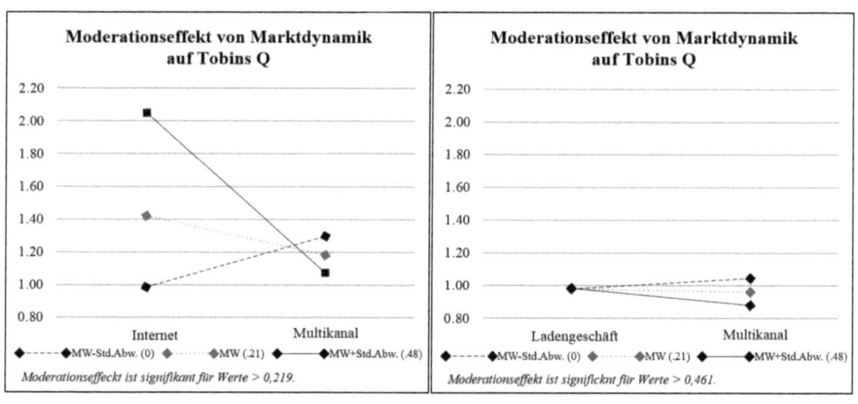

Quelle: Eigene Darstellung.

Zwar ist in beiden Modellen ein negativer Effekt der Multikanalstrategie auf Tobins Q bei hoher Marktdynamik zu verzeichnen, die Marktdynamik ist jedoch insbesondere für reine Internethändler bedeutend, nicht aber für rein stationäre Händler. So erzielen Internethändler ein höheres Tobins Q, wenn sie in einem Markt mit dynamischem Konsumentenverhalten aktiv sind, für Multikanalhändler ist demgegenüber ein wenig dynamischer Markt vielversprechender. Für rein stationäre Händler aber ist die Marktdynamik weniger relevant, da sie kaum Erfolgsunterschiede auslöst. Multikanalhändler hingegen sollten der Marktdynamik ab einem Level von 0,461 Beachtung schenken, da sie ausschlaggebend für den Langzeiterfolg der Strategie sein kann. Im Vergleich zum Internethandel kann die Marktdynamik ab einem Wert von 0,219 relevant sein.

Abbildung 20: Spotlight-Analyse zum Moderationseffekt der Kauffrequenz

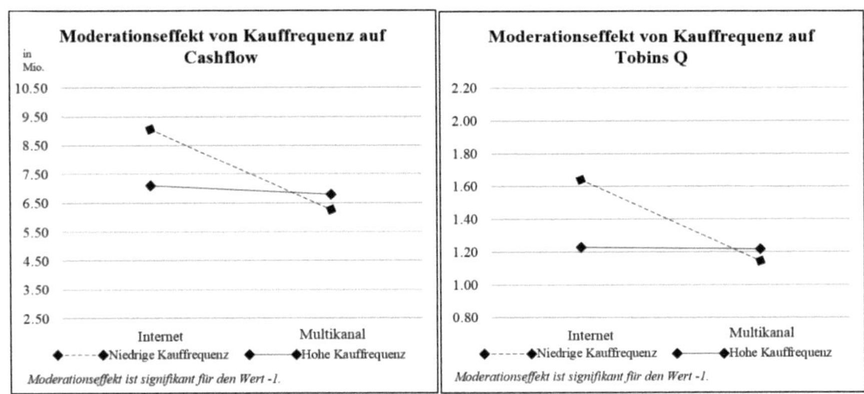

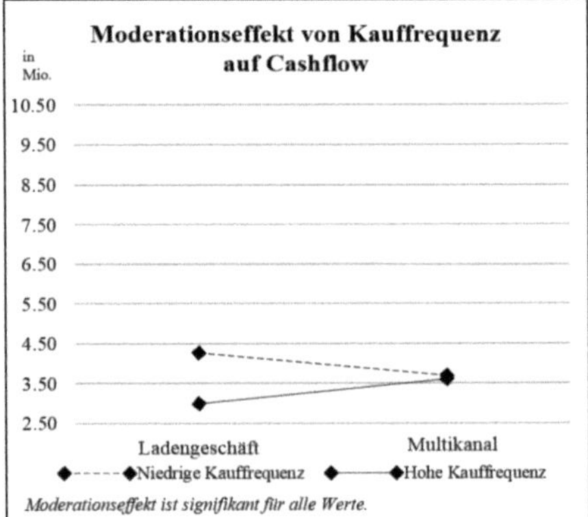

Quelle: Eigene Darstellung.

Als weitere Größe des Konsumentenmarkts wurde die Kauffrequenz der Güter eines Händlers betrachtet. Die Hypothesen $H_{I\ 5a,b}$ und $H_{II\ 5a,b}$ unterstellen diesbezüglich einen positiven Moderationseffekt der Kauffrequenz, so dass eine Multikanalstrategie auf kurze und lange Sicht bei hoher Kauffrequenz der Konsumenten erfolgreicher ist. Die Ergebnisse der Panelregression bestätigen die Hypothesen $H_{I\ 5a}$ (β = 0,081; p = 0,076), $H_{I\ 5b}$ (β = 0,088; p = 0,005) und $H_{II\ 5a}$ ($\beta = 0{,}083$; $p = 0{,}000$). Hypothese $H_{II\ 5b}$ kann in dieser Untersuchung nicht belegt werden ($\beta = 0{,}002$; $p = 0{,}891$).

Wie Abbildung 20 zu entnehmen ist, ist der Moderationseffekt bei den Modellen I und II unterschiedlich zu interpretieren. Die Spotlight-Analyse für Modell I veranschaulicht, dass der positive Moderationseffekt von dem strategischen Fit einer Internetstrategie und Produkten mit niedriger Kauffrequenz stammt, insofern als der Effekt nur für diese Ausprägung signifikant ist (Wert = -1). Somit spielt es für einen Händler mit Produkten hoher Kauffrequenz kaum eine Rolle, ob er diese nur über den Internetkanal oder über mehrere Kanäle vertreibt. Ist der Händler jedoch ein Multikanalhändler, kann dieser seinen kurz- und langfristigen Erfolg minimal steigern, indem er Produkte mit hoher Kauffrequenz vertreibt. Demgegenüber sind in Modell II die Steigungsgeraden beider Kategorien (niedrige und hohe Kauffrequenz) signifikant. Dementsprechend besteht ein strategischer Fit zwischen niedriger Kauffrequenz und einer Ladengeschäftsstrategie und hoher Kauffrequenz in Kombination mit einer Multikanalstrategie, welcher den kurzfristigen Erfolg in beiden Fällen erhöht. Generell kann mit einer rein stationären Strategie und Produkten mit niedriger Kauffrequenz der höchste Cashflow erzielt werden, wohingegen er bei dieser Einkanalstrategie und einer hohen Kauffrequenz am niedrigsten ist.

5.4 Robustheitstests

Die Ergebnisse eines statistischen Tests sollten unter unterschiedlichen Bedingungen möglichst glaubwürdig und stabil sein (White und Lu 2010). Demnach bezeichnet die Robustheit eines Modells dessen Fähigkeit einer einigermaßen stabilen Schätzung, auch wenn die Annahmen des statistischen Modells zum Teil nicht erfüllt sind (Hair et al. 2010). Zur Überprüfung der Robustheit eines empirischen Modells empfiehlt die Literatur den Vergleich der Ergebnisse mit Adaptionen dieses Modells (z.B. Homburg, Vollmayr und Hahn 2014; Kushwaha und Shankar 2013; Lee und Grewal 2004). Häufig wird hierfür die Anzahl der Regressoren variiert oder das Modell mit unterschiedlichen Stichproben getestet (White und Lu 2010). Der folgende Abschnitt ist den Robustheitstests der vier statistisch geprüften Modelle aus Kapitel 5.3 gewidmet, wobei zunächst weitere Kontrollgrößen in das Modell aufgenommen und nachfolgend die Modelle mit Teilstichproben getestet werden.

Als zusätzliche Kontrollgrößen werden den Modellen die folgenden fünf Faktoren aus bisherigen Studien der Multikanalforschung hinzugefügt: Anzahl der Ladengeschäfte (Balasubramanian 1998), Branchentyp (Homburg, Vollmayr und Hahn 2014), finanzielle Ressourcen (Lee und Grewal 2004), Interneterfahrung (Lee und Grewal 2004) und die Reihenfolge des Hinzufügens vom Internetkanal (Geyskens, Gielens und Dekimpe 2002). Die Anzahl der Ladengeschäfte in den USA am Ende eines Jahres wurde der Compustat-Datenbank entnommen. Der Branchentyp wird durch die zweistelligen SIC-Codes repräsentiert, indem Dummyvariablen der Branchenkategorien in das Modell aufgenommen werden (Homburg, Vollmayr und Hahn 2014). Die Kategorie „Sonstiges“ fungiert als Basiskategorie und wird deshalb vom Modell ausgeschlossen. Die finanziellen Ressourcen werden durch das Nettoumlaufvermögen im Verhältnis zum Gesamtvermögen repräsentiert, entnommen aus der Compustat-Datenbank (Lee und Grewal 2004). Als Interneterfahrung wird die Anzahl der Jahre betrachtet, die der Händler das Internet als Kommunikationskanal nutzt (Lee und Grewal 2004). Wenn ein Händler diesem Kanal die Distributionsfunktion hinzufügt, werden die Jahre in der Variable weitergezählt. Die Reihenfolge des Hinzufügens eines Internetkanals bezieht sich hingegen ausschließlich auf die Distribution über diesen Kanal. Hierbei werden die Händler in einer Branche gemäß des vierstelligen SIC-Codes in eine Reihenfolge gebracht, wobei der Händler, welcher zuerst über das Internet verkaufte, an erster Stelle steht, also die Codierung 1 erhält (Geyskens, Gielens und Dekimpe 2002).

Bei Hinzufügen dieser Variablen und deren Moderationsvariablen als Kontrollgrößen in den vier statistischen Modellen bleiben alle bisherigen signifikanten Effekte stabil. Im Modell Ia sind die Moderationseffekte von Multikanalwettbewerb (β = 0,740; p = 0,039), Produkttyp (β = 0,197; p = 0,027) und Kauffrequenz (β = 0,145; p = 0,002) weiterhin signifikant positiv. Im Modell Ib bleibt der Effekt von Marktdynamik signifikant negativ (β = -0,852; p = 0,000), wobei Produkttyp (β = 0,122; p = 0,003) und Kauffrequenz (β = 0,142; p = 0,000) den erwarteten positiven Effekt aufzeigen. Der hypothetisierte positive Moderationseffekt einer Differenzierungsstrategie bleibt auch in diesem Modell unbestätigt (β = 0,052; p = 0,257). Im Modell IIa moderieren der Multikanalwettbewerb (β = 0,178; p = 0,042) und die Kauffrequenz (β = 0,087; p = 0,000) die Beziehung zwischen der Kanalstrategie und dem Cashflow weiterhin positiv. Schließlich bleiben auch die Effekte einer Differenzierungsstrategie (β = 0,030; p = 0,021) und der Marktdynamik (β = -0,158; p = 0,015) im Modell IIb stabil. In diesem Modell bleibt auch der Effekt der Variable Kauffrequenz nicht signifikant (β = 0,002; p = 0,840).

Als weiterer Robustheitstest gilt die Betrachtung der Ergebnisse mit Teilstichproben, bei denen einerseits eine bestimmte Produktkategorie aus der Stichprobe entfernt und andererseits nur die Fälle mit Kanalerweiterung betrachtet wurden. Es besteht die Wahrscheinlichkeit, dass manche Händler der Kategorie Waren- und Kaufhäuser einen Großteil ihrer Umsätze über sensorische Produkte anstatt über nicht-sensorische Produkte, wie im Modell angenommen, erzielen. Demzufolge erscheint die Überprüfung der Modellergebnisse bei Ausschluss dieser Branche naheliegend und führt zu den folgenden Ergebnissen mit Blick auf alle vier Modelle: Die Moderationseffekte von Multikanalwettbewerb (β = 0,615; p = 0,064), Produkttyp (β = 0,167; p = 0,026) und Kauffrequenz (β = 0,088; p = 0,070) bleiben signifikant positiv im Modell Ia. Im Modell Ib treten dieselben signifikanten Effekte für Produkttyp (β = 0,104; p = 0,045), Marktdynamik (β = -0,847; p = 0,000) und Kauffrequenz (β = 0,086; p = 0,008) auf und die generische Strategie bleibt nicht-signifikant (β = 0,011; p = 0,774). Multikanalwettbewerb (β = 0,211; p = 0,014) und Kauffrequenz (β = 0,108; p = 0,000) weisen signifikante Effekte in Modell IIa auf. Auch die Moderationseffekte einer Differenzierungsstrategie (β = 0,033; p = 0,015) und der Marktdynamik (β = -0,160; p = 0,028) im Modell IIb bleiben signifikant und der Effekt der Kauffrequenz nicht-signifikant (β = -0,001; p = 0,898).

Darüber hinaus wurde in der bisherigen Forschung überwiegend ein bestimmter Fall von Kanalerweiterungen betrachtet, bei welchem ein traditioneller stationärer Händler das Internet als Distributionskanal hinzufügt. Dies ist historisch bedingt der häufigste Fall und repräsentiert auch in der vorliegenden Stichprobe die Mehrheit (siehe Kapitel 5.1.3.1). Aus diesem Grund sollen die Ergebnisse des Modells auch auf ihre Stabilität hin geprüft werden, indem die Effekte in Modell II ausschließlich für die Unternehmen betrachtet werden, die als stationäre Händler einen Internetkanal hinzugefügt und beibehalten haben. Dieser Robustheitstest zeigt, dass der Interaktionseffekt einer Multikanalstrategie und des Multikanalwettbewerbs (β = 0,121; p = 0,077) sowie der Kauffrequenz (β = 0,048; p = 0,008) stets signifikant positiv sind. Auch in Modell IIb bleiben die Ergebnisse zum Moderationseffekt einer Differenzierungsstrategie (β = 0,034; p = 0,036), Marktdynamik (β = -0,173; p = 0,036) und Kauffrequenz (β = 0,006; p = 0,691) robust. Schließlich weisen alle empirischen Ergebnisse auch bei den Teilstichproben vergleichbare Effekte auf. Die vorliegenden Robustheitstests stützen demnach die Stabilität der Ergebnisse in der vorliegenden Studie und zeigen damit, dass diese haltbar und verlässlich sind.

5.5 Weiterführende Ergebnisse

Die Berücksichtigung von weiterführenden Ergebnissen erscheint zum einen sinnvoll, um das Verständnis der vorliegenden Ergebnisse zu vertiefen, und zum anderen, um die Generalisierbarkeit und die Realitätsnähe des konzeptuellen Modells zu überprüfen.

5.5.1 Identifikation von idealen und nicht-idealen Fällen

Die Validierung des konzeptuellen Modells liefert aufschlussreiche Ergebnisse dazu, unter welchen Bedingungen ein Handelsunternehmen mit einer bestimmten Kanalstrategie erfolgversprechend ist. Es wird daraus jedoch nicht ersichtlich, wie realistisch ein Vorkommen dieser Bedingungen ist und wie erfolgreich Firmen in einer idealen oder ungünstigen Konstellation voraussichtlich sein werden. Mit dem Ziel, Aufschluss über diese Fragestellungen zu geben, werden im Folgenden die Anzahl an Firmen in der Stichprobe mit idealen (Best Cases) und mit ungünstigsten Bedingungen (Worst Cases) analysiert und anschließend deren durchschnittlich erwarteter Erfolg prognostiziert.

Um ideale und ungünstige Konfigurationen zu identifizieren, werden die Ausprägungen der signifikanten Moderatoren und die dazugehörige ideale Kanalstrategie des jeweiligen Panelmodells herangezogen. Beispielsweise wäre laut Ergebnissen des Modells eine reine Internetstrategie hinsichtlich des Cashflows ideal bei niedrigem Multikanalwettbewerb, niedriger Kauffrequenz und nicht-sensorischen Produkten. Während dies bei kategorialen Variablen (z.B. generische Strategie, Produkttyp) durch die Wahl der entsprechenden Kategorie simpel umzusetzen ist, erfordert es bei den metrischen Variablen Multikanalwettbewerb und Marktdynamik deren Dichotomisierung und damit das Festsetzen einer Grenze zur Unterscheidung von idealer oder nicht-idealer Ausprägung. Eine Dichotomisierung von metrisch skalierten unabhängigen oder moderierenden Variablen ist, aufgrund des damit einhergehenden hohen Informationsverlusts und verringerter statistischer Verlässlichkeit, im Allgemeinen nicht wünschenswert (Irwin und McClelland 2003). Die moderierte Regressionsanalyse wurde deshalb mit den metrischen Variablen durchgeführt; zu dem Zweck der Unterscheidung von zwei Gruppen von Unternehmen stellt die Dichotomisierung jedoch die einzig sinnvolle Methodik dar. Hierfür bietet sich die bei der Spotlight-Analyse identifizierte Signifikanzgrenze an (siehe Kapitel 5.3.3 und 5.3.4), da diese den Schwellenwert eines zu erwartenden Effekts angibt.

Die Aufmerksamkeit gilt zunächst der Analyse von Idealkonfigurationen, da eine Orientierung an erfolgreichen Unternehmen stets hilfreich sein kann und die Fragestellung beantwortet werden soll, inwiefern solche Idealfälle generell realistisch sind. Tabelle 21 fasst zu diesem Zweck die Anzahl der Firmen und Beobachtungen mit Idealkonfiguration bezüglich der unterschiedlichen Kanalstrategien zusammen und gibt jeweils ein Beispiel aus der Stichprobe wider. Die hohe Anzahl von vorhandenen Multikanalfirmen mit Idealkonfiguration, welche je nach Modell von 41 bis 88 Unternehmen reicht, verdeutlicht die Realitätsnähe einer solchen idealen Kombination. Die Beobachtungsanzahl schwankt hierbei, weil sich die Kontingenzfaktoren über die Zeit auch verändern können und damit für die einzelnen Unternehmen nicht immer dauerhaft gelten. Insgesamt existieren mehr Unternehmen, die mindestens ein Kriterium erfüllen, jedoch werden im Folgenden nur die Zahlen der idealen oder nicht-idealen Konfiguration als Extremfälle ausgewiesen.

Tabelle 21: Anzahl und Beispiele von Idealkonfigurationen

Modell Ia – Cashflow		Modell Ib – Tobins Q	
Best Case Multikanal 41 Unternehmen (28%) (311 Beobachtungen) z.B: HOT TOPIC	Best Case Internet* 1 Unternehmen (0,1%) (7 Beobachtungen) z.B: Nutrisystem	Best Case Multikanal 42 Unternehmen (29%) (323 Beobachtungen) z.B: NORDSTROM	Best Case Internet* 3 Unternehmen (21%) (12 Beobachtungen) z.B: blue nile.
* Aufgrund fehlender Beobachtungen nur 2 der 3 Bedingungen erfüllt (Produkttyp und Multikanalwettbewerb).		* Aufgrund fehlender Beobachtungen nur 2 der 3 Bedingungen erfüllt (Produkttyp und Kauffrequenz).	
Modell IIa – Cashflow		**Modell IIb – Tobins Q**	
Best Case Multikanal 74 Unternehmen (51%) (486 Beobachtungen) z.B: Office DEPOT	Best Case Ladengeschäfte 47 Unternehmen (35%) (363 Beobachtungen) z.B: GROUP 1 AUTOMOTIVE	Best Case Multikanal 88 Unternehmen (61%) (753 Beobachtungen) z.B: Harris Teeter	Best Case Ladengeschäfte 7 Unternehmen (0,1%) (18 Beobachtungen) z.B: HIBBETT SPORTS

Quelle: Eigene Darstellung.

Ein Beispiel für die Maximierung des kurzfristigen Erfolgs einer Multikanalstrategie im Vergleich zur Internetstrategie stellt das Unternehmen Hot Topic Inc. dar. Als Unternehmen der Kleidungsbranche verkauft es überwiegend sensorische Güter mit hoher Kauffrequenz, ist in einer Branche mit zunehmendem Multikanalwettbewerb aktiv und selbst seit 1998 ein Multikanalhändler. Nordstrom ist ebenso ein Unternehmen der Kleidungsbranche, verkauft seine Produkte seit 1999 über mehrere Kanäle und ist in einem in den USA weniger dynamischen Markt tätig. Es repräsentiert ein Unternehmensbeispiel in einer Idealkombination für den Langzeiterfolg. Im Vergleich zu rein stationären Händlern sind Office Depot Inc. hinsichtlich des Cashflow-Erfolgs und Harris Teeter Supermarkets Inc. hinsichtlich des Tobins Q-Erfolgs zu nennen. Während Office Depot Inc. Büromaterial und Schreibwaren vertreibt, ist Harris Teeter auf Lebensmittel und Pharmazieprodukte spezialisiert. Beide Produktkategorien sind durch eine hohe Kauffrequenz gekennzeichnet (siehe Kapitel 5.1.2). Während für den kurzfristigen Erfolg zudem der hohe Multikanalwettbewerb in der Büro- und Schreibwarenbranche relevant ist, gilt der Lebensmittelmarkt aufgrund der weniger starken Anfälligkeit für Krisen als relativ stabil. Harris Teeter verfolgt zudem eine Differenzierungsstrategie, die sich durch hohe Qualität der Produkte, Orientierung an der Kundenbindung und starke regionale

Präsenz passend zum Slogan „Your Neighborhood Food Market" äußert (Ruddick Corp 2011).

Bei den idealen Internethändlern ist zu beachten, dass diese nur zwei von drei Bedingungen der Kontingenzfaktoren erfüllen, da in der Stichprobe kein Fall mit idealer Kombination aller drei Faktoren vorliegt. Auch die Anzahl der Internethändler mit idealen Rahmenbedingungen von zwei Faktoren ist relativ niedrig. Ursache könnte das vergleichsweise junge Alter des Kanals sein, wonach sich der Internethandel erst seit 1995 mit der Gründung von Amazon.com verbreitet hat und immer noch in der Entwicklung steckt (Rosenbloom 2013). Als einziges Idealbeispiel hinsichtlich des kurzfristigen Erfolgs gilt Nutrisystem Inc., welches die Kriterien des Vertriebs nicht-sensorischer Produkte (Diät-Lebensmittel und Diätpläne) und des geringen Multikanalwettbewerbs in den Jahren 2001 und 2002 erfüllt. Blue Nile Inc. repräsentiert als Online-Juwelier demgegenüber ein Beispiel für den langfristigen Erfolg einer Internetstrategie, weil das Unternehmen nicht-sensorische Güter mit niedriger Kauffrequenz vertreibt.

Rein stationäre Händler mit einer idealen Konfiguration sind beispielsweise der Automobilhändler Group 1 Automotive Inc. und der Sportartikelhändler Hibbett Sports Inc. Von 1998 bis 2012 liegt der Multikanalwettbewerb in der Automobilhandelsbranche unter dem Schwellenwert von 74,6%. Zudem verkauft das Unternehmen Automobile und Autozubehör, was von Konsumenten weniger häufig gekauft wird. Auch Sportgeräte weisen eine niedrige Kauffrequenz auf. Ausschlaggebend ist in diesem Fall jedoch, dass Hibbett Sports Inc. in einem dynamischen Markt aktiv ist und anstelle einer Differenzierungs- eine Hybridstrategie verfolgt, was zur rein stationären Strategie besser passt als zur Multikanalstrategie. So spricht das Unternehmen in seinen Geschäftsberichten von der Kombination von Service- und Markenangeboten mit einer starken Kostenreduktion (Hibbett Sports Inc. 2011).

Zusätzlich zur Betrachtung von Idealfällen kann eine Begutachtung von ungünstigen Fällen helfen, aus den Fehlern dieser Unternehmen zu lernen. Deshalb sind die Anzahl solcher Fälle in der Stichprobe und Beispiele in der folgenden Tabelle 22 zusammengefasst. In Anbetracht der Multikanalfälle wird deutlich, dass es offensichtlich mehr Idealfälle als ungünstige Fälle in der Stichprobe gibt, was bei den Einkanalstrategien nicht zu beobachten ist. Ein Worst Case stellt einen Fall dar, bei dem für alle betrachteten Kontingenzfaktoren die ungünstige Ausprägung vorliegt, zum Beispiel bei einer Multikanalstrategie eine niedrige Kauffrequenz.

Bei den aufgezeigten Beispielen sollte bedacht werden, dass diese Fälle nicht alle erfolglos sind, da sie nur ein Beispiel aus einem Pool von ungünstigen Fällen darstellen und sich auch nur zeitweise in ungünstigen Konstellationen befinden können. Jedoch würde für sie auf Basis der Ergebnisse des Panelmodells ein durchschnittlich schlechterer Erfolg erwartet werden. Beispielhafte Worst Cases hinsichtlich des kurzfristigen Erfolgs einer Multikanalstrategie, im Vergleich zur Internetstrategie, stellen Vitamin Shoppe Inc. und iParty Corp. dar. Fünf Jahre seiner Unternehmensaktivität hat Vitamin Shoppe als Lebensmittel-Multikanalhändler in einem Markt mit wenig Multikanalwettbewerb seine überwiegend nicht-sensorischen Produkte verkauft. Die iParty Corp. repräsentiert ein Unternehmen der Branche Bastelzubehör, Spielzeug und Spiele, welche durch nicht-sensorische Produkte mit niedriger Kauffrequenz geprägt ist. Eine reine Internetstrategie wäre demzufolge empfehlenswerter für das Unternehmen, stattdessen war es 13 Jahre diesen ungünstigen Rahmenbedingungen ausgesetzt.

Tabelle 22: Anzahl und Beispiele von ungünstigen Konfigurationen

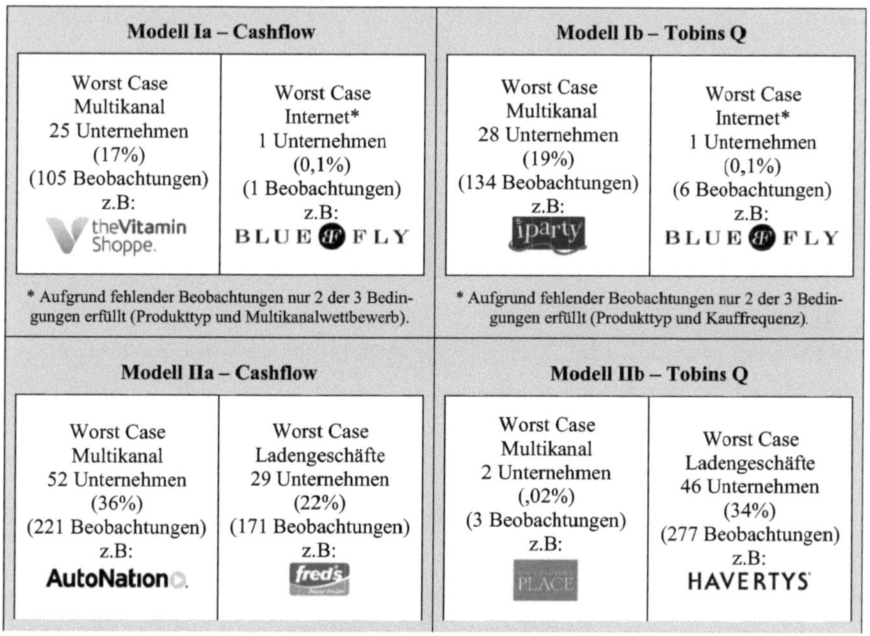

Modell Ia – Cashflow		Modell Ib – Tobins Q	
Worst Case Multikanal 25 Unternehmen (17%) (105 Beobachtungen) z.B: theVitamin Shoppe.	Worst Case Internet* 1 Unternehmen (0,1%) (1 Beobachtungen) z.B: BLUE FLY	Worst Case Multikanal 28 Unternehmen (19%) (134 Beobachtungen) z.B: iparty	Worst Case Internet* 1 Unternehmen (0,1%) (6 Beobachtungen) z.B: BLUE FLY
* Aufgrund fehlender Beobachtungen nur 2 der 3 Bedingungen erfüllt (Produkttyp und Multikanalwettbewerb).		* Aufgrund fehlender Beobachtungen nur 2 der 3 Bedingungen erfüllt (Produkttyp und Kauffrequenz).	
Modell IIa – Cashflow		**Modell IIb – Tobins Q**	
Worst Case Multikanal 52 Unternehmen (36%) (221 Beobachtungen) z.B: AutoNation	Worst Case Ladengeschäfte 29 Unternehmen (22%) (171 Beobachtungen) z.B: fred's	Worst Case Multikanal 2 Unternehmen (,02%) (3 Beobachtungen) z.B: PLACE	Worst Case Ladengeschäfte 46 Unternehmen (34%) (277 Beobachtungen) z.B: HAVERTYS

Quelle: Eigene Darstellung.

Im Vergleich zur reinen Ladengeschäftsstrategie stellen Autonation Inc. und Children's Place Retail Stores ungünstige Fälle für Multikanalhändler dar. Als Autohändler verkaufte Autonation 15 Jahre Produkte mit niedriger Kauffrequenz in einem Markt mit wenig Multikanalwettbewerb. Children's Place ist eine Handelskette für Kinderkleidung, die eine Hybridstrategie anstelle einer Differenzierungsstrategie verfolgt und das Jahr 2000 in einem sehr dynamischen Markt agierte. Allerdings waren die Bedingungen nur in dem einen Jahr so schlecht und insgesamt wird deutlich, dass in der Stichprobe für diese Kombination nur zwei Fälle mit insgesamt drei Beobachtungen existieren.

Als ungünstiger Fall eines Internethändlers ist aus der Stichprobe heraus allein die Bluefly Inc. aufzuführen. Das Unternehmen distribuiert Designerkleidung im Internet, obwohl es ein sensorisches Gut mit hoher Kauffrequenz und ein Markt mit hohem Multikanalwettbewerb ist. Bezüglich des Langzeiterfolgs spielt auch die niedrige Marktdynamik eine Rolle. Als ungünstige Fälle bezüglich einer stationären Einkanalstrategie sind hinsichtlich des kurzfristigen Erfolgs Freds Inc. und des langfristigen Erfolgs Haverty Furniture beispielhaft zu erwähnen. Freds ist ein Kaufhaus und vertreibt demzufolge Produkte mit hoher Kauffrequenz. Die Branche der Kauf- und Warenhäuser ist während des Beobachtungszeitraums 13 Jahre stark durch hohen Multikanalwettbewerb geprägt, weshalb sich eine Multikanalstrategie anbieten würde. Auch für den Möbelhändler Haverty Furniture wäre dies empfehlenswert, da der Möbelmarkt ein recht dynamischer Markt ist und das Unternehmen eine Differenzierungsstrategie verfolgt.

5.5.2 Erfolgsprognose von idealen und nicht-idealen Fällen

Die vorstehende Analyse veranschaulicht zum einen, dass die Existenz von Idealfällen, aber auch von ungünstigen Fällen, durchaus realistisch ist und liefert zum anderen Beispiele für jede dieser Kategorien. Im Folgenden interessiert nun, wie hoch der durchschnittliche Erfolg der jeweiligen Gruppen von Unternehmen auf Basis des unter Kapitel 5.3 getesteten Modells prognostiziert werden würde. Hierfür wird das jeweilige Erfolgsmaß für die Unternehmen unter den unterschiedlichen Rahmenbedingungen prognostiziert und anschließend der Durchschnitt dieser Fälle begutachtet (Cameron und Trivedi 2010). Weil die Erfolgsmaße für die Panelregression logarithmiert wurden, ist eine Rücktransformation erforderlich, damit die Werte interpretierbar und mit anderen Beispielen aus der Literatur vergleichbar sind.

Tabelle 23 zeigt die Ergebnisse der Prognosen. Bei Betrachtung dieser ist zu berücksichtigen, dass die Erfolgsmaße nur für im Datensatz enthaltene Fälle prognostiziert und deshalb einzelne Vergleiche nicht vorgenommen werden können (Cameron und Trivedi 2010). Da im Idealfall einer Internetstrategie kein Fall vorliegt, werden hierfür nur zwei der drei signifikanten Kontingenzfaktoren herangezogen. Die angenommenen Bedingungen für einen bestimmten Fall sind jeweils unter der Fallbeschreibung aufgeführt. Die prognostizierten Werte in Modell I verdeutlichen erwartungsgemäß einen stärkeren Erfolg für Multikanalhändler ($109.475.930 = Cashflow bzw. 1,556 = Tobins Q) im Vergleich zu Internethändlern

($294.846 = Cashflow bzw. 1,361 = Tobins Q) unter idealen Bedingungen für ein Multikanalunternehmen. Die ideale Multikanalstrategie liegt damit im Cashflow-Modell auch über der idealen Internetstrategie ($19.884.842), jedoch ist dieser Vergleich aufgrund der fehlenden Fälle in der Stichprobe nur sehr eingeschränkt zu interpretieren. Obwohl aber die ideale Internetstrategie nur mit der Erfüllung von zwei statt drei Faktoren prognostiziert wurde, liegt das ideale Internethandelsunternehmen bei einem wesentlich höherem Tobins Q (3,465) als das ideale Multikanalhandelsunternehmen (1,556).

Tabelle 23: Prognose des durchschnittlichen Erfolgs von unterschiedlichen Fällen

Modell Ia			**Modell Ib**		
Fallbeschreibung (Ausprägungen der Kontingenzfaktoren)	**Kanal-strategie**	**MW Cashflow in Tausend (Std.-Abw.)**	**Fallbeschreibung (Ausprägungen der Kontingenzfaktoren)**	**Kanalstrategie**	**MW Tobins Q (Std.-Abw.)**
Ideale Kontingenzfaktoren für eine **Multikanalstrategie** (sensorisches Produkt = 1; Multikanalwettbewerb > 0,556; Kauffrequenz = 1)	Internet-strategie	$ 294,846 (-)	Ideale Kontingenzfaktoren für eine **Multikanalstrategie** (sensorisches Produkt = 1; Marktdynamik < 0,219; Kauffrequenz = 1)	Internetstrategie	1,361 (1,434)
	Multikanalstrategie	$ 109.475,930 (3,229)		Multikanalstrategie	1,556 (1,534)
Ideale Kontingenzfaktoren für eine **Internetstrategie** (sensorisches Produkt = -1; Multikanalwettbewerb < 0,556)	Internet-strategie	$ 19.884,842 (5,626)	Ideale Kontingenzfaktoren für eine **Internetstrategie** (sensorisches Produkt = -1; Kauffrequenz = -1)	Internetstrategie	3,465 (1,825)
	Multikanalstrategie	$ 89.047,036 (7,939)		Multikanalstrategie	1,585 (1,546)
Modell IIa			**Modell IIb**		
Fallbeschreibung (Ausprägungen der Kontingenzfaktoren)	**Kanal-strategie**	**MW Cashflow in Tausend (Std.-Abw.)**	**Fallbeschreibung (Ausprägungen der Kontingenzfaktoren)**	**Kanalstrategie**	**MW Tobins Q (Std.-Abw.)**
Ideale Kontingenzfaktoren für eine **Multikanalstrategie** (Multikanalwettbewerb > 0,746; Kauffrequenz = 1)	Laden-geschäftsstrategie	$ 84.886,470 (2,765)	Ideale Kontingenzfaktoren für eine **Multikanalstrategie** (Differenzierung =1; Marktdynamik < .461)	Ladengeschäftsstrategie	1,315 (1,502)
	Multikanalstrategie	$ 250.156,000 (4,990)		Multikanalstrategie	1,363 (1,702)
Ideale Kontingenzfaktoren für eine **Ladengeschäftsstrategie** (Multikanalwettbewerb < 0,746; Kauffrequenz = -1)	Laden-geschäftsstrategie	$ 64.627,158 (3,606)	Ideale Kontingenzfaktoren für eine **Ladengeschäftsstrategie** (Differenzierung <1; Marktdynamik > .461)	Ladengeschäftsstrategie	1,867 (1,309)
	Multikanalstrategie	$ 63.001,26 (5,840)		Multikanalstrategie	1,210 (1,982)

Quelle: Eigene Darstellung.

Ein Cashflow-Vergleich zwischen der Internetstrategie ($19.884.842) und der Multikanalstrategie ($89.047.036) unter idealen Bedingungen für erstere zeigt, dass die Multikanalstrategie wider Erwarten einen höheren Cashflow erzielt. Da jedoch nicht alle Bedingungen einer idealen Internetstrategie erfüllt werden und die Standardabweichung bei der Multikanalstrategie recht hoch ist (7,939), ist dieses Ergebnis mit Vorsicht zu betrachten. In Modell Ib hingegen liegt Tobins Q der Internetstrategie unter deren idealen Bedingungen erwartungsgemäß deutlich höher als die Multikanalstrategie (1,585).

Die Prognose der Erfolgswerte auf Basis des Modells II bestätigen ebenfalls die Ergebnisse der Panelregression. So ist eine Multikanalstrategie unter idealen Bedingungen kurzfristig ($250.156.000) und langfristig (1,363) erfolgreicher als eine reine Ladengeschäftsstrategie unter denselben Bedingungen ($84.886.470; 1,315). Herrschen jedoch ideale Bedingungen für eine reine Ladengeschäftsstrategie, erreicht diese einen höheren Cashflow ($64.627.158) und ein höheres Tobins Q (1,867) als die Multikanalstrategie ($63.001.260; 1,210). Interessant erscheint, dass eine ideale Multikanalstrategie die ideale Ladengeschäftsstrategie mit Blick auf kurzfristige Leistung im Modell II wesentlich übertrifft. So liegt der Cashflow einer Multikanalstrategie im idealen Fall bei $250.156.000, jener der Ladengeschäftsstrategie jedoch nur bei $64.627.158, was eine Differenz von $185.528.842 bedeutet. Bei der langfristigen Bewertung des Aktienmarktes hingegen ist Tobins Q bei der idealen Ladengeschäftsstrategie mit 1,867 geringfügig höher als bei der idealen Multikanalstrategie (1,363). Schließlich ermöglichte diese Analyse eine Quantifizierung der durchschnittlich erwarteten Effekte unterschiedlicher Kanalstrategien unter bestimmten Bedingungen und schafft damit eine höhere Realitätsnähe der Ergebnisse, indem sie aufgrund der Quantifizierung des Erfolgs unter idealen und nicht-idealen Bedingungen mit Beispielen aus der Praxis verglichen werden können.

5.6 Diskussion der Ergebnisse

Eine zentrale Forschungsfrage der Arbeit ist es, ob eine Multikanalstrategie, bestehend aus mindestens Ladengeschäften und Internet, hinsichtlich des finanziellen Erfolgs mit einer Internetstrategie konkurrieren kann und falls ja, unter welchen Bedingungen. Außerdem ist von Interesse, ob eine rein stationäre Strategie unter irgendwelchen Bedingungen empfehlenswert ist. Diese Fragen werden im Folgenden auf Basis der empirischen Ergebnisse der Studie hinsichtlich der Haupteffekte und Kontingenzfaktoren diskutiert.

5.6.1 Haupteffekte

Die vorliegenden Ergebnisse weisen auf keinerlei Haupteffekte einer Multikanal- im Vergleich zu einer Einkanalstrategie auf den finanziellen Unternehmenserfolg hin. Dies bestätigt die Annahme, dass sich die erfolgsfördernden und erfolgshemmenden Mechanismen einer Multikanalstrategie, wie zum Beispiel die gesteigerte Kundenbindung und die höheren kanalübergreifenden Kosten, gegenseitig ausgleichen. Die Studie deckt vielmehr auf, dass keine Kanalstrategie generell die erfolgversprechendere ist, sondern der Erfolg jeder Strategie von deren Rahmenbedingungen abhängt. Demzufolge können Multikanalhändler auch erfolgreicher als Internethändlern sein, wenn ein strategischer Fit der Strategie mit Rahmenbedingungen des Unternehmens sowie des Wettbewerbs- und Konsumentenmarkts besteht. Dieses Ergebnis liefert die Antwort auf die erste Forschungsfrage. Darüber hinaus kann sogar eine stationäre Strategie auf kurze und lange Sicht unter bestimmten Bedingungen wettbewerbsfähig sein und mit Multikanalhändlern konkurrieren, was die zweite Forschungsfrage beantwortet.

Unter den richtigen Bedingungen kann also eine Multikanalstrategie oder eine der beiden Einkanalstrategien erfolgreich sein. Im Gegensatz zu existierenden Forschungsstudien (z.B. Geyskens, Gielens und Dekimpe 2002; Homburg, Vollmayr und Hahn 2014; Pentina, Pelton und Hasty 2009) stützt die vorliegende Arbeit ihre Ergebnisse nicht nur auf Kanalerweiterungen, sondern vergleicht systematisch unterschiedliche Kanalstrategien, so dass auch Firmen berücksichtigt werden, die von Beginn an Internethändler waren oder einen Kanal über die Zeit entfernt haben. Bisherige Studien zu Kanalerweiterungen fanden positive, negative oder gar keine Effekte. Positive Effekte auf Umsätze bei Hinzufügen eines Kanals, wie sie Avery et al. (2012); Min und Wolfinbarger (2005); Pauwels und Neslin (2015); Xia und Zhang (2010) aufdecken, sind insofern erklärbar, dass die Unternehmen damit eine größere Zielgruppe addressieren, was in dieser Arbeit als positiver Mechanismus auf der Nachfrageseite Berücksichtigung findet. Eine Kanalerweiterung hat laut Geyskens, Gielens und Dekimpe (2002) und Homburg, Vollmayr und Hahn (2014) auch einen kurzfristigen positiven Effekt auf den Erfolg am Aktienmarkt. Beide Studien betrachten jedoch die sofortigen, kurzfristigen Auswirkungen auf Aktienpreise und lassen deren langfristige Entwicklung außer Acht. Lee und Grewal (2004) hingegen betrachten ebenfalls Tobins Q als abhängige Größe und kommen zu demselben Schluss wie die vorliegende Forschungsarbeit.

Die eingangs erläuterte Debatte bezüglich der Zukunft des Handels wird durch die Ergebnisse dieser Arbeit wesentlich bereichert. So werden beide Seiten mit Argumentationen gespeist, insofern als Internetstrategien zwar als Bedrohung für rein stationäre Händler und Multikanalhändler gelten, aber auch letztere diesem etwas Substantielles entgegenzusetzen haben. Dies bedeutet jedoch auch, dass eine Multikanalstrategie auch nicht ausnahmslos die optimale Lösung für jedes Unternehmen darstellen muss.

5.6.2 Effekte der Kontingenzfaktoren

5.6.2.1 Generische Strategie

Die Ergebnisse zeigen, dass ein strategischer Fit zwischen einer Differenzierungsstrategie und einer Multikanalstrategie im Vergleich zur stationären Einkanalstrategie besteht, welcher den langfristigen Erfolg, gemessen als Tobins Q, steigert. Dieses Ergebnis impliziert außerdem das wahrscheinliche Scheitern von rein stationären Differenzierern, erklärt jedoch den potenziellen Erfolg von stationären Kostenführern, wie zum Beispiel TJ Maxx oder Big Lots. Der Effekt basiert auf dem erhöhten Potenzial von Multikanalhändlern, durch kundenorientierte Multikanalsysteme und Integrationsaktivitäten Mehrwert für die Kunden stiften und sich auf diesem Wege vom Wettbewerb differenzieren zu können (Bendoly et al. 2005; Neslin und Shankar 2009). Die Kostenvorteile einer Einkanalstrategie hingegen kommen den Zielen einer Kostenführerschaft entgegen.

Beim Vergleich einer Multikanalstrategie mit einer reinen Internetstrategie wurde kein signifikanter Moderationseffekt der generischen Strategie auf den Finanzerfolg eines Unternehmens aufgedeckt. Eine Erklärung hierfür könnte sein, dass Internethändler im Gegensatz zu stationären Händlern ebenso wie Multikanalhändler fähig sind, erfolgreich die Ziele einer Differenzierungsstrategie zu verfolgen, wie zum Beispiel durch das Angebot eines äußerst umfassenden Sortiments und Kundenservices. Insbesondere zu Anfangszeiten des E-Commerce konnten reine Internethändler erfolgreicher das Differenzierungspotenzial des Internets nutzen als traditionelle, stationäre Händler, die den Internetkanal erst später hinzufügten (Kim, Nam und Stimpert 2004). Auf lange Sicht könnte sich das Differenzierungspotenzial des Angebots eines Internetkanals für Multikanalhändler jedoch schnell erschöpfen, weil vermutlich irgendwann alle Unternehmen die Fähigkeit besitzen, einen adäquaten Onlineshop anzubieten. Darüber hinaus gilt das Internet als vergleichsweise kostengünstiger Kanal, was für den Erfolg einer Kostenführerstrategie spricht (siehe Kapitel 4.4.2.1).

Gegebenenfalls schränkt die niedrige Anzahl der börsennotierten Internethändler die statistische Beweisbarkeit ein, so dass künftige Studien mit höherer Stichprobengröße diesen Zusammenhang vermutlich belegen könnten. Der Regressionskoeffizient sowie die Spotlight-Analyse des signifikanten Effekts der Differenzierungsstrategie fällt im Vergleich zu anderen Effekten in dieser Studie eher niedrig aus. Obwohl die vorliegende Studie einen langen Zeitraum betrachtet, ist denkbar, dass Multikanalhändler nach wie vor noch etwas Zeit benötigen um ihre Multikanalangebote optimal zu gestalten und damit das gesamte Potenzial zur Differenzierung auszuschöpfen. Demzufolge ist ein stärkerer Effekt bei zukünftigen Studien zu dieser Fragestellung in einer späteren Zeitperiode anzunehmen.

5.6.2.2 Multikanalwettbewerb

Wie erwartet erhöht der Multikanalwettbewerb, gemessen in Form des Anteils aller Umsätze einer Branche durch Multikanalhändler, den kurzfristigen Erfolg eines Multikanalhändlers, also den Cashflow (siehe Kapitel 4.4.3). Im Vergleich zu reinen Internethändlern können

Multikanalhändler ihren Erfolg durch Vorteile in einer Umgebung mit hohem Multikanalwettbewerb steigern, bis ungefähr die Hälfte aller Wettbewerber einer Branche (56%) mehrere Kanäle anbietet. Über diesen Prozentsatz hinaus ist der Effekt jedoch nicht mehr signifikant. Internethändler sind somit erfolgreicher als ihre Konkurrenten mit mehreren Kanälen, je geringer der Multikanalwettbewerb ist.

Für stationäre Händler hingegen ist der Multikanalwettbewerb ab einer Höhe von 75% relevant, insofern als ein höherer Multikanalwettbewerb den kurzfristigen Erfolg einer Multikanalstrategie steigert. Diese unterschiedlichen Signifikanzgrenzen lassen sich vermutlich durch die Historie und damit das Entwicklungspotenzial der Kanäle erklären. So scheinen reine Internethändler gegenüber den Multikanalhändlern stets wettbewerbsfähig zu bleiben, weil sie selbst noch ziemlich jung und innovativ sind. Außerdem mögen sie von einem sehr hohen Multikanalwettbewerb wiederum profitieren, weil auch Multikanalhändler die Konsumenten schulen, das Internet als Kaufoption zu betrachten. Rein stationäre Händler werden hingegen häufig als traditionell betrachtet (Alba et al. 1997; Gupta, Su und Walter 2004) und die Implementierung innovativer Konzepte ist für sie vermutlich schwerfälliger. Diese Erkenntnisse stehen im Einklang mit anderen Forschungsergebnissen bezüglich der Reihenfolge des Hinzufügens eines Internetkanals in einem Markt, laut welchen frühe Nachfolger am erfolgreichsten sind (Geyskens, Gielens und Dekimpe 2002).

Laut deskriptiven Ergebnissen dieser Studie bieten 78,92% der Stichprobe im Jahr 2012 mehrere Kanäle an. Auch der Mittelwert der Variable zeigt, dass im Durchschnitt über alle Jahre und Branchen hinweg 80,22% der Umsätze durch Multikanalfirmen erzielt werden. Daraus ist auf einen generell hohen Multikanalwettbewerb in der heutigen Zeit zu schließen und eine rein stationäre Strategie scheint aus dieser Perspektive nicht mehr effektiv zu sein. Dennoch sind diese Effekte nur für den kurzfristigen Erfolg relevant und andere Kontingenzfaktoren sind in diesem Schluss ausgeblendet. Die Signifikanzgrenze in Modell I zeigt darüber hinaus, dass reine Internethändler ihre Möglichkeiten durchaus nutzen, um mit Multikanalhändlern konkurrieren zu können. Es ist anzunehmen, dass sie diese Fähigkeiten in Zukunft weiterhin ausbauen.

5.6.2.3 Produkttyp

Als Produkttyp konzentriert sich diese Arbeit auf die Effekte des Vergleichs von sensorischen mit nicht-sensorischen Produkten. Die diesbezüglichen Hypothesen beziehen sich nur auf Modell I, also den Vergleich von reinen Internethändlern mit Multikanalhändlern, weil sich die Argumentation des Effekts auf die Existenz eines Ladengeschäfts stützt (siehe Kapitel 4.4.4.1). Die Ergebnisse der Studie stützen die Annahme eines strategischen Fits zwischen sensorischen Produkten und einer Multikanalstrategie, insofern als dieser einen signifikant positiven Einfluss auf den kurz- und langfristigen Erfolg eines Unternehmens hat. In der theoretisch-logischen Argumentation dieses Effekts wurde sich auf einen zweiseitigen Fit bezogen, wonach sensorische Produkte mit einer Multikanalstrategie und nicht-sensorische Produkte mit einer reinen Internetstrategie harmonieren. Die Spotlight-Analyse deckt jedoch auf, dass der Moderationseffekt auf Cashflow und Tobins Q hauptsächlich auf der letztgenannten Kombination beruht. Die positiven Nachfrage- und Angebotseffekte gründen sich also auf die kostensparende und übersichtliche Bereitstellung nicht-sensorischer Produkt-informationen durch das Internet. Ein Angebot von mehreren Kanälen bei nicht-sensorischen Produkten erhöht hingegen nur die Kosten, ohne einen Mehrwert für die Kunden zu stiften.

Nichtsdestotrotz können Händler von sensorischen Produkten (z.B. Kleidungshändler wie Nordstrom oder Hot Topic) ihren Erfolg geringfügig steigern, wenn sie mehrere Distributionskanäle anbieten. Bestehende Forschungsstudien haben schon häufig die Vermutung angestellt, Ladengeschäfte würden besser zu sensorischen Produkten passen (Peck und Childers 2003), jedoch hat bislang keine Studie diese Annahme und den Fit zwischen Multikanalstrategien und sensorischen Produkten beziehungsweise Internethändlern und nicht-sensorischen Produkten mit empirischer Evidenz unterlegt. Hinsichtlich der Zukunft des Handels sollte dieser Effekt stabil bleiben oder sich sogar verstärken, es sei denn die Charakteristika der Distributionskanäle verändern sich in Zukunft radikal. Im Moment scheint es jedoch unwahrscheinlich, dass das Internet denselben Grad an sensorischen Informationen vermitteln kann wie ein Ladengeschäft. Ebenso zweifelhaft ist, dass Suchinformationen in einem Ladengeschäft in hoher Fülle und Varietät zu so kostengünstigen und nutzerfreundlichen Bedingungen wie im Internet dargestellt werden können.

5.6.2.4 Marktdynamik

Die Moderationseffekte von Marktdynamik auf den Erfolg einer Multikanalstrategie weisen einen negativen Einfluss auf Tobins Q auf, was bedeutet, dass ein stabiler Markt bei mehreren Kanälen auf lange Sicht zum Erfolg führt. Dies ist hauptsächlich auf die hohen Kosten der laufenden Anpassung von unterschiedlichen Distributionskanälen in dynamischen Märkten zurückzuführen (siehe Kapitel 4.4.4.2). Die Ergebnisse der Spotlight-Analyse stützen die Argumentation des Zusammenhangs insofern, als sich die Stärke des Zusammenhangs je nach Referenzkanalstrategie unterscheidet. So stützt sich der Effekt beim Vergleich einer Multikanalstrategie zur reinen Internetstrategie hauptsächlich auf den strategischen Fit eines dynamischen Markts mit dem Internetkanal, weil dieser besonders schnell und einfach angepasst werden kann (Dholakia, Zhao und Dholakia 2005). Ab einem Mindestwert von 0,219 führt eine höhere Marktdynamik zu einem höheren Erfolg eines reinen Internethändlers im Vergleich zu einem Multikanalhändler. Internethändler in einem dynamischen Markt sind darüber hinaus wesentlich erfolgreicher als in einem stabilen Markt. Möglicherweise benötigen sie die Variabilität der Kundenbedürfnisse, um ihre Kunden auf dieser Basis immer wieder auf neue Angebote und die Flexibilität ihrer Leistungen aufmerksam machen zu können. Verändert sich selten etwas in einem Markt, existieren vermutlich auch weniger Anknüpfungspunkte, das Interesse der Kunden wiederholt zu wecken und sie aktiv anzusprechen.

Im Modell II jedoch gründet sich die Interaktion stärker auf dem Widerspruch zwischen einer Multikanalstrategie und einem dynamischen Markt. Für rein stationäre Händler scheint die Marktdynamik demnach unbedeutend zu sein. Ab einem Wert von 0,461 sinkt mit zunehmender Marktdynamik der langfristige Erfolg von Multikanalhändlern. Multikanalhändler in einem stabilen Markt sind jedoch nicht wesentlich erfolgreicher als ihre rein stationären Konkurrenten. Ladengeschäfte haben nicht das Potenzial inne, besonders anpassungsfähig zu sein. Dennoch sind die rein stationären Händler mit ihrem einen Kanal flexibler als die Multikanalhändler. Als Beispiel sei die Borders Group Inc. genannt, welche in den Jahren 1998 und 1999 als Multikanalhändler den großen Dynamiken der Buchbranche ausgesetzt war und schließlich in Insolvenz ging.

Unter der Bezeichnung der Branchenturbulenz decken Homburg, Vollmayr und Hahn (2014) ebenso einen negativen Moderationseffekt auf die Aktienrendite auf, jedoch in Bezug auf eine generelle Kanalerweiterung. Die vorliegenden Ergebnisse stützen diesen Befund und erweitern ihn auf den Vergleich zwischen Einkanal- und Multikanalstrategien. Hierbei beleuchtet die vorliegende Forschungsarbeit vor allem die unterschiedlichen Effekte bei den zwei Typen von Einkanalstrategien. Generell ist jedoch zu bedenken, dass sich die Marktdynamik einer Branche stets verändern kann und ein Händler sein Umfeld nicht ex ante bei Auswahl eines bestimmten Markts beeinflussen kann. So ist ein ökonomisches Umfeld immer Schwankungen ausgesetzt, sei es durch Krisen, technologische Entwicklungen oder andere Umweltfaktoren (Eisenhardt und Martin 2000). Sicherlich existieren Branchen, die anfälliger oder robuster gegenüber Trends und Veränderungen im Konsumentenverhalten sind, jedoch kann über einen längeren Zeitraum jede Branche gewissen Dynamiken ausgesetzt sein. Demzufolge ist es hinsichtlich der Zukunft des Handels denkbar, dass auch Multikanalhändler neue Fähigkeiten erwerben, um flexibler und anpassungsfähiger zu werden, was diesen Interaktionseffekt in Zukunft reduzieren würde.

5.6.2.5 Kauffrequenz

Entsprechend der empirischen Ergebnisse dieser Studie ist die Kauffrequenz ein relevanter Kontingenzfaktor für den Erfolg einer Multi- oder Einkanalstrategie. Die Spotlight-Analyse von Modell I offenbart, dass hauptsächlich der strategische Fit zwischen niedriger Kauffrequenz und einer reinen Internetstrategie den positiven Effekt auf kurze und lange Sicht verursacht. Eine Erklärung hierfür ist die Bereitschaft der Konsumenten, bei weniger häufig gekauften Gütern auf die Lieferung zu warten (siehe Kapitel 4.4.4.3). Für Händler von Produkten mit hoher Kauffrequenz hingegen scheint es weitgehend irrelevant zu sein, ob sie nur das Internet oder auch stationäre Geschäfte anbieten. Multikanalhändler können ihren Erfolg jedoch marginal steigern, wenn sie Produkte mit hoher Kauffrequenz vertreiben. Bei Betracht der Spotlight-Analyse im Cashflow-Modell II wird allerdings ein zweiseitiger strategischer Fit sichtbar, da die Effekte für beide Ausprägungen der Moderationsvariable signifikant sind. Demzufolge sollte ein Händler mit Gütern niedriger Kauffrequenz bei der rein stationären Kanalstrategie bleiben, während sich eine Multikanalstrategie für Güter hoher Kauffrequenz anbietet. Ein Effekt der Kauffrequenz auf den langfristigen Erfolg einer stationären oder Multikanalstrategie konnte in dieser Arbeit nicht belegt werden, was auf die Stichprobe zurückzuführen sein kann.

Bisherige Literatur betrachtete die Auswirkung hoher Kauffrequenz auf das Kanaladoptionsverhalten von Konsumenten (Rhee und Bell 2002; Venkatesan, Kumar und Ravishanker 2007), hat jedoch keinen Effekt unterschiedlicher Kanalstrategien auf den finanzwirtschaftlichen Erfolg eines Unternehmens untersucht. Diese Studie zeigt nun, dass dieses kanalbezogene Kundenverhalten bei hoher Kauffrequenz und mehreren Kanälen schließlich auch einen Einfluss auf den Enderfolg eines Unternehmens hat. Beispiele für erfolgreiche Multikanalhändler, die Güter hoher Kauffrequenz distribuieren, stellen Office Depot und Walmart dar. In Hinsicht auf erfolgreiche Einkanalfirmen sind beispielsweise Blue Nile als Internethändler und Group 1 Automotive als stationärer Händler zu nennen, da beide Firmen Güter niedriger Kauffrequenz, nämlich Schmuck und Automobile, vertreiben. Es ist zu erwarten, dass dieser Moderationseffekt in Zukunft bestehen bleibt und sich sogar noch verstärken wird, da sich die Nutzung der unterschiedlichen Kanäle durch Konsumenten in Zukunft intensivieren wird und der gesteigerte Wert für den Kunden durch das Angebot eines Multikanalsystems bei Gütern mit hoher Kauffrequenz somit weiterhin wächst.

5.6.3 Erfolgsprognosen und Idealfallanalyse

Insgesamt verdeutlicht die Analyse von Idealfällen, dass der Großteil der durch das Regressionsmodell identifizierten idealen Rahmenbedingungen realistisch ist und derzeit schon in der Unternehmenspraxis existiert (siehe Kapitel 5.5.1). Ebenso existiert auch eine hohe Anzahl an nicht-idealen Fällen, bei welchen eine bestimmte Kanalstrategie nicht zu den Kontingenzfaktoren des Unternehmens, des Wettbewerbs und der Konsumenten passt. Ausschließlich bei Betracht der Händler mit internetbasierter Einkanalstrategie sind diesbezüglich Einschränkungen zu berücksichtigen. So können bei deren Konfigurationen oft nur zwei der drei ausschlaggebenden Faktoren betrachtet werden, weil in der Stichprobe kein Unternehmen existiert, das alle Kriterien gleichzeitig erfüllt. Dies ist jedoch keinesfalls als Hinweis auf fehlende Realitätsnähe zu interpretieren, sondern auf die historische Entwicklung des Kanals zurückzuführen. Der Internetkanal weist als jüngster Kanal die wenigsten Einkanalhändler auf, u.a. weil ein Großteil der stationären Händler einen Onlineshop hinzugefügt hat oder auch Internetfirmen stationäre Geschäfte eröffnet haben. Die vergleichsweise niedrige Anzahl an reinen Internethändlern erschwert demzufolge das Vorkommen von idealen oder nicht-idealen Konfigurationen. Dies impliziert wiederum ein Potenzial für zukünftige Onlinehändler.

Der prognostizierte kurz- und langfristige Erfolg von idealen und nicht-idealen Fällen (siehe Kapitel 5.5.2) gestaltet sich durchgehend erwartungsgemäß, insofern als die Idealfälle höhere Cashflow- und Tobins Q-Werte erzielen als nicht-ideale Fälle. Bei Betracht der Prognosen auf Basis des Modells I sind die Werte jedoch mit Einschränkungen zu bewerten, da kein komplett idealer Fall eines Internethändlers existiert. Nicht-ideale Fälle von Internethändlern weisen beispielsweise einen wesentlich geringeren erwarteten Cashflow auf als die Multikanalstrategie unter denselben Bedingungen. Obgleich dieses Ergebnis den logischen Erwartungen entspricht, ist es aufgrund der geringen Anzahl von reinen Internethändlern limitiert zu beurteilen. In diesen Fällen sollte der Tendenz mehr Aufmerksamkeit geschenkt werden als den absoluten Werten. So liegt beispielsweise auch das prognostizierte Tobins Q eines idealen Internethändlers bedeutend höher als das eines idealen Multikanalhändlers. Dies kann zum einen auf die Stichprobe zurückzuführen sein, aber auch auf der in der Vergangenheit liegenden systematischen Überschätzung von Internetfirmen am Aktienmarkt vor dem Platzen der Dotcom-Blase (Lee und Grewal 2004).

In Modell II sind keine stichprobenbezogenen Einschränkungen zu beachten, da ausreichend Fälle in jeder idealen oder nicht-idealen Konfiguration existieren. Neben den erwarteten Erfolgsprognosen im Vergleich von idealen mit nicht-idealen Fällen, erscheint insbesondere die Gegenüberstellung der beiden idealen Fälle interessant. So erreicht eine ideale Multikanalstrategie einen wesentlich höheren Cashflow als die ideale reine Ladengeschäftsstrategie. Letztere übertrifft jedoch die ideale Multikanalstrategie hinsichtlich des Tobins Q. Es ist demnach anzunehmen, dass die gesteigerte Nachfrage und die positiven Synergieeffekte einer Multikanalstrategie dem Händler beim kurzfristigen Erfolg wesentlich helfen, die rein stationären Händler zu übertreffen. Die Investoren am Aktienmarkt hingegen scheinen auch die bewusste Entscheidung für eine rein stationäre Strategie positiv zu bewerten. Aufgrund des wachsenden Multikanalhandels in der heutigen Zeit könnte die Konzentration auf Ladengeschäfte unter bestimmten Bedingungen von Investoren als Wettbewerbsvorteil betrachtet werden. So ist es konsistent und risikoreduzierend, wenn sich ein Händler auf den stationären Kanal konzentriert und damit seinem möglicherweise jahrelang etablierten Image als Kostenführer treu bleibt. Wie der Idealfallanalyse zu entnehmen ist, sind dies jedoch wesentlich weniger Fälle als die Multikanalfälle (7 versus 88), was wiederum zu Verzerrungen in den absoluten Werten führen kann. Obgleich die absoluten Werte der Prognosen schlussendlich mit Vorsicht zu interpretieren sind, hilft die Idealfallanalyse Forschern und Managern, die Realitätsnähe der Studie einschätzen, aus guten und schlechten Praktiken von Händlern lernen und strategische Lücken in den Märkten identifizieren zu können.

6. Limitationen und Implikationen für Forschung und Praxis

6.1 Limitationen dieser Forschungsarbeit

Aus Komplexitätsgründen erfordert jede Forschungsstudie eine Konzentration auf bestimmte Fragestellungen und Daten zu deren Überprüfung. Da dadurch meist nur ein Auszug der Realität dargestellt werden kann, bringt jede Studie Limitationen mit sich. Dies ist unproblematisch, wenn Letztere bei der Interpretation und Weiterverwertung von Ergebnissen berücksichtigt werden. Die Limitationen dieser Forschungsarbeit werden im Folgenden hinsichtlich des konzeptuellen Modells und der Datenauswahl aufgeführt.

Im Modell sind Limitationen bezüglich der Operationalisierung einer Multikanalstrategie und der Auswahl der Kontingenzfaktoren zu beachten. Die Multikanalstrategie in dieser Arbeit repräsentiert die in der Praxis häufigste Form einer Multikanalstrategie und enthält dabei die zwei unterschiedlichsten Kanäle Ladengeschäfte und Internet. Sie steht damit für eine sehr praxisnahe aber auch spezifische Kombination von Distributionskanälen (siehe Kapitel 4.2.1) und ignoriert andere Kombinationen, wie z.B. Ladengeschäfte mit einem Katalog. Zwar wurden die Zusammenhänge im Hinblick auf die Eigenschaften dieser beiden Kanäle logisch argumentiert, jedoch sind einzelne Moderationseffekte auch für andere Kanalkombinationen denkbar. So sollten alle Zusammenhänge, die hauptsächlich auf der Argumentation des Vergleichs von Multikanal- und Einkanalstrategien basieren, auch auf andere Kanalkombinationen übertragbar sein, insbesondere wenn zwei unterschiedliche Kanaltypen (siehe Kapitel 2.2.3) kombiniert werden. Darüber hinaus war die Konzentration auf ausgewählte Kontingenzfaktoren notwendig, da die Studie in diesem Rahmen sonst nicht durchführbar gewesen wäre. Das Modell erhebt demzufolge nicht den Anspruch vollständig zu sein, sondern fokussiert diejenigen Faktoren, die im Forschungsbereich bisher weitgehend unerforscht blieben.

Bezüglich der Datenauswahl sollte bei der Ergebnisinterpretation bedacht werden, dass eine Stichprobe stets nur einen Ausschnitt aus der Grundgesamtheit darstellt. Diese Forschungsarbeit konzentriert sich hierbei auf Handelsunternehmen mit Endkonsumenten als hauptsächliche Zielgruppe, wobei Hersteller und Unternehmen mit Geschäftskunden außen vor gelassen werden. Bei Herstellern könnte noch eine weitere Komplexitätsebene hinzukommen, weil diese auch indirekte Kanäle nutzen, die nicht der vollen Kontrolle des Unternehmens unterliegen (siehe Kapitel 2.2.3). Da aufgrund des Datenzugangs börsennotierte Unternehmen herangezogen werden, ignoriert die Studie kleinere, traditionellere Händler. Für diese kann das Hinzufügen eines weiteren Kanals wesentlich weitreichendere Folgen haben, weil sie generell über weniger Ressourcen verfügen. Es wurden außerdem US-amerikanische

Händler betrachtet, weil sich das Internet dort sehr frühzeitig und schnell verbreitet hat. Würde diese Studie in anderen Ländern repliziert werden, könnten die Ergebnisse durchaus abweichen, weil die Konsumenten die verschiedenen Kanäle möglicherweise noch nicht so ausgiebig nutzen.

Außerdem ist die Wahl eines bestimmten Zeitraums notwendig, wobei der zum Zeitpunkt der Datenerhebung größtmögliche Zeitraum seit der Etablierung des Internethandels gewählt wurde. Zwar könnten sich manche Zusammenhänge in zukünftigen Studien ansatzweise verändern, beispielsweise aufgrund von Lerneffekten der Unternehmen oder einer höheren Anzahl an börsennotierten Internethändlern. Dennoch liefert die Forschungsarbeit derzeit die aktuellsten Ergebnisse im Forschungsbereich zu Multikanalstrategien und dem Unternehmenserfolg. Aufgrund dieser Limitationen existiert aber noch ausreichend Forschungspotenzial für künftige Arbeiten.

6.2 Implikationen für künftige Forschung

Diese Forschungsarbeit schließt eine wichtige Forschungslücke in der strategischen Multikanalforschung, indem sie ein umfassendes Kontingenzmodell zum kurz- und langfristigen finanzwirtschaftlichen Erfolg einer Multikanalstrategie konzeptuell herleitet und empirisch überprüft. Hierbei stellt sie der Multikanalstrategie zwei Alternativen gegenüber: die reine Internet- und die reine Ladengeschäftsstrategie. Der Vergleich unterschiedlicher Kanalstrategien anstelle von Kanalerweiterungen führt zu dem Ergebnis, dass keine Kanalstrategie per se empfehlenswerter ist. Während eine Kanalerweiterung laut bisheriger Forschung Umsätze (z.B. Avery et al. 2012; Pauwels und Neslin 2015) oder auch den Erfolg auf dem Aktienmarkt (Geyskens, Gielens und Dekimpe 2002; Homburg, Vollmayr und Hahn 2014) kurzfristig steigern kann, haben unterschiedliche Kanalstrategien keinen Haupteffekt auf den langfristigen Cashflow oder Tobins Q eines Unternehmens. Vielmehr sollten die passenden Rahmenbedingungen einer Kanalstrategie betrachtet werden. Für die Forschung bietet das konzeptuelle Modell demzufolge einen Überblick über die Kontingenzfaktoren, die bei der Implementierung einer bestimmten Kanalstrategie berücksichtigt werden sollten, um den Unternehmenserfolg zu steigern. Hieraus lassen sich diverse Implikationen für künftige Forschungsarbeiten ableiten.

Erstens, anstelle sich auf die marktorientierte oder die ressourcenorientierte Sichtweise des strategischen Managements zu konzentrieren, stützt sich diese Arbeit auf eine integrierende Sichtweise (siehe Kapitel 2.1.2.2). Die Theorie des strategischen Dreiecks wird herangezogen, um relevante Kontingenzfaktoren einer Kanalstrategie zu identifizieren (Ohmae 1991).

Diesem 3C-Modell sollte auch in künftigen Forschungsarbeiten mehr Aufmerksamkeit zuteilwerden, da es die drei wichtigsten, erfolgsrelevanten Marktakteure enthält: das Unternehmen selbst, die Wettbewerber und die Konsumenten. Dabei sollten insbesondere die in dieser Arbeit identifizierten Kontingenzfaktoren in Studien zum Multikanalmanagement berücksichtigt werden. Generell sollte die Kontingenztheorie mehr Beachtung finden, welche die Hauptverantwortlichkeit für Erfolg im strategischen Fit zwischen Unternehmensstrategien und –aktivitäten mit anderen Faktoren sieht (siehe Kapitel 2.1.2.1; Ginsberg und Venkatraman 1985; Venkatraman 1989). In dieser Forschungsarbeit wurde die bedeutende Rolle des strategischen Fits bestätigt.

Zweitens sollten die in dieser Arbeit identifizierten Erfolgsmechanismen einer Multikanalstrategie in künftigen Forschungsstudien genauer untersucht werden. Während die Mechanismen dieser Arbeit als Argumentationsgrundlage dienen, könnten zukünftige Arbeiten deren Rolle als Mediatoren empirisch analysieren. Beispielsweise könnte von Interesse sein, in welchem Ausmaß die einzelnen Mechanismen unter bestimmten Bedingungen auftreten. Ein Vergleich der Mechanismen auf kurze und lange Sicht würde sich darüber hinaus ebenso anbieten. Hierbei sind vor allem auch Kennzahlen des Markterfolgs von Bedeutung (siehe Kapitel 2.1.2.3), insofern als beispielsweise die Kundenzufriedenheit und –loyalität ebenso Mechanismen darstellen. Während diese Arbeit sich auf Kennzahlen des Finanzerfolgs konzentriert, welcher sich weitestgehend am Ende der Kausalkette befindet, würde die Untersuchung zwischengelagerter Größen einen Wissenszuwachs bezüglich der Funktionsweise einer Kanalstrategie bedeuten.

Drittens bietet sich die präzisere Untersuchung des Moderationseffekts einer generischen Strategie an. Vor allem die langfristigen Effekte einer Differenzierungsstrategie in Kombination mit reinem Internethandel oder Multikanalhandel weisen Forschungsbedarf auf. Da in der vorliegenden Studie diesbezüglich kein signifikanter Moderationseffekt beobachtet werden konnte, liegt die Vermutung nahe, dass Internethändler aktuell womöglich auch fähig sind, einen gesteigerten Wert für Kunden anzubieten. Dies sollten künftige Arbeiten genauer betrachten, vor allem weil die generische Strategie neben der Kanalstrategie ein sehr zentrales, langfristiges Element des strategischen Marketings von Unternehmen darstellt.

Viertens sollte zukünftige Forschung das Modell dieser Arbeit in anderen Kontexten replizieren. Da diese Studie sich auf Handelsunternehmen konzentriert, würde eine Übertragung des Modells auf Herstellerbranchen naheliegen. Somit könnten die Generalisierbarkeit des Modells überprüft und mögliche Unterschiede zwischen Kanalstrategien von Handels- und

Herstellerunternehmen herausgearbeitet werden. Ebenso wäre eine Übertragung des Modells in andere Länder und auf Unternehmen mit anderen Zielgruppen, z.B. Geschäftskunden, interessant. Auch die Betrachtung kleinerer, traditioneller Unternehmen wäre ein erheblicher Erkenntnisgewinn, da deren Handlungsfreiheit durch limitierte finanzielle und humane Ressourcen vermutlich wesentlich eingeschränkter ist. So würde ein zusätzlicher Distributionskanal für diese Unternehmen sicherlich eine vergleichsweise höhere Investition bedeuten. Schließlich würden Replikationen des Modells seine Generalisierbarkeit weiter erhöhen, obgleich in unterschiedlichen Kontexten auch geringfügige Adaptionen denkbar sind.

Fünftens betrachtet diese Arbeit einen spezifischen Zeitraum und künftige Studien sollten diese Untersuchung noch einmal nach mehreren Jahren wiederholen. Wie eingangs erläutert, befinden sich der Internet- und Multikanalhandel noch in seiner Jugend, was sich in der Experimentierfreudigkeit aber auch Unsicherheit von Managern und Konsumenten zeigt. Es wird viel über die Zukunft des Handels diskutiert und die Kanäle beginnen, sich durch Integrationsmaßnahmen mehr und mehr anzunähern. Die zukünftige Forschung sollte beobachten, wie sich die in dieser Arbeit aufgedeckten Effekte im nächsten Jahrzehnt entwickeln, insbesondere wenn sich Unternehmen von Multikanal- zu Omnikanalhändlern wandeln (Herhausen et al. 2015).

6.3 Implikationen für die Unternehmenspraxis

6.3.1 Überblick über die Implikationen dieser Forschungsarbeit

Die Betriebswirtschaftslehre ist eine angewandte Wissenschaft, weshalb es naheliegend erscheint, Unternehmen in der Praxis an den Forschungsergebnissen teilhaben zu lassen und ihnen Empfehlungen auszusprechen. Die Implikationen werden in drei Aufgabenbereiche der Strategieimplementierung unterteilt (siehe Kapitel 2.2.1.2; Meffert 1986; Pearce und Robinson 2011): Analyse und Planung, Koordination und Kontrolle einer Kanalstrategie.

Das Prozessmodell in Abbildung 21 listet die Empfehlungen für die Unternehmenspraxis in einem Überblick auf. Während für die ersten beiden Prozessphasen nach unterschiedlichen Kanalstrategien differenziert wird, sind für alle Kanalstrategien dieselben Kontrollmaßnahmen zu empfehlen, die sich in die Erfolgskontrolle und die Kontingenzkontrolle aufgliedern lassen. Nähere Erläuterungen zu den Implikationen sind den nachfolgenden Kapiteln zu entnehmen.

Abbildung 21: Überblick über die Praxisimplikationen der Forschungsarbeit

	Analyse und Planung	Koordination	Kontrolle

Multikanalstrategie	<u>Cashflow</u>
	• Sensorische Produkte
	• Hohe Kauffrequenz
	• Mittlerer bis hoher Multikanalwettbewerb
	[Beispielbranche: Kleidung]
	<u>Tobins Q</u>
	• Sensorische Produkte
	• Niedrige Marktdynamik
	• Differenzierungsstrategie
	[Beispielbranche: Automobil]
		• Ausschöpfung des Differenzierungspotenzials
		• Kommunikation der Kanalauswahl
		• Optimierte Kanalausgestaltung unter Kostenberücksichtigung:
		  • Homogenisierung
		  • Integration
		• Ausbau dynamischer Fähigkeiten
			<u>Erfolgskontrolle</u>
			• Beobachtung von Cashflow und Tobins Q
			• Beobachtung der Nachfrage- und Angebotseffekte einer Multikanalstrategie
			  • Verstärkung positiver Mechanismen
			  • Reduktion negativer Mechanismen
			• Kundenwert- und Kundenzufriedenheitsanalysen
			• Beobachtung des Kanalnutzungsverhaltens
			  • Eigene Kanäle bei Multikanalhändlern
			  • Eigene und andere Kanäle bei Einkanalhändlern
			
			<u>Kontingenzkontrolle</u>
			• Dauerhafte Beobachtung der Kontingenzfaktoren
			  • Umsetzung der generischen Strategie
			  • Wettbewerbsbeobachtung
			  • Anteil an sensorischen Produkten
			  • Erfassung der Kauffrequenz
			  • Erfassung der Marktdynamik
			• Prognose der Entwicklung von Kontingenzfaktoren

Internetstrategie	<u>Cashflow</u>
	• Nicht-sensorische Produkte
	• Niedrige Kauffrequenz
	• Niedriger oder hoher Multikanalwettbewerb
	[Beispielbranche: Software]
	<u>Tobins Q</u>
	• Nicht-sensorische Produkte
	• Niedrige Kauffrequenz
	• Hohe Marktdynamik
	[Beispielbranche: Spielzeug]
		• Ausführliche Kommunikation von Sucheigenschaften der Produkte
		• Nutzung dynamischer Fähigkeiten
		• Zusätzliche Kommunikationskanäle
		  • Mobile Applikation
		  • Showrooming in stationären Geschäften	

Ladengeschäftsstrategie	<u>Cashflow</u>
	• Niedrige Kauffrequenz
	• Niedriger Multikanalwettbewerb
	[Beispielbranche: Einrichtung]
	<u>Tobins Q</u>
	• Hohe Marktdynamik
	• Kostenführerschaft
	[Beispielbranche: Sportartikel]
		• Zusätzliche Kommunikationskanäle
		  • Webrooming auf der Internetseite oder mobilen Applikation
		• Optimierte Kanalausgestaltung
		  • Integration von Kommunikations- und Distributionskanal	

Quelle: Eigene Darstellung.

6.3.2 Analyse von Kontingenzfaktoren und Planung einer Kanalstrategie

Die grundlegende Entscheidung im Kanalmanagement ist die Auswahl der Distributionskanäle und damit gleichsam die Entscheidung für eine Einkanal- oder Multikanalstrategie sowie die Entscheidung für bestimmte Kanaltypen (siehe Kapitel 2.2.2 und 2.2.3). Die Ergebnisse dieser Forschungsarbeit verdeutlichen, dass Unternehmen ihrer Entscheidung bei der Auswahl von Distributionskanälen das in dieser Arbeit vorgeschlagene konzeptuelle Modell, inklusive der Mechanismen einer Multikanalstrategie, zugrunde legen sollten. Dementsprechend sind vor allem Kontingenzfaktoren des Unternehmens, des Wettbewerbs und der Konsumenten zu berücksichtigen. Im Folgenden werden konkrete Empfehlungen bezüglich einer Multikanalstrategie, einer reinen Internetstrategie und einer reinen Ladengeschäftsstrategie ausgesprochen.

Multikanalstrategie. Hinsichtlich der kurzfristigen Erfolgssteigerung in Form der Erhöhung von Cashflows sollten mehrere Kanäle angeboten werden, wenn das Unternehmen sensorische Produkte verkauft, die Konsumenten eine hohe Kauffrequenz aufweisen und ein hoher Anteil an Unternehmen in der Branche mehrere Kanäle anbietet. Ein geeignetes Beispiel für einen vielversprechenden Multikanalmarkt stellt die Kleidungsbranche dar, insofern als sensorische Produkte verkauft werden, Konsumenten diese häufig nachfragen und zunehmend mehr Händler Multikanalhändler sind. Zum Teil kann ein Händler auch versuchen, die Rahmenbedingungen zu beeinflussen. Vertreibt ein Händler beispielsweise sensorische Produkte, die Kauffrequenz ist jedoch nicht besonders hoch, sollte ein Multikanalhändler stärker in Marketingaktivitäten investieren, um die Kauffrequenz der Konsumenten zu erhöhen. Werden Kunden zum häufigeren Kauf motiviert, sollte sich dies ebenso in ihrem Kanalnutzungsverhalten reflektieren, was den Erfolg der Multikanalstrategie steigern könnte. Hierfür weist etwa der Elektronikhandel ein hohes Potenzial auf, da neue Technologien zunehmend die Masse an Konsumenten erreichen und die Produktlebenszyklen von elektronischen Gütern aufgrund der ständigen Produktinnovationen immer kürzer werden (Scheimann 2011). Während Mobilfunktelefone einem Konsumenten noch vor 10 Jahren vermutlich fünf Jahre dienten, kaufen sich viele heute schon nach zwei Jahren ein neues Gerät (Scheimann 2011). Insbesondere Ersatzteile, Upgrades oder elektronisches Zubehör kann dazu genutzt werden, die Kauffrequenz noch weiter zu steigern. Der Multikanalwettbewerb ist gegenüber reinen Internethändlern nur relevant, bis er die Hälfte der Branche erreicht. Gegenüber rein stationären Händlern spielt er jedoch erst ab 75% der Brancheneinnahmen durch Multikanalhändler eine Rolle. Nichtsdestotrotz schadet ein hoher Multikanalwettbewerb einem Multikanalhändler nicht, sondern hilft ihm im Gegenzug bei der Umsetzung einer erfolgreichen Strategie. Es ist demzufolge empfehlenswert, nicht als Erster in einem Markt mehrere Vertriebskanäle anzubieten, sondern abzuwarten, bis der Multikanalwettbewerb steigt.

Mit Blick auf den langfristigen Erfolg, unter anderem am Aktienmarkt, ist der Multikanalwettbewerb jedoch unbedeutend für einen Multikanalhändler. Demgegenüber kann die Dynamik eines Marktes den Erfolg einer Strategie beeinflussen, insofern als Multikanalhändler in einem eher stabilen Markt ein höheres Tobins Q erreichen. Dies beruht auf den Kosten für Multikanalhändler durch die Dynamiken, weshalb sie folglich nicht mit der Profitabilität von Einkanalhändlern konkurrieren können. Multikanalhändler sollten diese Anpassungsfähigkeit jedoch im Rahmen ihrer Koordinationstätigkeiten von mehreren Distributionskanälen lernen, um langfristig wettbewerbsfähig zu bleiben, was im folgenden Kapitel 6.3.2 näher erläutert wird. Sehen sich Multikanalhändler in unmittelbarer Konkurrenz zu rein stationären Händlern, sollten sie auch die Realisierung ihrer generischen Strategie im Auge behalten. So bietet sich eine Differenzierungsstrategie als Multikanalhändler besonders an. Auch gegenüber Internethändlern sollte ein Multikanalhändler eine Differenzierungs-strategie verfolgen, da ein Internetunternehmen als Kostenführer über günstigere Grundvoraussetzungen verfügt. Die Produkteigenschaft der Sensorik ist für Multikanalhändler nur im Vergleich zu reinen Internethändlern von Relevanz. Demnach stellt sich die Frage, was einem Multikanalhändler empfohlen wird, der mit beiden, reinen Internet- und stationären Händlern konkurriert. Wenn dieser nicht-sensorische Produkte anbietet, wäre eine reine Internetstrategie empfehlenswert, da dies den kurz- und langfristigen Erfolg steigern kann. Bei sensorischen Gütern ist es jedoch von anderen Kontingenzfaktoren abhängig zu machen, ob mehrere Kanäle oder nur ein stationärer Kanal angeboten werden.

Insgesamt beziehen sich die Ergebnisse hauptsächlich auf eine Multikanalstrategie, die mindestens einen Internetkanal und Ladengeschäfte inkludiert. Dennoch sind auch andere Kanäle denkbar, wie beispielsweise ein Katalog oder mobile Applikationen. Entsprechend den Ausführungen unter Kapitel 2.2.3 gehören die unterschiedlichen Kanäle bestimmten Typen an, so dass jede Kombination von Erlebnis- und Komfortkanälen zu vergleichbaren Ergebnissen führen sollte. Diese Arbeit motiviert sich unter anderem aus der aktuellen Debatte, ob reine Internethändler oder Multikanalhändler erfolgsversprechender seien. Diesbezüglich sei darauf hingewiesen, dass Multikanalhändler die Internethändler definitiv als ernstzunehmende Bedrohung ansehen sollten.

Internetstrategie. Eine reine Internetstrategie ist insbesondere dann erfolgsversprechend, wenn ein Händler nicht-sensorische Produkte mit geringer Kauffrequenz distribuiert. Der

Multikanalwettbewerb ist auf kurze Sicht nur bedingt relevant, da ein Multikanalhändler in einem stärkeren Multikanalumfeld zwar zunächst seine Cashflows steigern kann, dieser Effekt ab einem Wert von 56% jedoch verschwindet. Auf lange Sicht erweist sich eine Internetstrategie insbesondere als geeignet, Marktdynamiken zu begegnen. Die Flexibilität und Adaptionsfähigkeit des Kanals helfen, sich veränderndem Konsumentenverhalten schnell anzupassen. Internethändler sollten diese Fähigkeit unbedingt weiter verfolgen und ausbauen, aber ihre Reaktionen stets auf deren Notwendigkeit überprüfen. So kann es von Kunden vermutlich auch als beliebig oder gar irritierend empfunden werden, wenn sich Unternehmensangebote häufig ändern. Dennoch stellt ein dynamischer Markt ein ideales Umfeld für reine Internethändler dar, so dass diese bei ihrer Planung einen solchen Markt wählen sollten. Die Idealfallanalyse in dieser Arbeit zeigt, dass bisher kaum ideale Fälle von Onlinehändlern existieren, die alle Kriterien erfüllen. Das volle Potenzial einer solchen Strategie wird von bisherigen börsennotierten Internethändlern demzufolge noch nicht ausgeschöpft. Günstige Beispielbranchen sind Bastelzubehör-, Spielzeug und Spielartikel oder Computersoftware. Hierbei ist zu bedenken, dass die Dynamik eines Marktes sich über einen längeren Zeitraum verändern kann.

Ladengeschäftsstrategie. Die Ergebnisse der Studie beantworten die Fragestellung, ob eine rein stationäre Strategie unter bestimmten Bedingungen heutzutage noch plausibel sei mit einer eindeutigen Zustimmung. Zwar verdrängt das Internet laut deskriptiven Statistiken die reinen Ladengeschäftshändler zunehmend, aber Letztere können unter bestimmten Bedingungen definitiv erfolgreich sein. Auf kurze Sicht ist dies der Fall, wenn die Güter eines Händlers weniger häufig gekauft werden und der Multikanalwettbewerb niedrig ist. Ein Beispiel hierfür sind Möbelhäuser. Da die Anzahl der Multikanalhändler jedoch enorm wächst, ist es nicht zwingend zu empfehlen zur Steigerung der Cashflows ein rein stationärer Händler zu bleiben. Langfristig kann ein rein stationärer Händler aber erfolgreicher sein als sein Multikanalkonkurrent, wenn er die Strategie der Kostenführerschaft verfolgt und in einem dynamischen Umfeld agiert. Da stationäre Geschäfte dem Konsumenten keinen Komfort im Sinne der schnellen Erreichbarkeit bieten, gegenüber Multikanalhändlern aber niedrigere Preise anbieten können, ist die Kostenführerschaft für stationäre Händler empfehlenswert. So leiten die Händler ihre Konsumenten auch nicht in den Onlinekanal, bei welchem Preisvergleiche naheliegender sind. Dennoch erfordert die Zukunft des Handels ein wenig Kreativität von traditionellen, stationären Händlern, damit sie langfristig wettbewerbsfähig bleiben können. Dies wird unter der Ausgestaltung der Strategie (siehe Kapitel 6.3.2) näher erläutert.

6.3.3 Koordination einer Kanalstrategie

Die Koordination einer Kanalstrategie befasst sich mit der Organisation und Ausgestaltung von Kanälen, sowie der Implementierung der geplanten Strategie. Hierbei sollten Marketingmanager im Blick behalten, dass die Ziele ihrer entwickelten Strategie verfolgt werden und das Unternehmen effektiv und effizient bleibt. Im Folgenden werden einzelne Ergebnisse dieser Forschungsarbeit herausgegriffen, aus denen sich Handlungsempfehlungen für die Umsetzung der verschiedenen Kanalstrategien ableiten lassen.

Multikanalstrategie. Die Multikanalstrategie ist die komplexeste Form der in der Arbeit betrachteten Kanalstrategien und erfordert deshalb mehr Aufwand bezüglich ihrer Koordination. Entgegen den Erwartungen im konzeptuellen Modell konnte in der empirischen Untersuchung kein Moderationseffekt der generischen Strategie beim Vergleich von Multikanal- mit Internethändlern beobachtet werden. In der Diskussion dieses Ergebnisses wird die Vermutung angestellt, dass aktuell auch Internethändler ein gewisses Differenzierungs-potenzial ihres Kanals ausschöpfen. Ebenso besteht die Gefahr, dass Multikanalhändler ihren eigenen stationären Kunden das Internet als Kaufkanal näherbringen, diese dann langfristig aber zu reinen Internethändlern wechseln. Dies kann z.B. passieren, wenn die Onlinehändler den Kanal besser ausgestalten, niedrigere Preise oder bessere Leistungen anbieten. Multikanalhändler sollten deshalb zwingend ihr Angebot optimieren und das Differenzierungs-potenzial eines Multikanalsystems ausschöpfen, um mehr Wert für Kunden zu stiften.

Zum einen sollte die Möglichkeit der Wahl von unterschiedlichen Kanälen als Informationsquelle und Kaufoption den Konsumenten gegenüber stärker kommuniziert werden, zum anderen bildet auch die Ausgestaltung des Multikanalsystems einen wesentlichen Aspekt der Wertstiftung. In Kapitel 2.2.2 wurden Entscheidungsfelder des Multikanalmarketings vorgestellt, wozu u.a. die Homogenisierung und Integration der Kanäle zählen. Insbesondere die Integration von Kundenservices und Angeboten über mehrere Kanäle stellt einen Wettbewerbsvorteil dar, den Einkanalhändler nicht erfüllen können. Diese Möglichkeiten sollten stärker genutzt werden, indem Multikanalhändler bezüglich der Ausgestaltung ihres Kanalsystems kreativer werden, um damit differenzierenden Wert für Kunden stiften zu können (Verhoef, Kannan und Inman 2015). Beispielsweise könnte die Kontaktaufnahme im Internet zu Mitarbeitern des stationären Geschäfts ermöglicht werden oder Ladengeschäftspersonal stellt persönliche Produktrezensionen und Videos auf die Website. Ebenso ist es wertstiftend, online die Überprüfung der Produktverfügbarkeit im nahegelegenen Geschäft zu ermöglichen. Im Marketing werden solche Integrationsaktivitäten häufig als Omnichannel-Marketing bezeichnet, was den nahtlosen Übergang zwischen den Kanälen repräsentiert (Verhoef, Kannan und Inman 2015). Beim Angebot von Integrationsservices sollten Handelsunternehmen jedoch stets auch die damit verbundenen Kosten im Blick behalten, was bezüglich der Kontrolle von Kanalstrategien noch weiter ausgeführt wird (siehe Kapitel 6.3.3).

Wie schon vorab skizziert, sind Händler zunehmend mehr Marktdynamik ausgesetzt, insofern als ständige technologische Innovationen das Konsumentenverhalten zunehmend beeinflussen. Multikanalhändler müssen deshalb ihre dynamischen Fähigkeiten ausbauen und fokussieren, um der Flexibilität von Einkanalhändlern, insbesondere Internethändlern, begegnen zu können (Day 2014; Eisenhardt und Martin 2000; Kozlenkova, Samaha und Palmatier 2014). Solche Fähigkeiten sollten sie nutzen, um die Vorteile mehrerer Kanäle in einem dynamischen Umfeld besser auszuschöpfen. Dies kann zum Beispiel die Ausweichmöglichkeit auf einen alternativen Distributionskanal sein, falls unvorhersehbare Nachfrageeinbrüche in einem bestimmten Kanal auftreten. Das Platzen der Dotcom-Blase im Jahr 2000 führte nicht nur zur Insolvenz vieler börsennotierter Internetunternehmen, auch die Konsumenten standen diesem Kanal folglich skeptischer gegenüber (Ernst 2010). Zwar ist die Wiederholung einer so enormen Krise nicht sehr wahrscheinlich, jedoch können auch kleinere Zwischenfälle, wie zum Beispiel Hackerangriffe auf Internetshops, eine Unsicherheit bei Konsumenten auslösen, die ihr Kaufverhalten verändert. In solchen Fällen können Multikanalhändler ihre unterschiedlichen Optionen nutzen, um bestehende Kunden zu binden und neue Kunden zu akquirieren.

Internetstrategie. Reine Internethändler sollten die Möglichkeiten des Internets nutzen, um ausgiebig über ihre nicht-sensorischen Produkte zu informieren. Sie sollten umfassende Produktbeschreibungen und Kundenbewertungen zur Verfügung stellen und diese stets aktualisieren. Denn auch ihre Flexibilität und schnelle Adaptionsfähigkeit differenziert sie von Multikanalhändlern. Diese Flexibilität stützt ihren Erfolg insbesondere in dynamischen Märkten, welche sich Onlineunternehmen zwingend beibehalten müssen. Um mit dem differenzierterem Kanalangebot eines Multikanalhändlers konkurrieren zu können, sollten Internetfirmen künftig auch stärker über weitere Kommunikationskanäle nachdenken. Beispielsweise ist die mobile Applikation mittlerweile schon eine Selbstverständlichkeit im Onlinehandel. Die Bereitstellung von Produkten und Produktinformationen in stationären Geschäften steckt jedoch noch in den Anfängen. Dieses sogenannte Showrooming kann Internethändlern helfen, auch die Vorteile von physischen Geschäften, bei wesentlich geringeren Kosten als ein vollwertiger Multikanalhändler, zu nutzen (Verhoef, Kannan und Inman 2015). In dieser neuen Form des Handels nutzen Konsumenten ihr Mobilfunktelefon zum Einkauf in stationären Geschäften und bestellen somit letztlich auf der (mobilen) Website des Händlers (Verhoef, Kannan und Inman 2015). Ebay stellt z.B. in einigen wenigen Ladengeschäften Produkte aus, die dann über die mobile Applikation mittels QR-Code im Internet bestellt werden können. Dies kann vor allem erfolgversprechend sein, wenn ein Internethändler zum Teil auch sensorische Produkte verkauft, was beispielsweise bei Kauf- und Warenhäusern der Fall ist.

Ladengeschäftsstrategie. Für die rein stationären Händler stellt im Besonderen der wachsende Multikanalwettbewerb eine große Gefahr für ihre Cashflow-Ergebnisse dar. Reine Ladengeschäftshändler, die eine Kostenführerschaft anstreben, können aber dennoch die Vorteile mehrerer Kanäle nutzen, indem sie zum Beispiel Webrooming anbieten (Verhoef, Kannan und Inman 2015). Das bedeutet, dass die Konsumenten die Produkte und dazugehörige Informationen auch im Internet aufrufen können, aber kein Versand zu deren Heimatadressen möglich ist, was wiederum ein neues Logistikmanagement erfordern würde. Der Händler kann auf seiner Internetseite dennoch die Vorteile der Bereitstellung von Suchinformationen nutzen und seinen Kunden über die Beratung im Geschäft hinaus auch Kundenbewertungen o.ä. anbieten. Beispielsweise können sich Kunden von Automobilhändlern häufig schon ihr Wunschauto im Internet konfigurieren und dann mit ihrem Händler vor Ort besprechen. Ein Beispiel dafür bietet der Konfigurator von MINI (*www.mini.de/Konfigurator*), bei welchem man anschließend direkt ein Angebot bei einem MINI-Händler in der Nähe anfragen kann. Wie diese Forschungsarbeit an Beispielen von börsennotierten Händlern zeigt, werden rein stationäre Händler keinesfalls aussterben, sie werden in der Anzahl jedoch künftig unterrepräsentiert sein und müssen andere Kanalmöglichkeiten wenigstens als Kommunikationsmaßnahmen in Betracht ziehen, um langfristig wettbewerbsfähig zu bleiben.

6.3.4 Kontrolle einer Kanalstrategie

Die Kontrolle einer Kanalstrategie sollte das Nachfassen bezüglich der Zielerreichung sowie der Zukunftsorientierung einer solchen zum Gegenstand haben und dabei insbesondere die Veränderungen von finanzwirtschaftlichen Erfolgskennzahlen, aber auch die mediierenden Mechanismen und moderierende Kontingenzfaktoren betrachten. Diese Erfolgs- und Kontingenzkontrolle gilt für Multikanalhändler ebenso wie für Einkanalhändler.

Erfolgskontrolle. Es wird empfohlen, hinsichtlich des kurzfristigen Erfolgs vor allem die Entwicklung des Cashflows zu beobachten, da dieser ein Profitabilitätsmaß darstellt, welches mit Wettbewerbern und anderen Branchen vergleichbar ist. Aber auch die zukünftigen Erwartungen an das Unternehmen auf dem Aktienmarkt sollte ein börsennotierter Händler bei der Bewertung seiner Strategie berücksichtigen. Mit Blick auf die Mechanismen sollte ein Multikanalhändler erfassen, ob sich die gewünschten positiven Effekte auf der Nachfrage- und Angebotsseite eingestellt haben und inwiefern negative Effekte in der vergangenen Periode reduziert werden konnten. Zielt ein Unternehmen beispielsweise auf die Steigerung von Lerneffekten durch unterschiedliche Kanäle ab, sollte sich dies in den kanalbezogenen und kanalübergreifenden Kosten niederschlagen. Vertreibt ein Multikanalhändler überwiegend sensorische Produkte, sollte dies wiederum zu gesteigertem Erfolg der Kundenakquise und der Kundenbindung führen. Während sich die Kundenwertanalyse für die Messung der Profitabilität des Kundenstamms eignet, sollte die Kundenzufriedenheit Aufschluss darüber geben, ob das Kanalangebot als wertvoll wahrgenommen wird. Zusätzlich ist es notwendig, das Kundenverhalten genauer zu beobachten. So können Analysen bezüglich der Kanalnutzung von Konsumenten in unterschiedlichen Kaufphasen von Interesse sein, um das Angebot schließlich optimal zu gestalten. Reine Internet- oder stationäre Händler sollten vor allem das Kanalnutzungsverhalten bezüglich der Informationssuche in anderen eigenen oder fremden Kanälen betrachten, um den Bedarf nach weiteren Kanaloptionen zu erfassen. Eine Effizienzkontrolle ist auch bei diesen Händlern unabdingbar, vor allem bei Verfolgung einer Kostenführerschaft.

Kontingenzkontrolle. Neben der Erfolgskontrolle ist jedoch auch die regelmäßige Beobachtung der Kontingenzfaktoren von Bedeutung für den langfristigen Erfolg. So sollte innerhalb des Unternehmens regelmäßig erfasst werden, ob die Rahmenbedingungen immer noch ideal für die entsprechende Kanalstrategie sind. Wird die generische Strategie im gesamten Unternehmen konsistent umgesetzt? Werden wirklich hauptsächlich nicht-sensorische Produkte verkauft? Auch die Beobachtung des Wettbewerbs kann entscheidend sein. Hierbei interessiert zum einen, wie viele Wettbewerber eine bestimmte Kanalstrategie verfolgen, aber auch wie sie diese ausgestalten. Die nähere Begutachtung von idealen und nicht-idealen Fällen kann im Zuge dessen neue Inspirationen liefern oder das Unternehmen vor Fehlentscheidungen bewahren. Auch die Kauffrequenz stellt einen wichtigen Kontingenzfaktor dar, der erfasst werden sollte. Hinsichtlich des Konsumentenmarkts sollte die Dynamik des Marktes beobachtet und für die Zukunft näherungsweise prognostiziert werden.

Die Prognose der Entwicklung der Kontingenzfaktoren in der Zukunft repräsentiert generell eine Notwendigkeit für langfristig erfolgreiche Handelsunternehmen. Im Rahmen der Ergebnisdiskussion wurden Vermutungen zur Zukunft einiger Kontingenzfaktoren erläutert, die bei der Wahl und Ausgestaltung der Kanalstrategie von wesentlicher Bedeutung sind. Vermutlich werden sich die Kanäle durch integrierende Leistungsangebote in Zukunft mehr und mehr annähern und ein Großteil der Unternehmen wird mehrere Kanäle mindestens für kommunikative Zwecke nutzen, so dass die Handelslandschaft vielfältiger und komplexer wird.

Diese Studie zweifelt deutlich an, dass zukünftig eine bestimmte Kanalstrategie allein erfolgreich sein wird. Vielmehr bestätigt sie die Effektivität unterschiedlicher Kanalstrategien auf kurze und lange Sicht. Das Handelsunternehmen der Zukunft hat demnach mannigfaltige Möglichkeiten der Auswahl und Ausgestaltung von Distributionskanälen und Kanalsystemen, die vor dem Hintergrund der Kontingenzfaktoren sorgfältig ausgewählt werden sollten.

7. Fazit

Diese Forschungsarbeit trägt wesentlich zur Marketingforschung bei und schließt eine wichtige Forschungslücke im strategischen Multikanalmarketing. Sie untersucht empirisch ein umfassendes Kontingenzmodell zum kurz- und langfristigen finanzwirtschaftlichen Erfolg einer Multikanalstrategie im Vergleich zur internetbasierten oder stationären Einkanalstrategie. Hierbei findet Ohmaes (1991) Theorie des strategischen Dreiecks als integrierende Sichtweise des strategischen Managements Anwendung. Als Basis für die Argumentation logischer Zusammenhänge in den Hypothesen des Kontingenzmodells, trägt die Arbeit alle wichtigen erfolgsfördernden und -hemmenden Mechanismen einer Multikanalstrategie systematisch zusammen. Dabei beantwortet sie die Fragen, unter welchen Bedingungen ein Multikanal-händler mit Internethändlern konkurrieren und ein stationärer Händler erfolgreich sein kann. Die Ergebnisse verdeutlichen, dass weder eine reine Internet- noch eine Multikanalstrategie auf kurze oder lange Sicht generell erfolgreicher ist, was beide Seiten der eingangs beschriebenen Debatte anzweifeln lässt. Vielmehr sollten sich Forscher und Unternehmer mit den Kontingenzfaktoren beschäftigen, die aufgrund eines strategischen Fits mit der Kanalstrategie zum finanzwirtschaftlichen Erfolg des Unternehmens beitragen. So kann selbst eine stationäre Strategie in der heutigen Zeit noch lohnenswert sein, auch wenn dies an spezifische Kontingenzen gebunden ist. Diese Ergebnisse widersprechen den Erwartungen diverser Handelsspezialisten und fordern die Debatte um die Zukunft des Handels heraus.

Die Zukunft des Handels bleibt spannend, da sich die Distributionskanäle vermutlich mehr und mehr annähern, indem die Kanäle zunehmend integriert werden. Aufgrund des wachsenden Multikanalangebots müssen sich Einkanalhändler anpassen, sei es der Handel über das Internet oder über Ladengeschäfte. Manager müssen kreativ werden und die Ergebnisse der Marketingforschung berücksichtigen, um langfristig erfolgreich zu bleiben. Und so wie das Video nicht den „Radio Star“ zerstörte, vernichtet das Internet auch nicht den stationären Handel. Die Kanallandschaft wird hingegen vielfältiger und durch neue digitale und nicht-digitale Entwicklungen bereichert werden.

Anhangsverzeichnis

Anhang A: Auflistung der entfernten Unternehmen aus dem Datensatz

Nr.	Unternehmen	SIC-Klassifizierung	Begründung
1	ABLE ENERGY INC	AUTO DEALERS, GAS STATIONS	Nicht am Aktienmarkt gelistet
2	ACORN INTERNATIONAL INC	CATALOG, MAIL-ORDER HOUSES	Firmensitz außerhalb der USA
3	AFFINITY GROUP HOLDING INC	MISC SHOPPING GOODS STORES	B2C-Handel nicht Hauptgeschäftsfeld
4	ALON HLDGS BLUE SQUARE	GROCERY STORES	Firmensitz außerhalb der USA
5	ASCENDANT SOLUTIONS INC	DRUG & PROPRIETARY STORES	Nicht am Aktienmarkt gelistet
6	ASIAMART INC	VARIETY STORES	Nicht am Aktienmarkt gelistet
7	AUTOCHINA INTERNATIONAL LTD	AUTO DEALERS, GAS STATIONS	Firmensitz außerhalb der USA
8	BIDZ.COM INC	CATALOG, MAIL-ORDER HOUSES	Nicht am Aktienmarkt gelistet
9	BIRKS & MAYORS INC	JEWELRY STORES	Firmensitz außerhalb der USA
10	BLUESTEM BRANDS INC	CATALOG, MAIL-ORDER HOUSES	Nicht am Aktienmarkt gelistet
11	BOWLIN TRAVEL CENTERS INC	CONVENIENCE STORES	Nicht am Aktienmarkt gelistet
12	BOWLIN TRAVEL CENTERS INC	CONVENIENCE STORES	Nicht am Aktienmarkt gelistet
13	CATTLESALE CO	CATALOG, MAIL-ORDER HOUSES	Nicht am Aktienmarkt gelistet
14	CC JEWELRY CO LTD	JEWELRY STORES	Firmensitz außerhalb der USA
15	CHINA JO-JO DRUGSTORES INC	DRUG & PROPRIETARY STORES	Geschäftstätigkeit außerhalb der USA
16	CHINA NEPSTAR CHAIN DRUG	DRUG & PROPRIETARY STORES	Firmensitz außerhalb der USA
17	CIA BRASILEIRA DE DSTRB	GROCERY STORES	Firmensitz außerhalb der USA
18	CLICKABLE ENTERPRISES INC	MISCELLANEOUS RETAIL	Nicht am Aktienmarkt gelistet
19	CONSUMER CAPITAL GROUP INC	CATALOG, MAIL-ORDER HOUSES	Geschäftstätigkeit außerhalb der USA
20	CULTURE MEDIUM HOLDINGS CP	CATALOG, MAIL-ORDER HOUSES	Nicht am Aktienmarkt gelistet
21	DELHAIZE GROUP SA	GROCERY STORES	Firmensitz außerhalb der USA
22	EASTERN ASTERIA INC	CATALOG, MAIL-ORDER HOUSES	Nicht am Aktienmarkt gelistet
23	E-COMMERCE CH DANGDANG	CATALOG, MAIL-ORDER HOUSES	Firmensitz außerhalb der USA
24	FACTORY 2-U STORES INC	FAMILY CLOTHING STORES	Nicht am Aktienmarkt gelistet
25	FINLAY ENTERPRISES INC	JEWELRY STORES	Nicht am Aktienmarkt gelistet
26	FIRSTPLUS FINANCIAL GROUP	AUTO DEALERS, GAS STATIONS	Nicht am Aktienmarkt gelistet
27	FOOTSTAR INC	SHOE STORES	Nicht am Aktienmarkt gelistet
28	FTS GROUP INC	RETAIL STORES, NEC	Nicht am Aktienmarkt gelistet
29	GENERAL FINANCE CORP/DE	RETAIL STORES, NEC	B2C-Handel nicht Hauptgeschäftsfeld
30	GIANT MOTORSPORTS INC	AUTO DEALERS, GAS STATIONS	Nicht am Aktienmarkt gelistet
31	GNC HOLDINGS INC	FOOD STORES	Nicht am Aktienmarkt gelistet
32	GREEN AUTOMOTIVE CO	AUTO DEALERS, GAS STATIONS	Nicht am Aktienmarkt gelistet
33	GREENMAN TECHNOLOGIES INC	MISCELLANEOUS RETAIL	B2C-Handel nicht Hauptgeschäftsfeld
34	HARVEY ELECTRONICS INC	RADIO,TV,CONS ELECTR STORES	Nicht am Aktienmarkt gelistet
35	HIPERMARC SA	GROCERY STORES	Firmensitz außerhalb der USA
36	HORIZON HEALTH INTL CORP	CATALOG, MAIL-ORDER	Nicht am Aktienmarkt gelistet

Nr.	Unternehmen	SIC-Klassifizierung	Begründung
		HOUSES	
37	IRON AGE HOLDINGS CORP	SHOE STORES	Nicht am Aktienmarkt gelistet
38	IRONPLANET INC	CATALOG, MAIL-ORDER HOUSES	Nicht am Aktienmarkt gelistet
39	JENNIFER CONVERTIBLES INC	FURNITURE STORES	Nicht am Aktienmarkt gelistet
40	KONINKLIJKE AHOLD NV	GROCERY STORES	Firmensitz außerhalb der USA
41	LENTUO INTERNATIONAL	AUTO DEALERS, GAS STATIONS	Firmensitz außerhalb der USA
42	LIBERTY MEDIA CORP	CATALOG, MAIL-ORDER HOUSES	B2C-Handel nicht Hauptgeschäftsfeld
43	MECOX LANE LTD	CATALOG, MAIL-ORDER HOUSES	Firmensitz außerhalb der USA
44	MEDIABAY INC	CATALOG, MAIL-ORDER HOUSES	Nicht am Aktienmarkt gelistet
45	MY HEALTHY ACCESS INC	DRUG & PROPRIETARY STORES	Nicht am Aktienmarkt gelistet
46	NBC ACQUISITION CORP	MISC SHOPPING GOODS STORES	B2C-Handel nicht Hauptgeschäftsfeld
47	NEBRASKA BOOK CO INC	MISC SHOPPING GOODS STORES	Nicht am Aktienmarkt gelistet
48	NEWEGG INC	CATALOG, MAIL-ORDER HOUSES	Nicht am Aktienmarkt gelistet
49	NEWEGG INC	CATALOG, MAIL-ORDER HOUSES	Nicht am Aktienmarkt gelistet
50	PARENT CO	CATALOG, MAIL-ORDER HOUSES	Nicht am Aktienmarkt gelistet
51	PETRO STOPPING CENTERS	AUTO DEALERS, GAS STATIONS	Nicht am Aktienmarkt gelistet
52	PICK UPS PLUS INC	AUTO AND HOME SUPPLY STORES	Nicht am Aktienmarkt gelistet
53	PREVU INC	APPAREL AND ACCESSORY STORES	Nicht am Aktienmarkt gelistet
54	PRICESMART INC	VARIETY STORES	Geschäftstätigkeit außerhalb der USA
55	QKL STORES INC	GROCERY STORES	Geschäftstätigkeit außerhalb der USA
56	REDENVELOPE INC	CATALOG, MAIL-ORDER HOUSES	Nicht am Aktienmarkt gelistet
57	RETAIL HOLDINGS NV	HOME FURNITURE & EQUIP STORE	Firmensitz außerhalb der USA
58	ROUNDY'S INC	GROCERY STORES	B2C-Handel nicht Hauptgeschäftsfeld
59	S & K FAMOUS BRANDS INC	APPAREL AND ACCESSORY STORES	Nicht am Aktienmarkt gelistet
60	SHARPER IMAGE CORP	MISC SHOPPING GOODS STORES	Nicht am Aktienmarkt gelistet
61	SIGNET JEWELERS LTD	JEWELRY STORES	Firmensitz außerhalb der USA
62	SONIC AUTOMOTIVE INC	AUTO DEALERS, GAS STATIONS	Keine Performancedaten
63	SPIEGEL INC	CATALOG, MAIL-ORDER HOUSES	Nicht am Aktienmarkt gelistet
64	STATER BROS HOLDINGS INC	GROCERY STORES	Keine Performancedaten
65	SUSSER HOLDINGS CORP	AUTO DEALERS, GAS STATIONS	B2C-Handel nicht Hauptgeschäftsfeld
66	SYMBION HEALTH LTD	DRUG & PROPRIETARY STORES	Firmensitz außerhalb der USA
67	TITAN MACHINERY INC	AUTO DEALERS, GAS STATIONS	B2C-Handel nicht Hauptgeschäftsfeld
68	TODAY'S MAN INC	APPAREL AND ACCESSORY STORES	Nicht am Aktienmarkt gelistet
69	TRACK N TRAIL INC	SHOE STORES	Nicht am Aktienmarkt gelistet
70	TRAVELCENTERS OF AMERICA LLC	AUTO DEALERS, GAS STA-	B2C-Handel nicht Hauptgeschäfts-

Nr.	Unternehmen	SIC-Klassifizierung	Begründung
		TIONS	feld
71	TWEETER HOME ENTMT GROUP INC	RADIO,TV,CONS ELECTR STORES	Nicht am Aktienmarkt gelistet
72	USN CORP	MISCELLANEOUS RETAIL	Nicht am Aktienmarkt gelistet
73	WAL MART DE MEXICO SA	VARIETY STORES	Firmensitz außerhalb der USA
74	WALKING CO HOLDINGS INC	FAMILY CLOTHING STORES	Nicht am Aktienmarkt gelistet
75	WELLTEK INC	DRUG & PROPRIETARY STORES	Nicht am Aktienmarkt gelistet
76	WEST MARINE INC	AUTO DEALERS, GAS STATIONS	Keine Performancedaten
77	XPONENTIAL INC	MISCELLANEOUS RETAIL	Nicht am Aktienmarkt gelistet
78	ZAP	AUTO DEALERS, GAS STATIONS	B2C-Handel nicht Hauptgeschäftsfeld

Quelle: Eigene Darstellung.

Anhang B: Neuzuordnung einzelner Unternehmen zu Produktkategorien

SIC	SIC Bezeichnung	Unternehmen	Erhobene Produktkategorien	NAIC	NAIC Bedeutung	GICS	GICS Bedeutung	Neuer Code	Neuer Code Bedeutung
5961	Catalog, Mail-Order Houses	AMAZON.COM INC	Apparel, Art Objectives, Autoparts, Books, Computer Games, Drug Store, Electronics, Furniture, Groceries, Heathcare, Home Supplies, Jewelry, Movie & Music, Music Instruments, Optics, Office Supplies, Perfume, Cosmetics, Pet Supplies, Photo Development, Shoes, Software, Sporting Goods, Toys	454111	Electronic Shopping	255020	Internet & Catalog Retail	10000 / 5311	Book Store / Department Stores
5961	Catalog, Mail-Order Houses	BLUEFLY INC	Apparel, Jewelry, Optics, Perfume, Shoes	454111	Electronic Shopping	255020	Internet & Catalog Retail	5600	Apparel and Accessory Stores
5961	Catalog, Mail-Order Houses	CABELAS INC	Apparel, Books, Furniture, Optics, Shoes, Sporting Goods, Toys	451110	Sporting Goods Stores	255040	Specialty Retail	12000	Sporting Goods
5961	Catalog, Mail-Order Houses	CDW CORP	Electronics, Software	423430	Computer and Computer Peripheral Equipment and Software Merchant	452030	Electronic Equipment. Instruments & Components	5734	Computer and Computer Software Stores
5961	Catalog, Mail-Order Houses	COLDWATER CREEK INC	Apparel, Jewelry	448190	Other Clothing Stores	255040	Specialty Retail	5621	Women's Clothing Stores
5961	Catalog, Mail-Order Houses	DELIAS INC	Apparel, DrugStore, Jewelry, Shoes	448120	Women's Clothing Stores	255020	Internet & Catalog Retail	5621	Women's Clothing Stores
5961	Catalog, Mail-Order Houses	DESIGN WITHIN REACH INC	Electronics, Furniture, Office Supplies	454111	Electronic Shopping	255040	Specialty Retail	5700	Home Furniture
5961	Catalog, Mail-Order Houses	DOVER SADDLERY INC	Apparel, Pet Supplies, Sporting Goods, Shoes	448120	Women's Clothing Stores	255040	Specialty Retail	5945	Hobby, Toy & Game Shops
5961	Catalog, Mail-Order Houses	GAIAM INC	Apparel, Books, Electronics, Furniture, Healthcare, Movie & Music, Shoes, Sporting Goods	454113	Mail-Order Houses	255020	Internet & Catalog Retail	5311	Department Stores
5961	Catalog, Mail-Order Houses	GEEKNET INC	Books, Electronics, Office Supplies, Software, Toys	454111	Electronic Shopping	255020	Internet & Catalog Retail	5731	Radio, TV, Console, Electronic Stores
5961	Catalog, Mail-Order Houses	HARRY & DAVID HOLDINGS INC	Grocery	454113	Mail-Order Houses	255020	Internet & Catalog Retail	5400	Food Stores

SIC	SIC Bezeich zeich-nung	Unterneh-men	Erhobene Produktka-tegorien	NAIC	NAIC Bedeu-tung	GICS	GICS Bedeu-tung	Neuer Code	Neuer Code Bedeutung
5961	Catalog, Mail-Order Houses	HSN INC	Apparel, Art Objectives, Electronics, Furniture, Healthcare, Home Improvement, Jewelry, Perfume, Pet Supplies, Shoes, Sporting Goods, Toys	454113	Mail-Order Houses	255020	Internet & Catalog Retail	5311	Depart-ment Stores
5961	Catalog, Mail-Order Houses	INTERNA-TIONAL COM-MERCIAL TV	Apparel, Drug Store, Healthcare, Shoes, Toys	454111	Electronic Shopping	255020	Internet & Catalog Retail	5311	Depart-ment Stores
5961	Catalog, Mail-Order Houses	IPARTY CORP	Apparel, Toys	4532202 6	Gift, Novelty & Souvenir Stores	255040	Specialty Retail	5945	Hobby, Toy & Game Shops
5961	Catalog, Mail-Order Houses	LIBERTY INTERAC-TIVE CORP	Apparel, Art Objectives, Automotives Supplies, Books, Computer Games, Drug Store, Electronics, Furniture, Grocery, Healthcare, Home Improvement, Jewelry, Movie & Music, Music Instruments, Optics, Perfume, Pet Supplies, Shoes, Software, Sporting Goods, Toys, Travel & Events	454111	Electronic Shopping	255020	Internet & Catalog Retail	5311	Depart-ment Stores
5961	Catalog, Mail-Order Houses	LIQUIDI-TY SER-VICES INC	Apparel, Automotive Supplies, Electronics	454112	Electronic Auctions	451010	Internet Software & Ser-vices	5734	Computer and Com-puter Software Stores
5961	Catalog, Mail-Order Houses	NUTRISY-STEM INC	Grocery	454113	Mail-Order Houses	255020	Internet & Catalog Retail	5400	Food Stores
5961	Catalog, Mail-Order Houses	OVER-STOCK.CO M INC	Apparel, Art Objective, Automotive Supplies, Books, Computer Games, Electronics, Furniture, Healthcare, Home Improvement, Insurances, Jewelry, Movie & Music, Office Supplies, Perfume, Pet Supplies, Shoes, Software, Sporting Goods, Toys, Travel & Events	454111	Electronic Shopping	255020	Internet & Catalog Retail	5311	Depart-ment Stores
5961	Catalog, Mail-Order Houses	PC CONNEC-TION INC	Electronics, Furniture, Software	454111	Electronic Shopping	452030	Electronic Equipmen t. Instru-ments & Compo-nents	5731	Radio, TV, Con-sole, Electronic Stores
5961	Catalog, Mail-Order	PC MALL INC	Computer Games, Electronics, Software	454111	Electronic Shopping	452030	Electronic Equipmen t. Instru-	5731	Radio, TV, Con-sole,

SIC	SIC Bezeich zeich-nung	Unterneh-men	Erhobene Produktka-tegorien	NAIC	NAIC Bedeu-tung	GICS	GICS Bedeu-tung	Neuer Code	Neuer Code Bedeutung
	Houses						ments & Compo-nents		Electronic Stores
5961	Catalog, Mail-Order Houses	SCHOOL SPECIAL-TY INC	Books, Computer Games, Electronics, Furniture, Movie & Music, Music Instru-ments, Office Sup-plies, Software, Sport-ing Goods	45411	Electronic Shopping and Mail-Order Houses	253020	Diversifi-ed Con-sumer Services	10000	Book Store
5961	Catalog, Mail-Order Houses	STAMPS.C OM INC	Office Supplies	454111	Electronic Shopping	451010	Internet Software & Ser-vices	13000	Office Supplies
5961	Catalog, Mail-Order Houses	SYS-TEMAX INC	Electronics, Software	454111	Electronic Shopping	255040	Specialty Retail	5731	Radio, TV, Con-sole, Electronic Stores
5961	Catalog, Mail-Order Houses	US AUTO PARTS NETWORK INC	Automotive Supplies	454111	Electronic Shopping	255020	Internet & Catalog Retail	5531	Auto and Home Supply Stores
5961	Catalog, Mail-Order Houses	VALUEVI-SION ME-DIA INC	Apparel, Computer Games, Drug Store, Electronics, Furniture, Home Improvement, Jewelry, Movie & Music, Perfume, Shoes, Sporting Goods	454113	Mail-Order Houses	255020	Internet & Catalog Retail	5311	Depart-ment Stores
5961	Catalog, Mail-Order Houses	VITA-COST.COM INC	Grocery, Healthcare	454111	Electronic Shopping	255020	Internet & Catalog Retail	5400	Food Stores
5990	Retail Stores	1-800-FLO-WERS.CO M	Flowers	453110	Florists	255020	Internet & Catalog Retail	5531	Auto and Home Supply Stores
5990	Retail Stores	BROOKS-TONE INC	Automotive Supplies, Electronis, Furniture, Home Improvement, Jewelry, Sporting Goods, Toys	453998	All Other Miscella-neous Store Retailers (except Tobacco Stores)	255040	Specialty Retail	5700	Home Furniture
5990	Retail Stores	DGSE COMPA-NIES INC	Jewelry	453998	All Other Miscella-neous Store Retailers (except Tobacco Stores)	252030	Textiles. Apparel & Luxury Goods	5944	Jewelry Stores
5990	Retail Stores	DREAMS INC	Apparel, Automotive Supplies, Home Im-provement, Jewelry, Movie & Music, Office Supplies	453998	All Other Miscella-neous Store Retailers (except Tobacco Stores)	255040	Specialty Retail	5945	Hobby, Toy & Game Shops

SIC	SIC Bezeich zeich-nung	Unterneh-men	Erhobene Produktka-tegorien	NAIC	NAIC Bedeu-tung	GICS	GICS Bedeu-tung	Neuer Code	Neuer Code Bedeutung
5990	Retail Stores	EYE CARE CENTERS OF AMER-ICA	Healthcare, Optics	621320	Offices of Optomet-rics	255040	Specialty Retail	8090	Miscel-laneous Health & Allied Services
5990	Retail Stores	HEARUSA INC	Healthcare	446199	All Other Health and Per-sonal Care Stores	351020	Health Care Providers & Ser-vices	8090	Miscel-laneous Health & Allied Services
5990	Retail Stores	KIRK-LAND'S INC	Apparel, Electronics, Furniture, Home Improvement,	453998	All Other Miscella-neous Store Retailers (except Tobacco Stores)	255040	Specialty Retail	5700	Home Furniture
5990	Retail Stores	LESLIES POOLMAR T	Home Improvement, Sporting Goods	453998	All Other Miscella-neous Store Retailers (except Tobacco Stores)	255040	Specialty Retail	5531	Auto and Home Supply Stores
5990	Retail Stores	PER-FUMANIA HOL-DINGS INC	Drug Store, Perfume	446120	Cosmet-ics. Beau-ty Sup-plies and Perfume Stores	255040	Specialty Retail	11000	Cosmetics
5990	Retail Stores	PETS-MART INC	Pet Supplies	453910	Pet and Pet Sup-plies Stores	255040	Specialty Retail	5531	Auto and Home Supply Stores
5990	Retail Stores	SALLY BEAUTY HOL-DINGS INC	Drug Store, Healthcare, Jewelry	446120	Cosmet-ics. Beau-ty Sup-plies and Perfume Stores	255040	Specialty Retail	11000	Cosmetics
5990	Retail Stores	ULTA SALON COS-METCS & FRAG	Drug Store, Healthcare, Perfume	446120	Cosmet-ics. Beau-ty Sup-plies and Perfume Stores	255040	Specialty Retail	11000	Cosmetics
5940	Miscel-laneous Shop-ping Goods Stores	BARNES & NOBLE	Books, Coomputer Games, Electronics, Movie & Music, Office Supplies, Software, Toys	451211	Book Stores	255020	Internet & Catalog Retail	10000	Book Store
5940	Miscel-laneous Shop-ping Goods Stores	BIG 5 SPORTING GOODS CORP	Apparel, Shoes, Spor-ting Goods	451110	Sporting Goods Stores	255040	Specialty Retail	12000	Sporting Goods
5940	Miscel-laneous Shop-ping	BOOKS-A-MILLION INC	Books, Electronics, Grocery, Movie & Music, Office Sup-plies, Toys	451211	Book Stores	255040	Specialty Retail	10000	Book Store

SIC	SIC Bezeich zeich-nung	Unterneh-men	Erhobene Produktka-tegorien	NAIC	NAIC Bedeu-tung	GICS	GICS Bedeu-tung	Neuer Code	Neuer Code Bedeutung
	Goods Stores								
5940	Miscel-laneous Shop-ping Goods Stores	BORDERS GROUP INC	Books, Electronics, Movie & Music, Office Supplies	451211	Book Stores	255040	Specialty Retail	10000	Book Store
5940	Miscel-laneous Shop-ping Goods Stores	CABELAS INC	Apparel, Books, Furniture, Optics, Shoes, Sporting Goods, Toys	451110	Sporting Goods Stores	255040	Specialty Retail	12000	Sporting Goods
5940	Miscel-laneous Shop-ping Goods Stores	DICKS SPORTING GOODS INC	Apparel, Eletcronics, Optics, Shoes, Sport-ing Goods	451110	Sporting Goods Stores	255040	Specialty Retail	12000	Sporting Goods
5940	Miscel-laneous Shop-ping Goods Stores	GOLFS-MITH INTL HOL-DINGS INC	Apparel, Electronics, Jewelry, Shoes, Sport-ing Goods	451110	Sporting Goods Stores	255040	Specialty Retail	12000	Sporting Goods
5940	Miscel-laneous Shop-ping Goods Stores	HANCOCK FABRICS INC	Apparel, Books, Electronics, Movie & Music	451130	Sewing. Needle-work and Piece Goods Stores	255040	Specialty Retail	5945	Hobby, Toy & Game Shops
5940	Miscel-laneous Shop-ping Goods Stores	HIBBETT SPORTS INC	Apparel, Shoes, Spor-ting Goods	451110	Sporting Goods Stores	255040	Specialty Retail	12000	Sporting Goods
5940	Miscel-laneous Shop-ping Goods Stores	OFFICE DEPOT INC	Electronics, Furniture, Office Supplies, Software	453210	Office Supplies and Sta-tionery Stores	255040	Specialty Retail	13000	Office Supplies
5940	Miscel-laneous Shop-ping Goods Stores	SPORT CHALET INC	Apparel, Shoes, Spor-ting Goods	451110	Sporting Goods Stores	255040	Specialty Retail	12000	Sporting Goods
5940	Miscel-laneous Shop-ping Goods Stores	STAPLES INC	Books, Electronics, Furniture, Office Supplies, Software	453210	Office Supplies and Sta-tionery Stores	255040	Specialty Retail	13000	Office Supplies

Quelle: Eigene Darstellung.

Anhang C: Anleitungsbogen zur Erhebung von Daten mittels Inhaltsanalyse

Liebe Koder,

für das Projekt „Success of Single- and Multichannel Retailers" sollen unterschiedliche Charakteristika von 191 US-amerikanischen Händlern erhoben werden. Diese Händler sind in den Zeilen der beigefügten Excel-Tabelle enthalten. Die Spalten dieser Tabelle enthalten die unterschiedlichen Variablen, die von euch kodiert werden sollen.
In der Email wurden jedem die zu untersuchenden Händler mitgeteilt. Falls ein Händler seine Produkte unter verschiedenen Händlermarken vertreibt (z.B. „Abercrombie & Fitch" führt die Marken „Abercrombie & Fitch", „Hollister", „Gilly Hicks" und „Ruehl"), sind diese Marken in den Zeilen unter dem Konzern in der Form zu ergänzen, dass aus der Variable ersichtlich wird, zu welchem Konzern die Marke gehört (z.B. „Abercrombie_Hollister" oder „Abercrombie_Abercrombie"). Die in diesem Dokument grau markierten Variablen sind für jede einzelne Händlermarke zu recherchieren.
Dieser Fragebogen enthält Informationen zu den einzelnen Variablen, die ihr an den entsprechenden Stellen in der Excel-Tabelle ausfüllen sollt sowie genaue Informationen zu den Quellen. Bitte lest euch vor Beginn der Datenerhebung dieses Dokument sorgfältig durch und richtet euch stets nach der angegebenen Vorgehensweise. Dies ist äußerst wichtig, um die Qualität und damit eine vielversprechende Auswertung der Daten gewährleisten zu können. Falls euch bestimmte Probleme und Herausforderungen mehrmals begegnen oder ihr Ideen zur Verbesserung der Recherche habt, wendet euch bitte umgehend an Julia Beckmann (julia.beckmann@uni-muenster.de). Darüber hinaus enthält die Excel-Tabelle nach jeder Variable ein Kommentarfeld (z.B. „*ChannelsComments*") in welchem ihr Kommentare und Anmerkungen hinterlassen könnt. Dieses Kommentarfeld ist unbedingt zu nutzen, falls ein Beleg nicht ganz eindeutig ist oder mehrere Belege widersprüchlich sind.

Viel Erfolg bei der Recherche!
Julia

Dokumentation

Sämtliche Belege für die Kodierung der Variablen sind nachvollziehbar zu dokumentieren. Das heißt, es ist für jeden Händler (auf Konzernebene) ein Worddokument anzulegen, in welchem für jede Variable die Quelle so genau wie möglich anzugeben ist.

- Alle Internetseiten sollen als Screenshot in der Datei gespeichert werden.
- Textstellen aus dem Geschäftsbericht oder anderen Dokumenten sind in das Dokument zu kopieren. Dabei können auch ein paar Sätze um den interessierenden Satz herum kopiert werden, damit die Aussagen noch im Zusammenhang erfassbar sind.
- Es sind die genauen Links, das Abrufdatum und bei PDF-Dokumenten die Seitenzahl zu notieren.
- Im Falle, dass eine Variable mit 0 kodiert wurde oder nichts zu finden war, sollen die verwendeten Quellen dokumentiert werden, damit nachvollziehbar ist, wo gesucht wurde.
- Bezeichne das Worddokument bitte wie folgt: Firmenname_Dokumentation_Namenskürzel.docx. Verwende deine Initialen als Namenskürzel. In der Excel-Datei sind alle Dinge, die unklar sind, rot zu markieren und mit einem Kommentar zu versehen.

Annual Reports - Geschäftsberichte downloaden

Lade bitte alle Geschäftsberichte (Annual Report, 10-K bzw. 10-KSB) des Unternehmens für die Jahre 1994 bis 2012 herunter und speichere sie als PDF ab!

Quellen:
SEC Home oder Corporate Website

- Gehe auf http://www.sec.gov/edgar/searchedgar/companysearch.html und suche die Geschäftsberichte (Annual Report; 10-K) für die Jahre 1994 – 2012 und speichere diese als PDFs ab. Dies funktioniert wie folgt:
  - Im Feld „Company Name" den vollen Namen der Firma eingeben (z.B. „Toys r us").
  - Auf der folgenden Seite die richtige Firma auswählen (z.B. Toys r us inc.).
  - Dann sind dort alle verfügbaren Dokumente aufgelistet.
  - Bei „Filing Type" kann die Suche durch die Eingabe von „10-K" noch präzisiert werden.
  - Die Liste enthält nun alle dort verfügbaren Geschäftsberichte der letzten Jahre.
  - Wähle einen Geschäftsbericht durch einen Klick auf „Documents" aus.
  - Wähle dann „FORM 10-K" auf der nächsten Seite.
  - Dann öffnet sich eine HTML-Seite. Drucke diese als PDF mit dem PDF-Drucker in der Form „*Firmenname_ 10-K_ Jahr.pdf*" (z.B. 2010_ToysRUs_10-K.pdf). Falls geänderte Dokumente verfügbar sind („Amendment"), diese bitte auch downloaden und wie folgt kennzeichnen: „*Firmenname_ 10-K_ Jahr_Amendment.pdf*"

- **ACHTUNG**: Das Jahr der Veröffentlichung (z.B. Januar 2012) ist häufig nicht das Jahr, von dem berichtet wird (in dem Falle 2011). Speichere die Berichte bitte stets mit dem Jahr ab, über das berichtet wird, also das „fiscal year" (z.B. 2011).
- Falls du keinen PDF-Drucker installiert hast, kannst du dir diesen hier downloaden: http://www.chip.de/downloads/PDFCreator_13009777.html

Manchmal ist der Download der Geschäftsberichte auf der Corporate Website des Händlers einfacher, zum Beispiel wenn dort alle Berichte bereits als PDFs verfügbar und übersichtlich aufgelistet sind. Wenn dies der Fall ist oder die Geschäftsberichte bei SEC Home nicht (vollzählig) verfügbar sind, gehe bitte auf die Corporate Website des Unternehmens und suche dort nach den Geschäftsberichten.
Mögliche Vorgehensweisen:
- *Menüpunkt „Investor Relations" oder „investors" o.ä.*
- *Schlagwörter im Suchfeld der Website: „annual report", „10-K", „SEC Filings"*
- *Beispiele:*
- http://investors.walmartstores.com/phoenix.zhtml?c=112761&p=irol-reportsannual; http://ir.10kwizard.com/files.php?source=226

Wenn die Geschäftsberichte vergangener Jahre dort auch nicht verfügbar sind, prüfe bitte, wann das Unternehmen an die Börse gegangen ist und ob du alle Geschäftsberichte seit des Börsengangs vorliegen hast. Falls nicht, kontaktiere bitte das Unternehmen und bitte es mit der von uns bereitgestellten Mailvorlage darum, dir die fehlenden Geschäftsberichte zuzusenden. Notiere bitte die angeschriebene Emailadresse (vom Bereich Investor Relations).

Websites - Variablen: CorporateURL, URL

Trage bitte die URL der Firmenwebsite und, falls vorhanden und davon abweichend, die Verkaufswebsite des Unternehmens und der einzelnen Vertriebsmarken ein. Die Corporate-Website ist die Website, auf der hauptsächlich Informationen über das Unternehmen zu finden sind (z.B. http://www.walmartstores.com). Bei URL ist die Website einzutragen, welche die Produkte darstellt bzw. verkauft, auch für einzelne Händlermarken (z.B. www.walmart.com, www.samsclub.com). Es sind ausschließlich die US-amerikanischen Websites einzutragen.

Ausfüllanweisung/Kodierung:
- URL bitte wir folgt eintragen: *www.firmenname.com*

Quellen:
- www.google.com

Year of foundation – Variable: FirmAge

Trag bitte das Gründungsjahr des Unternehmens in der Zeile des Konzerns ein. Ebenso ist jeweils das Einführungsjahr jeder einzelnen Händlermarke einzutragen.

Ausfüllanweisung/Kodierung:
- Gründungsjahr bzw. Einführungsjahr bitte wie folgt eintragen: *1984*

Quellen:
1. Geschäftsberichte
- In den PDFs der vergangenen Jahre nach Schlagwörtern suchen (strg+f). Diese Information steht üblicher Weise zu Beginn jedes Geschäftsberichts. Mögliche Schlagwörter:
  - „found"
  - „establish"
  - „incorporate"
  - „history"
- Mögliche Schlagwörter für den Zeitpunkt des Hinzufügens einer Vertriebsmarke (Sub-Marke des Konzerns):
  - „introduce"
  - „announce"
  - „launch"
  - „Händlermarkenname"

2. Website des Unternehmens
- Suche auf der Corporate Website, diese ist nicht unbedingt identisch mit der Verkaufswebsite.
- Suche nach Menüpunkten, in denen das Unternehmen sich oder seine Geschichte vorstellt, z.B. „history", „about us", „story", „milestones", „company information", ...

- Dort mit Hilfe der Suchfunktion des Browsers (Strg+F) nach Schlagwörtern suchen.

Channel functions & history - Variablen: Catalog2012, HomeShopping2012, Door2012, Store2012, CatalogPast, HomeShoppingPast, DoorPast, StorePast, CatalogAddition, HomeShoppingAddition, DoorAddition, StoreAddition, CatalogElimination, HomeShoppingElimination, DoorElimination, StoreElimination, InstoreKiosk2012, Internet2012, Phone2012, Mobile2012, InstoreAdditionFct5, InstoreAdditionFct4, InstoreAdditionFct3, InstoreAdditionFct2, InstoreAdditionFct1, InternetAdditionFct5, InternetAdditionFct4, InternetAdditionFct3, InternetAdditionFct2, InternetAdditionFct1, PhoneAdditionFct5, PhoneAdditionFct4, PhoneAdditionFct3, PhoneAdditionFct2, PhoneAdditionFct1, MobileAdditionFct5, MobileAdditionFct4, MobileAdditionFct3, MobileAdditionFct2, MobileAdditionFct1

Bietet das Unternehmen den jeweiligen Kanal an oder hat es ihn in der Vergangenheit angeboten? Wenn ja, welche Funktion erfüllt der Kanal (Information oder Verkauf) und wann wurde er eingeführt bzw. wieder entfernt? Der Zeitpunkt des Hinzufügens bzw. Entfernens des Kanals ist als Jahreszahl anzugeben (z.B. „1998"). Falls ein Kanal schon seit Beginn an genutzt wird, (z.B. Stores bei Walmart oder Internet bei Amazon), ist für diesen Kanal das Gründungsjahr des Unternehmens einzutragen. Diese Informationen müssen für jede Händlermarke des Unternehmens gesucht werden. Dabei wird es sicher Kanäle geben, für die sich die Suche leicht gestaltet (z.B. Stores), für andere wird sie etwas aufwändiger sein (z.B. In-store Kiosk). Deshalb sollen verschiedene und gute Schlagwörter getestet und die Quellen sehr genau durchgearbeitet werden. Wir unterschieden bei dieser Untersuchung zwischen Kanälen, die stets zur Information und zum Verkauf genutzt werden (z.B. Stores) und Kanälen, die entweder nur zur Information oder zur Information und zum Verkauf genutzt werden (z.B. Internet). Wir definieren die Kanäle wie folgt:

Typ 1 - Kanäle, die stets der Information und dem Verkauf dienen:
- Catalog: Information über und Verkauf der Produkte über einen Katalog, der regelmäßig im Printformat an die Kunden und Interessenten versandt wird. Im Katalog befindet sich eine direkte Kontaktmöglichkeit zur Bestellung der Produkte (per Post, Telefon oder Email). Eine reine Produktbroschüre ohne direkte Bestellmöglichkeit gilt nicht als Katalog.
- Door-to-door: Information über und Verkauf der Produkte über einen Vertreter im Außendienst, d.h. direkt an der Haustür. Dies wird auch „direct selling" oder „house-to-house selling" genannt.
- Home Shopping: Information über und Verkauf der Produkte über TV, wobei die Kunden, die das TV-Programm sehen eine sofortige Bestellmöglichkeit, üblicherweise per Telefon oder auch über die Fernbedienung, haben. Es ist auch bekannt als „t-commerce" oder „teleshopping".
- Store: Information und Verkauf der Produkte über Ladengeschäfte mit direktem Kontakt des Kunden zum Servicepersonal/Verkäufer.

Typ 2 - Kanäle, die entweder nur der Information oder der Information und dem Verkauf dienen:
- In-store Kiosk: Information oder Information und Verkauf der Produkte über Selbstbedienungs-Terminals innerhalb der Geschäfte, die einen Zugang zum Internet oder anderen Datenbanken des Unternehmens haben. Dies wird auch als „web kiosk" oder „self-service kiosk" bezeichnet.
- Internet: Information oder Information und Verkauf der Produkte über eine Internetseite des Händlers.
- Mobile: Information oder Information und Verkauf der Produkte über eine mobile Internetseite und/oder eine Applikation (App), die mit einem mobilen Endgerät abrufbar ist.
- Phone Call: Information oder Information und Verkauf der Produkte über eine telefonische Anrufmöglichkeit.

Ausfüllanweisung/Kodierung:
Für die Kanäle soll jeweils eingetragen werden, ob und in welcher Funktion sie im aktuellen Jahr (2012) genutzt werden. Die Kodierung der Kanäle des Typs 1 unterscheidet sich von der Kodierung der Kanäle des Typs 2 wie folgt:

Typ 1 – Catalog, Door-to-Door, HomeShopping, Store:
Aktuelle Kanäle:
- Catalog2012, HomeShopping2012, Door2012, Store2012:
  - 0 = Es gibt keine Informationen und keinen Verkauf über den Kanal.
  - 1 = Es gibt eine Bestell- bzw. Kauf- und Zahlmöglichkeit in dem Kanal und die Produkte können nach Hause geliefert bzw. direkt mitgenommen werden.

Falls diese Variable = 0, dann bitte ausfüllen, ob es den Kanal in der Vergangenheit einmal gab:
- CatalogPast, HomeShoppingPast, DoorPast, StorePast
  - 0 = Das Unternehmen hat den Kanal noch nie angeboten.
  - 1 = Das Unternehmen hat den Kanal früher angeboten und später wieder eingestellt.

Einführung des Kanals:

- CatalogAddition, HomeShoppingAddition, DoorAddition, StoreAddition:
    - = *Jahreszahl*, wann der Kanal vom Unternehmen hinzugefügt wurde (z.B. 1994).

Entfernen des Kanals (ggf.):

- CatalogElimination, HomeShoppingElimination, DoorElimination, StoreElimination:
    - = *Jahreszahl*, wann der Kanal vom Unternehmen wieder entfernt wurde (z.B. 1996).
    - = *Frei lassen*, falls der Kanal bis heute nicht wieder entfernt wurde.

Typ 2 – In-store Kiosk, Internet, Mobile, Phone Call:

Aktuelle Kanäle:

- Für die folgenden Kanäle sollen verschiedene Funktionen unterschieden werden, je nachdem, wie stark der Kanal als Informations- und/oder Verkaufskanal genutzt wird.
- InstoreKiosk2012, Internet2012, Phone2012, Mobile2012
    - 0 = Es gibt <u>keine</u> Informationen und keinen Verkauf über den Kanal.
    - 1 = Es gibt Informationen über das Unternehmen und/oder Informationen zum Kundenservice (z.B. wie Beschwerden vorgenommen oder Produkte erworben werden können) in dem Kanal, aber keine Informationen zu einzelnen Produkten (z.B. zu den Preisen oder dem Sortiment).
    - 2 = Es gibt Informationen zu einzelnen Produkten (z.B. zu den Preisen oder dem Sortiment) in dem Kanal, aber keine Bestellmöglichkeit der Produkte.
    - 3 = Es gibt eine Bestellmöglichkeit der Produkte in dem Kanal, es ist dort aber keine Bezahlung (z.B. per Kreditkarte) und keine Lieferung nach Hause möglich.
    - 4 = Es gibt eine Bestell- und Zahlmöglichkeit in dem Kanal, es ist dort aber keine Lieferung nach Hause möglich (z.B. gibt es <u>nur</u> eine Abholmöglichkeit im Store).
    - 5 = Es gibt eine Bestell- und Zahlmöglichkeit in dem Kanal und die Produkte können nach Hause geliefert werden.

Es wird bei diesen Kanälen angenommen, dass sie nicht wieder entfernt wurden. Falls dennoch etwas darauf hinweisen sollte, soll dies im Kommentarfeld aufgenommen werden.

Einführung des Kanals mit der entsprechenden Funktion:

- InstoreAdditionFct5, InstoreAdditionFct4, InstoreAdditionFct3, InstoreAdditionFct2, InstoreAdditionFct1, InternetAdditionFct5, InternetAdditionFct4, InternetAdditionFct3, InternetAdditionFct2, InternetAdditionFct1, PhoneAdditionFct5, PhoneAdditionFct4, PhoneAdditionFct3, PhoneAdditionFct2, PhoneAdditionFct1, MobileAdditionFct5, MobileAdditionFct4, MobileAdditionFct3, MobileAdditionFct2, MobileAdditionFct1:
    - = *Jahreszahl*, wann der Kanal vom Unternehmen in der jeweiligen Funktion (Fct1 bis Fct5) hinzugefügt wurde (z.B. 1994).
    - = *Frei lassen*, falls die Funktion nicht hinzugefügt oder mit einer höheren Funktion gemeinsam eingeführt wurde.
- Wenn das Internet zum Beispiel 1996 als Informationskanal über Produkte eingeführt wurde, muss InternetAdditionFct2 = „1996“ sein. Ab 2001 hat das Unternehmen dann auch Produkte über die Internetseite verkauft und diese nach Hause geliefert, also ist InternetAdditionFct5 = „2001“ und die Variablen dazwischen (z.B. InternetAdditionFct4) bleiben frei.
- Bei manchen Kanälen, insbesondere dem In-store Kiosk, kann es vorkommen, dass diese nur einmal testweise implementiert wurden. Falls dies der Fall ist und der Kanal letztlich nicht eingeführt wurde, ist dieser Test nur im Kommentarfeld aufzuführen und nicht unter den Variablen InstoreAdditionFct1-5 einzutragen.

<u>Quellen:</u>

1. Internetseite des Händlers

- Hinweise auf Catalog:
    - “catalog” suchen im Suchfeld der Website (meist rechts oben)
    - manchmal ist „catalog“ ein einzelner Menüpunkt
    - Im Menüpunkt „history“, „about us“, „story“, „milestones“ nach Informationen zum Kanal suchen.
- Hinweise auf Door-to-door:
    - “direct sales”, „direct selling“, „door-to-door“ suchen im Suchfeld der Website (meist rechts oben)
    - Im Menüpunkt „history“, „about us“, „story“, „milestones“ nach Informationen zum Kanal suchen.
- Hinweise auf Home Shopping:
    - “home shopping”, „teleshopping“, „tv“, “remote”, “watch” suchen im Suchfeld der Website (meist rechts oben) oder mit der Suchfunktion im Browser (strg+f)
    - Manchmal gibt es einen Menüpunkt dazu. (z.B. bei HSN „HSN Shop by Remote“).
    - Im Menüpunkt „history“, „about us“, „story“, „milestones“ nach Informationen zum Kanal suchen.
- Hinweise auf Stores:
    - z.B. Angebote wie „store locator“, „find your store“ etc.

  - "store" suchen im Suchfeld der Website (meist rechts oben) oder mit der Suchfunktion im Browser (strg+f)
  - Im Menüpunkt „history", „about us", „story", „milestones" nach Informationen zum Kanal suchen.
- Hinweise auf In-store Kiosks:
  - "in-store", "kiosk", "web kiosk", "self-service kiosk" suchen im Suchfeld der Website (meist rechts oben) oder mit der Suchfunktion im Browser (strg+f)
  - Im Menüpunkt „history", „about us", „story", „milestones" nach Informationen zum Kanal suchen.
- Hinweise auf den Internetkanal:
  - Sind Informationen zum Unternehmen oder Kundeninformationen verfügbar?
  - Sind Produkte und Preise dargestellt?
  - Die Anzeige eines „shopping cart" „shopping bag" (meist oben rechts auf der Website) weist auf die Bestellmöglichkeit hin. Manchmal ist dieser aber auch etwas versteckter.
  - Beim Bestellprozess sollten Informationen zu den Rahmenbedingungen (Zahlungsmöglichkeiten und Lieferung) zu finden sein.
  - Im Menüpunkt „history", „about us", „story", „milestones" nach Informationen zum Kanal suchen.
- Hinweise auf Mobile-Website
  - Website (URL) eingeben mit einem „m." oder einem „mobile." davor (das ist dann meist die Mobile-Website), dort weiterschauen:
    - Sind Informationen zum Unternehmen oder Kundeninformationen verfügbar?
    - Sind Produkte und Preise dargestellt?
    - Die Anzeige eines „shopping cart" „shopping bag" (meist oben rechts auf der Website) weist auf die Bestellmöglichkeit hin. Manchmal ist dieser aber auch etwas versteckter.
    - Beim Bestellprozess sollten Informationen zu den Rahmenbedingungen (Zahlungsmöglichkeiten und Lieferung) zu finden sein.
  - Im Menüpunkt „history", „about us", „story", „milestones" nach Informationen zum Kanal suchen.
- Hinweise auf Phone Call:
  - Hinweise, wie "order by phone", "order by call", "hotline", "order"
  - „phone" suchen im Suchfeld der Website (meist rechts oben) oder mit der Suchfunktion im Browser (strg+f)
  - Im Menüpunkt „history", „about us", „story", „milestones" nach Informationen zum Kanal suchen.

2. www.google.com
Google kann eine erste Idee liefern, ob das Unternehmen den Kanal anbietet oder einmal angeboten hat, vor allem wenn es auf der Internetseite noch keine Hinweise auf einen Kanal gab. Es sind dort teilweise auch Informationen zum Jahr der Einführung des Kanals oder der Abschaffung zu finden. Diese Informationen sollten aber anhand der Geschäftsberichte überprüft werden.

- Auf Google danach suchen. Mögliche Schlagwörter:
  - Allgemein: „*Firmenname* + channel(s)", „*Firmenname* + distribution"
  - Catalog: „*Firmenname* + catalog", „*Firmenname* + mail order"
  - Door-to-Door: „*Firmenname* + door-to-door", „*Firmenname* + direct selling"
  - Home shopping: „*Firmenname* + television (shopping)", „*Firmenname* + home shopping", „*Firmenname* + teleshopping", „*Firmenname* + t-commerce"
  - In-store Kiosk: „*Firmenname* + in-store kiosk", „*Firmenname* + web kiosk", „*Firmenname* + self-service kiosk"
  - Internet: „*Firmenname* + ecommerce", „*Firmenname* + etailing", „*Firmenname* + online shop"
  - Mobile: „*Firmenname* + mobile (devices)", „*Firmenname* + mobile shop"Phone:
  - Phone: „*Firmenname* + call", „*Firmenname* + phone ",„*Firmenname* + hotline"
  - Store: „*Firmenname* + store", „*Firmenname* + bricks-and-mortar"

3. **Alle** verfügbaren Geschäftsberichte des Händlers durchsuchen (Annual Report, 10-K)
Bevor die Existenz eines Kanals ganz ausgeschlossen werden kann, müssen alle verfügbaren Geschäftsberichte danach durchsucht werden. Häufig enthalten die Geschäftsberichte auch Informationen zur Einführung bzw. Entfernen von Kanälen. In welcher Reihenfolge die Geschäftsberichte bestenfalls durchgesucht werden sollten, kann anhand von Anhaltspunkten aus der Googlesuche oder der Neuartigkeit des Kanals (z.B. In-store Kiosk, Mobile vs. Store) entschieden werden.

- Im PDF nach Schlagwörtern suchen (strg+f). Mögliche Schlagwörter:
  - Allgemein: „Channel(s)", „distribution"
  - Catalog: „Catalog", „mail order"
  - Door-to-door: „door-to-door"; „direct (selling)"
  - Home shopping: "television (shopping)"; „home shopping"; „teleshopping", "t-commerce"
  - In-store kiosk: „in-store kiosk"; „web kiosk"; „self-service kiosk"

- Internet: „Internet"; „Onlineshop"; „online"; „e-commerce"; "web"; "shop" "e-tailing"
- Mobile: „mobile (devices)"; „ mobile shop", "mobile website"
- Phone: „Call"; „Phone", „hotline"
- Store: „store"; „bricks-and-mortar"

Die Existenz oder Abwesenheit eines Kanals sollte durch die vorstehenden Quellen ausreichend belegt worden sein. Die folgenden Quellen können vor allem bei der Suche nach den Zeitpunkten und den Funktionen hilfreich sein.

4. Web-Archive – Wayback Machine:

Die folgende Seite dokumentiert sämtliche Internetseiten der vergangenen Jahre (seit 1996). Diese alten Internetseiten können Hinweise auf die Kanalfunktionen von Internet, Mobile und Phone Call der vergangenen Jahre liefern. Falls du aus der vorherigen Suche schon Hinweise auf bestimmte Jahr eerhalten hast, kannst du dort direkt nach diesem Jahr suchen. Andernfalls kann die Website dort auch in jedem einzelnen Jahr betrachtet werden.

- Gehe auf http://archive.org/web/web.php und gib dort die URL des Händlers (bzw. der Händler-Submarke) ein.
- In der Timeline am oberen Rand kannst du die einzelnen Jahre auswählen. Dann siehst du in einer Kalenderübersicht, zu welchen Zeitpunkten es verfügbare „Snapshots" gibt. Größere Kreise zeigen an, dass es von dem Tag/Monat mehrere Snapshots gibt.
- Wähle einen Kreis in dem Jahr (bestenfalls immer in der Mitte des Jahres) und klick darauf. Dann gelangst du auf die Website. Falls ein Snapshot einmal nicht funktionieren sollte, probiere die Snapshots der umliegenden Tage, Monate oder Jahre.
- Zum Teil kann man die Internetseiten genauso durchsuchen, wie eine aktuelle Seite. In dem Fall kannst du die Funktionen für die einzelnen Jahre genau überprüfen. Andernfalls kannst du nach Hinweisen suchen:
    - Gibt es einen „Shopping Cart" und werden die Produkte zugeliefert?
    - Wird auf Zahlungsmöglichkeiten verwiesen?
    - Ist dort eine Telefonnummer als Bestellmöglichkeit angegeben?
- Weiterhin solltest du prüfen, ab welchem Jahr du die mobile Internetseite (z.B. http://mobile.walmart.com) finden kannst. Vermutlich wurde diese erst in den letzten 5 Jahren (ab 2007) eingeführt.

5. LexisNexis: Pressesuche

Die LexisNexis Pressesuche kann hilfreich sein, um den genauen Zeitpunkt der Einführung bzw. Entfernung eines Kanals zu finden, falls dies vorher noch nicht gefunden wurde. Bestenfalls kann die Suche auf einen bestimmten Zeitraum beschränkt werden, falls die vorherige Suche schon Hinweise darauf lieferte. Mobile Internetseiten etablierten sich bspw. erst in den letzten 5 Jahren. LexisNexis bietet i.Ü. zahlreiche Einführungstutorien in Form von Videos auf der Website an. Auch die Suchoperatoren solltet ihr kennen, um eure Suche zu optimieren:
http://www.lexisnexis.com/help/global/globalhelp_frameset.asp?locale=de_DE&lbu=DE&adaptation=business&sPage=connect_frameset&fromHelp=true

- Zugang zu LexisNexis über die Universitätsbibliothek (im Uninetzwerk oder VPN-Verbindung).
- Menüpunkt „Nachrichten".
- Dort statt „Deutsche Presse" (voreingestellt) „Presse - US" auswählen.
- Bei Datum „letzte 20 Jahre" auswählen oder den Zeitraum bestimmen, auf den es Hinweise bei der vorherigen Suche gab.
- Bei „Themen" „Wirtschaft & Wirtschaftsindikatoren" auswählen.
- Um die Suche etwas effizienter zu gestalten, schlagen wir dir für die jeweiligen Kanäle die besten Schlagwörter vor:
- Schlagwörter:
    - Catalog: „*Firmenname* UND catalog", „*Firmenname* UND mail I/1 order"
    - Home shopping: „*Firmenname* + home I/1 shopping", „*Firmenname* + t-commerce"
    - Door-to-Door: „*Firmenname* UND door-to-door", „*Firmenname* UND direct I/1 selling"
    - Internet: „*Firmenname* UND online I/1 entry", „*Firmenname* I/1 e-commerce", "*Firmenname* UND Internet I/1 addition", "*Firmenname* UND internet I/1 retail"
    - In-store kiosk: „*Firmenname* UND in-store I/1 kiosk", „*Firmenname* UND web I/1 kiosk", „*Firmenname* UND self-service I/1 kiosk"
    - Mobile: „*Firmenname* UND mobile I/1 shop",„*Firmenname* UND mobile I/1 website"
    - Phone: „*Firmenname* UND call", „*Firmenname* UND phone "

- Gegebenenfalls ist es empfehlenswert sich die älteren Artikel zuerst anzeigen zu lassen (Feld „Sortierung“ oben links).

6. Datamonitor Report von Ebsco
Datamonitor Reports enthalten teilweise Informationen zu den angebotenen Kanälen, aber auch zum Zeitpunkt der Einführung bzw. Entfernung der Kanäle.
- Über die Universität in Ebsco (im Uninetzwerk oder über VPN-Verbindung), dort oben im Menü „Firmen“ wählen,
- Im Suchfeld nach dem Händler suchen. Datamonitor Report speichern und öffnen.
- Im Datamonitor Report nach Schlagwörtern (s.o.) suchen.

7. LexisNexis – Firmenreports Hoover's und Standard & Poor's
Auch diese Reports enthalten teilweise Informationen zu den angebotenen Kanälen, aber auch zu deren Einführung bzw. Entfernung.
- Zugang zu LexisNexis über die Universitätsbibliothek (im Uninetzwerk oder VPN-Verbindung).
- Menüpunkt „Firmen“.

Hoovers Company Records:
- Dort bei der Suche den Firmennamen (z.B. „Abercrombie“) eingeben und bei Quellen „Hoovers Firmenprofile“ auswählen.
- Darunter öffnen sich dann rechts mehrere Firmenprofile, aus denen du den richtigen auswählen kannst (Hoover's Company Records).

Standard & Poor's-Reports:
- Diese Quelle taucht leider nicht zu Beginn in der Liste auf, deshalb muss man auf „Quellenverzeichnis“ gehen (oben links neben „Suche“).
- Dort bei „Quelle suchen“ (rechts oben) „Standard & Poor's“ eingeben und alle aufgeführten Quellen auswählen (kann als Favorit gespeichert werden).
- Dann bei der Suche den Firmennamen (z.B. „Abercrombie“) eingeben.
- Dann öffnet sich links ein Menü. Dort kannst du unter Publikationsart den Menüpunkt „Firmenprofile und –verzeichnisse“ auswählen. Dort wählst du „Standard & Poor's Corporate Descriptions Plus News“ als Quelle aus und erhältst den gesuchten Report.
- Beim nächsten Mal kannst du dann die gespeicherte Favoritenliste bei den Quellen in der Profisuche auswählen.

Product Categories - Variablen: Apparel, ArtObjectives, Automotives, AutomotiveSupplies, Books, ComputerGames, DrugStore, Electronics, FinancialServices, Fuel, Furniture, Grocery, HealthCare, HomeImprovement, Insurances, Jewelry, MovieMusic, MusicInstruments, Optics, PaperGoodsOffice, Perfume, PetSupplies, PhotoPrinting, Shoes, Software, SportEquipment, Toys, TravelEvents, Others

Welche Produkte verkauft der Händler? Bitte gib in dem Datensatz an, welche der vorgegebenen Produktkategorien der Händler vertreibt. Wenn du etwas nicht den vorgegebenen Kategorien zuordnen kannst, trag es bitte bei „others“ ein.

Ausfüllanweisung/Kodierung:
Apparel, ArtObjectives, Automotives, AutomotiveSupplies, Books, ComputerGames, DrugStore, Electronics, FinancialServices, Fuel, Furniture, Grocery, HealthCare, HomeImprovement, Insurances, Jewelry, MovieMusic, MusicInstruments, PaperGoodsOffice, Parfum, PetSupplies, PhotoPrinting, Shoes, Software, SportEquipment, Toys, TravelEvents
  - 0 = Unternehmen verkauft diese Produkte/Services nicht.
  - 1 = Unternehmen verkauft diese Produkte/Services.
- Others
  - *Bitte eintragen*, falls es keiner Kategorie zuzuordnen ist

Quellen:
1. Geschäftsberichte des Händlers (Annual Report, 10-K)
- In dem PDF des aktuellsten Geschäftsberichts nach Schlagwörtern suchen (strg+f). Mögliche Schlagwörter:
  - „product“
  - „service“
  - „Product type“
  - „product range“
  - „assortment“
  - „offer“

o ...

2. Datamonitor Report von Ebsco
- Über die Universität in Ebsco (im Uninetzwerk oder über VPN-Verbindung), dort oben im Menü „Firmen“ wählen,
- Im Suchfeld nach dem Händler suchen. Datamonitor Report speichern und öffnen.
- Im Datamonitor Report unter Menüpunkt „Major Products and Services“ suchen.

Wenn kein Datamonitor Report für das Unternehmen verfügbar ist, sollte im Hoover's Company Record gesucht werden.

3. Hoovers Company Records:
- Zugang zu LexisNexis über die Universitätsbibliothek (im Uninetzwerk oder VPN-Verbindung).
- Menüpunkt „Firmen“.
- Dort bei der Suche den Firmennamen (z.B. „Abercrombie“) eingeben und bei Quellen „Hoovers Firmenprofile“ auswählen.
- Darunter öffnen sich dann rechts mehrere Firmenprofile, aus denen du den richtigen auswählen kannst (Hoover's Company Records).

Die Produktkategorien aus dem Datamonitor oder Hoover's Report sollen nochmal mit den angebotenen Produkten auf der Internetseite abgeglichen werden.

4. Internetseite des Händlers
- Es sollen nur die Produktkategorien überprüft werden, die noch nicht in den Reports aufgelistet wurden.

BusinessSegment - Variable: BusinessSegmentFirstAR, BusinessSegment2003, BusinessSegment2011, B2CFirstAR, B2C2003, B2C2011

Bietet der Händler Produkte für andere Unternehmen (business-to-business, B2B) und/oder für Endkonsumenten an (business-to-consumer, B2C)? Falls der Händler beide Zielgruppen bedient, erzielt er den Großteil seiner Einnahmen durch den Verkauf der Produkte an andere Unternehmen oder an Endkonsumenten?
Es soll erhoben werden, ob B2B oder B2C-Geschäfte einen höheren Anteil der Einnahmen des Unternehmens ausmachen.

Ausfüllanweisung/Kodierung:
BusinessSegmentFirstAR, BusinessSegment2003, BusinessSegment2011
- 1 = Das Unternehmen bietet nur Produkte/Leistungen für Endkonsumenten an.
- 2 = Das Unternehmen bietet nur Produkte/Leistungen für andere Unternehmen an.
- 3 = Das Unternehmen bietet Produkte/Leistungen für Endkonsumenten und andere Unternehmen an.

Falls diese Variable = 3, dann bitte folgende ausfüllen:
B2CFirstAR, B2C2003, B2C2011
- 0 = Das Unternehmen erzielt den größeren Teil seiner Einnahmen durch B2B-Geschäfte.
- 1 = Das Unternehmen erzielt den größeren Teil seiner Einnahmen durch B2C-Geschäfte.

Quellen:
1. Geschäftsberichte 1994 (bzw. erstmögliches Jahr), 2003 und 2011 des Händlers (Annual Report, 10-K)
In den Geschäftsberichten soll nach Anhaltspunkten gesucht werden, für welche Zielgruppe der Händler Produkte/Dienstleistungen anbietet und ob er höhere Einnahmen durch B2B oder B2C-Geschäfte erzielt. In manchen Fällen sind die Einnahmen nach bestimmten Zielgruppen aufgesplittet, z.B. nach „business“ und „consumer“ oder nach „residential“, „industrial/commercial“, „wholesale“ (...). Die entsprechende Stelle im Bericht findet man eventuell, indem man nach „revenue“ sucht. Alternativ kann auch danach gesucht werden, ob Prozent-Anteile der Kundenbasis (z.B. „39% der Kunden sind Endkonsumenten“) oder der Verkäufe (z.B. „Es wurden 40 Stück an Endkunden und 50 an den Großhandel verkauft.“) angegeben werden. Manchmal wird auch nur in Worten beschrieben, ob der Großteil der Einnahmen aus B2C-Geschäften erzielt wird.
- In dem PDF der Geschäftsberichte nach Schlagwörtern suchen (strg+f). Mögliche Schlagwörter:
  - „business“
  - „consumer“
  - „customer“
  - „residential“
  - „industrial“
  - „commercial“
  - „b-to-b“
  - „b-to-c“
  - „segment“

2. Datamonitor Report von Ebsco
Im Datamonitor Report werden meist die Produkte und Zielgruppen beschrieben (bei „Business Description", „History" oder „SWOT-Analysis"). Eventuell ist dort auch aufgeführt, ob der Händler die Zielgruppe einmal geändert oder erweitert hat.

- Im Datamonitor Report nach Schlagwörtern suchen (s.o.).

3. Lexis Nexis: Hoover's Company Records
Auch der Hoover's Company Record kann Informationen über die aktuellen und vergangenen Zielgruppen enthalten.
- Zugang zu LexisNexis über die Universitätsbibliothek (im Uninetzwerk oder VPN-Verbindung).
- Menüpunkt „Firmen".
- Dort bei der Suche den Firmennamen (z.B. „Abercrombie") eingeben und bei Quellen „Hoovers Firmenprofile" auswählen.
- Darunter öffnen sich dann rechts mehrere Firmenprofile, aus denen du den richtigen auswählen kannst (Hoover's Company Records).
- Du kannst aber auch mit Hilfe der Browser-Suchfunktion nach Schlagwörtern suchen (strg+f). Mögliche Schlagwörter s.o.

Services - Variable: ServicesFirstAR, Services2003, Services2011, ServicesImportanceFirstAR, ServicesImportance2003, ServicesImportance2011

Bietet der Händler Produkte und/oder Dienstleistungen an? Erzielt der Händler den Großteil seiner Einnahmen durch den Verkauf von Produkten oder von Dienstleistungen?

Im Folgenden sind ein paar Beispiele für Dienstleistungen aufgelistet:
- accounting, consulting, engineering, management, research
- amusement and recreation services (e.g., theatres, fitness centers)
- automotive services
- cleaning, maintenance, and repair services
- construction services
- business services (e.g., equipment rental)
- educational services
- financial services (e.g., banking, insurances, loans)
- hotels, lodging, and restaurants
- health services
- legal services
- logistics, postal, and transportation services
- personal services (e.g., hair dressers, laundry)
- private households (e.g., cooks, butlers)
- public utility (e.g., electric power, gas)
- social services (e.g., child care)
- telecommunication services
- travel services (e.g., agencies, airlines)

BEACHTE!: Kundenservice-Angebote zählen nicht als Angebot von Dienstleistungen, weil diese nicht als eigene Leistung angeboten werden, sondern den Kauf der Produkte unterstützen.

Ausfüllanweisung/Kodierung:
ServicesFirstAR, Services2003, Services2011
- 1 = Das Unternehmen bietet nur Produkte an.
- 2 = Das Unternehmen bietet nur Dienstleistungen an.
- 3 = Das Unternehmen bietet Produkte und Dienstleistungen an.

Falls diese Variable = 3, dann bitte folgende ausfüllen:
ServicesImportanceFirstAR, ServicesImportance2003, ServicesImportance2011
- 0 = Das Unternehmen erzielt den größeren Teil seiner Einnahmen durch Produktverkäufe.
- 1 = Das Unternehmen erzielt den größeren Teil seiner Einnahmen durch Dienstleistungen.

Quellen:

1. Geschäftsberichte 1994 (bzw. erstmögliches Jahr), 2003 und 2011 des Händlers (Annual Report, 10-K)
In den Geschäftsberichten soll nach Anhaltspunkten gesucht werden, ob der Händler Produkte und/oder Dienstleistungen anbietet und ob er höhere Einnahmen durch Produkte oder Dienstleistungen erzielt. In manchen Fällen sind die Einnahmen nach bestimmten Geschäftsfeldern aufgesplittet, z.B. nach „services" und „products". Die entsprechende Stelle im Bericht findet man eventuell, indem man nach „revenue" sucht. Alternativ kann auch danach gesucht werden, ob Prozent-Anteile der Kundenbasis (z.B. „39% der Kunden sind Dienstleistungskonsumenten") angegeben werden. Manchmal wird auch nur in Worten beschrieben, ob der Großteil der Einnahmen aus Produkten bzw. Dienstleistungen erzielt wird.

- In dem PDF des Geschäftsberichts 2011 nach Schlagwörtern suchen (strg+f). Mögliche Schlagwörter:
  - „business"
  - „customer"
  - „good"
  - „manufact*"
  - „market"
  - „product"
  - „revenue"
  - „service"

2. Datamonitor Report von Ebsco
Im Datamonitor Report werden meist die Produkte und Zielgruppen beschrieben (bei „Business Description", „History" oder „SWOT-Analysis"). Eventuell ist dort auch aufgeführt, ob der Händler das Leistungsangebot einmal geändert oder erweitert hat.

- Im Datamonitor Report nach Schlagwörtern suchen (s.o.).

3. Lexis Nexis: Hoover's Company Records
Auch der Hoover's Company Record kann Informationen über die aktuellen und vergangenen Leistungsangebote enthalten.

- Zugang zu LexisNexis über die Universitätsbibliothek (im Uninetzwerk oder VPN-Verbindung).
- Menüpunkt „Firmen".
- Dort bei der Suche den Firmennamen (z.B. „Abercrombie") eingeben und bei Quellen „Hoovers Firmenprofile" auswählen.
- Darunter öffnen sich dann rechts mehrere Firmenprofile, aus denen du den richtigen auswählen kannst (Hoover's Company Records).
- Du kannst aber auch mit Hilfe der Browser-Suchfunktion nach Schlagwörtern suchen (strg+f). Mögliche Schlagwörter s.o.

4. Internetseite des Händlers

- Suche auf der Corporate Website.
- Suche nach Services und Produkten, die das Unternehmen anbietet oder nach einer Businessbeschreibung des Händlers.
- Dort mit Hilfe der Suchfunktion des Browsers (Strg+F) nach den Schlagwörtern (s.o.) suchen.

Luxury Retailer - Variablen: LuxuryRetailer

Versteht sich der Händler als Luxusanbieter? Es soll erhoben werden, ob der Händler sich selbst als Luxus- bzw. Premiumanbieter versteht und dies kommuniziert.

Ausfüllanweisung/Kodierung:

- 0 = Unternehmen versteht sich nicht als Luxus- oder Premiumanbieter.
- 1 = Unternehmen versteht sich als Luxus- oder Premiumanbieter.

Quellen:
1. Geschäftsbericht 2011 des Händlers (Annual Report, 10-K)

- In dem PDF des Geschäftsberichts 2011 nach Schlagwörtern suchen (strg+f). Mögliche Schlagwörter:
  - „luxury"
  - „premium"
  - „high-price"
  - „extra"

2. Internetseite des Händlers

- Suche auf der Corporate Website.
- Suche nach Menüpunkten, in denen das Unternehmen sich oder seine Geschichte vorstellt, z.B. „history" „about us" „story" „milestones", „mission statement", „our mission", ...
- Dort mit Hilfe der Suchfunktion des Browsers (Strg+F) nach den Schlagwörtern (s.o.) suchen.

Falls diese Begriffe in diesen beiden Quellen nicht zu finden sind, kann eine Positionierung als Luxusanbieter ausgeschlossen werden.

Competitors - Variable: NumberCompetitorsDatamonitor, NumberCompetitorsHoovers, NumberCompetitorsDMHoov, NumberCompetitorsAR

Wie viele Wettbewerber hat der Händler nach Angaben des Datamonitor Reports und wie viele nach Angaben des Hoovers-Bericht? Wie viele davon überschneiden sich in beiden Reports? Wie viele Wettbewerber werden im Geschäftsbericht angegeben? Falls einer der beiden Reports für das Unternehmen nicht verfügbar ist bzw. die Wettbewerber nicht im Geschäftsbericht genannt werden, können die entsprechenden Variablen freigelassen werden.

Ausfüllanweisung/Kodierung:
- NumberCompetitorsDatamonitor
  - *„Anzahl"* = Anzahl der Wettbewerber des Unternehmens laut Datamonitor Report.
- NumberCompetitorsHoovers
  - *„Anzahl"* = Anzahl der Wettbewerber des Unternehmens laut Hoover's Report.
- NumberCompetitorsDMHoov
  - *„Anzahl"* = Anzahl der Wettbewerber des Unternehmens, die in beiden Reports genannt werden.
- NumberCompetitorsAR
  - *„Anzahl"* = Anzahl der Wettbewerber des Unternehmens laut Geschäftsbericht.

Quellen:
In diesem Fall müssen die Inhalte von allen Quellen aufgenommen werden.
1. Datamonitor Report von Ebsco
- Über die Universität in Ebsco (im Uninetzwerk oder über VPN-Verbindung), dort oben im Menü „Firmen" wählen,
- Im Suchfeld nach dem Händler suchen. Datamonitor Report speichern und öffnen.
- Im Datamonitor Report unter Menüpunkt „Top Competitors" suchen. Dort kannst du die angegebenen Händler zählen und mit den Händlern im Datensatz abgleichen.

2. Lexis Nexis: Hoover's Company Records
- Zugang zu LexisNexis über die Universitätsbibliothek (im Uninetzwerk oder VPN-Verbindung).
- Menüpunkt „Firmen".
- Dort bei der Suche den Firmennamen (z.B. „Abercrombie") eingeben und bei Quellen „Hoovers Firmenprofile" auswählen.
- Darunter öffnen sich dann rechts mehrere Firmenprofile, aus denen du den richtigen auswählen kannst (Hoover's Company Records).
- Es gibt einen Menüpunkt „competitors".
- Du kannst aber auch mit Hilfe der Browser-Suchfunktion nach Schlagwörtern suchen (strg+f). Mögliche Schlagwörter:
  - „competitor"
  - „competition"
  - „market"
  - „environment"
  - ...

3. Geschäftsbericht 2011 des Händlers (Annual Report, 10-K)
- In dem PDF des Geschäftsberichts 2011 nach Schlagwörtern suchen (strg+f).

Competitors - Variable: DMCompetitor1, DMCompetitor2, ...; HoovCompetitor1, HoovCompetitor2, ...; ARCompetitor1, ARCompetitor2, ...

Welche Unternehmen in unserem Datensatz werden als Wettbewerber des Händlers angegeben? Bitte trag in die folgenden Felder alle Wettbewerber ein, die in den Berichten aufgeführt und in unserem Datensatz enthalten sind. Liste die Wettbewerber für alle drei Quellen auf, auch doppelt, falls sie allen angegeben werden.

Ausfüllanweisung/Kodierung:
Es liegt dir eine vollständige und durchnummerierte Liste aller Händler in unserem Datensatz vor. Trage bitte jeweils die Nummer des Wettbewerbers ein.

- DMCompetitor1, DMCompetitor2, DMCompetitor2, ...
  - *Nummer 1 – 189*, je nachdem welcher Wettbewerber im Datamonitor Report genannt ist, der sich auch in unserem Datensatz befindet.
- HoovCompetitor1, HoovCompetitor 2, HoovCompetitor3, ...
  - *Nummer 1 – 189*, je nachdem welcher Wettbewerber im Hoover's Report genannt ist, der sich auch in unserem Datensatz befindet.
- ARCompetitor1, ARCompetitor2, ...
  - *Nummer 1 – 189*, je nachdem welcher Wettbewerber im Geschäftsbericht genannt ist, der sich auch in unserem Datensatz befindet.

Quellen:
Auch in diesem Fall müssen die Inhalte von allen Quellen aufgenommen werden.
1. Datamonitor Report von Ebsco
- Über die Universität in Ebsco (im Uninetzwerk oder über VPN-Verbindung), dort oben im Menü „Firmen" wählen.
- Im Suchfeld nach dem Händler suchen. Datamonitor Report speichern und öffnen.
- Im Datamonitor Report unter Menüpunkt „Top Competitors" suchen. Dort kannst du die angegebenen Händler zählen und mit den Händlern im Datensatz abgleichen.

2. Lexis Nexis: Hoover's Company Records
- Zugang zu LexisNexis über die Universitätsbibliothek (im Uninetzwerk oder VPN-Verbindung).
- Menüpunkt „Firmen".
- Dort bei der Suche den Firmennamen (z.B. „Abercrombie") eingeben und bei Quellen „Hoovers Firmenprofile" auswählen.
- Darunter öffnen sich dann rechts mehrere Firmenprofile, aus denen du den richtigen auswählen kannst (Hoover's Company Records).
- Es gibt einen Menüpunkt „competitors".
- Du kannst aber auch mit Hilfe der Browser-Suchfunktion nach Schlagwörtern suchen (strg+f). Mögliche Schlagwörter:
  - „competitor"
  - „competition"
  - „market"
  - „environment"
  - ...

3. Geschäftsbericht 2011 des Händlers (Annual Report, 10-K)
- In dem PDF des Geschäftsberichts 2011 nach Schlagwörtern suchen (strg+f).

Generic Business Strategy - Variable: BusinessStrategyFirstAR, YearFirstAR, BusinessStrategy2003, BusinessStrategy2011

Bitte trag für die verschiedenen Zeitpunkte 1994 bzw. erstes verfügbares Jahr, 2003 und 2011 ein, welche der beiden generischen Strategien das Unternehmen verfolgt. Wir definieren die Business-Strategien wie folgt:
Cost-Leadership (Kostenführerschaft)
Mit der Strategie der Kostenführerschaft zielt ein Unternehmen darauf ab, zu den geringsten Kosten in der Branche zu produzieren bzw. Leistungen zu erbringen. Eine Reduktion von Kosten kann durch Erfahrungen, Skaleneffekte und eine strenge Überwachung der Betriebskosten erzielt werden. Die Kostenersparnisse werden in manchen Fällen über einen niedrigeren Preis an die Kunden weitergegeben.
Differentiation (Differenzierung)
Die Strategie der Differenzierung zielt darauf ab, einzigartige Produkte oder Dienstleistungen anzubieten. Das Unternehmen kann hierfür einzigartige Produkt-/Leistungsmerkmale, eine bessere Qualität oder mehr Serviceleistung als die Wettbewerber bieten. Diese Einzigartigkeit soll dem Ziel der langfristigern Kundentreue dienen und rechtfertigt in manchen Fällen höhere Preise als die der Konkurrenz.

Ausfüllanweisung/Kodierung:
Es sollten eindeutige Hinweise auf eine Strategie vorliegen. Sobald Zweifel aufkommen, ob das Unternehmen eher die eine oder eher die andere Strategie verfolgt, sollte „3" gewählt werden. Anmerkungen können gerne im Kommentarfeld notiert werden.

- BusinessStrategyFirst, BusinessStrategy2003, BusinessStrategy2011:
    - 1 = Es gibt ausschließlich Hinweise darauf, dass das Unternehmen eine Strategie der Differenzierung verfolgt.
    - 2 = Es gibt ausschließlich Hinweise darauf, dass das Unternehmen eine Strategie der Kostenführerschaft verfolgt.
    - 3 = Es gibt Hinweise, die auf beide Strategien, Differenzierung und Kostenführerschaft, hindeuten.
    - 4 = Es gibt gar keine Hinweise auf eine generische Strategie.

- YearFirstAR:
    - "*Jahreszahl*" = 1994 oder das Jahr, indem der erste Geschäftsbericht verfügbar ist.

<u>Quellen:</u>
Die ersten drei Quellen sind ein Muss. Falls die Geschäftsberichte Hinweise auf die Business-Startegie liefern, sollte dieses dennoch mit den Datamonitor und Hoover's Reports überprüft werden.
1. Geschäftsberichte 1994 (bzw. erstmögliches Jahr), 2003, 2011 des Händlers
- In den PDFs der Geschäftsberichte nach Schlagwörtern suchen (strg+f). Mögliche Schlagwörter:

Cost-Leadership:
- „business"
- „strategy"
- „cost"
- „leader"
- „leadership"
- „low price"
- „low cost"
- „save money"

Differentiation
- „business"
- „strategy"
- „differentiation"
- „differ"
- „unique"
- „quality"
- „(create) value"
- „premium"
- „customer loyalty"

2. Datamonitor Report von Ebsco
Im Datamonitor Report wird häufig die aktuelle Strategie angesprochen (bei „Business Description", „History" oder „SWOT-Analysis"). Eventuell ist dort auch aufgeführt, ob der Händler die Strategie einmal geändert hat.
- Im Datamonitor Report nach Schlagwörtern suchen (s.o.).

3. Lexis Nexis: Hoover's Company Records
Auch der Hoover's Company Record kann Informationen über die aktuelle und vergangene Strategie enthalten.
- Zugang zu LexisNexis über die Universitätsbibliothek (im Uninetzwerk oder VPN-Verbindung).
- Menüpunkt „Firmen".
- Dort bei der Suche den Firmennamen (z.B. „Abercrombie") eingeben und bei Quellen „Hoovers Firmenprofile" auswählen.
- Darunter öffnen sich dann rechts mehrere Firmenprofile, aus denen du den richtigen auswählen kannst (Hoover's Company Records).
- Du kannst aber auch mit Hilfe der Browser-Suchfunktion nach Schlagwörtern suchen (strg+f). Mögliche Schlagwörter s.o.

Die LexisNexis Pressesuche kann hilfreich sein, um die Business-Strategie aus externen Quellen zu erfahren, falls dies vorher noch nicht gefunden wurde.

4. LexisNexis: Pressesuche
- Zugang zu LexisNexis über die Universitätsbibliothek (im Uninetzwerk oder VPN-Verbindung).
- Menüpunkt „Nachrichten".
- Dort statt „Deutsche Presse" (voreingestellt) „Presse - US" auswählen.
- Bei Datum „letzte 20 Jahre" auswählen oder den Zeitraum bestimmen.
- Bei „Themen" „Wirtschaft & Wirtschaftsindikatoren" auswählen.
- Um die Suche etwas effizienter zu gestalten, schlagen wir die besten Schlagwörter vor:

- „*Firmenname* UND business I/1 strategy“
- Cost-Leadership: „*Firmenname* UND cost-leader“
- Differentiation: „*Firmenname* UND differentiation“, „*Firmenname* UND unique“

5. Internetseite des Händlers
- Suche auf der Corporate Website.
- Suche nach Menüpunkten, in denen das Unternehmen sich vorstellt, z.B. „history“ „about us“ „story“, „mission statement“, „our mission“ oder bei „investor relations“.
- Dort mit Hilfe der Suchfunktion des Browsers (Strg+F) nach den Schlagwörtern (s.o.) suchen.

5. www.google.de
Als letzte Option kann eine breite Google-Suche Aufschluss über die Strategie des Händlers geben.
- Mit Firmennamen und oben genannten Schlagwörtern suchen.

National Spread - Variable: EastNorthCentralFirstAR, EastSouthCentralFirstAR, Mid-AtlanticFirstAR, MountainFirstAR, NewEnglandFirstAR, PacificFirstAR, SouthAtlanticFirstAR, WestNorthCentralFirstAR, WestSouthCentralFirstAR, EastNorthCentral2003, EastSouthCentral2003, Mid-Atlantic2003, Mountain2003, NewEngland2003, Pacific2003, SouthAtlantic2003, WestNorthCentral2003, WestSouthCentral2003, EastNorthCentral2011, EastSouthCentral2011, Mid-Atlantic2011, Mountain2011, NewEngland2011, Pacific2011, SouthAtlantic2011, WestNorthCentral2011, WestSouthCentral2011, NumberStatesFirstAR, NumberStates2003, NumberStates2011

Bitte gib an, in welchen der 9 aufgelisteten Regionen der Händler bzw. die einzelnen Händlermarken in den entsprechenden Jahren Stores betreiben. Falls die Information verfügbar ist, trage bitte auch die Anzahl der Staaten ein, in denen der Händler Stores betreibt. Im Folgenden sind die Regionen und dazugehörige Staaten aufgelistet:
- New England (Maine, New Hampshire, Vermont, Massachusetts, Rhode Island, Connecticut)
- Mid-Atlantic (New York, Pennsylvania, New Jersey)
- East North Central (Wisconsin, Michigan, Illinois, Indiana, Ohio)
- West North Central (Missouri, North Dakota, Nebraska, Kansas, Minnesota, Iowa)
- South Atlantic (Delaware, Maryland, District of Columbia, Virginia, West Virginia, North Carolina, South Carolina, Georgia, Flordia)
- East South Central (Kentucky, Tennessee, Mississippi, Alabama)
- West South Central (Oklahoma, Texas, Arkansas, Louisiana)
- Mountain (Idaho, Montana, Wyoming, Nevada, Utah, Colorado, Arizona, New Mexico)
- Pacific (Alaska, Washington, Oregon, California, Hawaii)

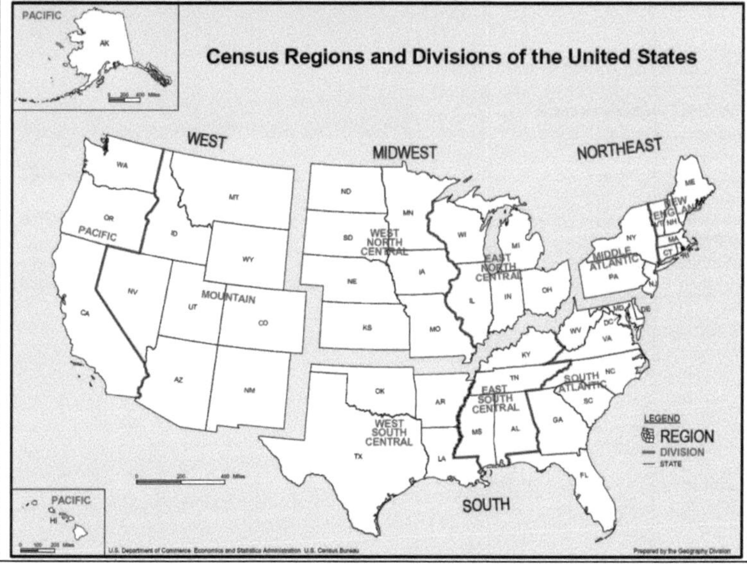

Ausfüllanweisung/Kodierung:

- EastNorthCentralFirstAR, EastSouthCentralFirstAR, Mid-AtlanticFirstAR, MountainFirstAR, NewEngland-FirstAR, PacificFirstAR, SouthAtlanticFirstAR, WestNorthCentralFirstAR, WestSouthCentralFirstAR,
  - 0 = Der Händler hatte in der Region im Jahre 1994 (bzw. im Jahr des ersten Geschäftsberichts) keine Stores.
  - 1 = Der Händler hatte in der Region im Jahre 1994 (bzw. im Jahr des ersten Geschäftsberichts) Stores.
- EastNorthCentral2003, EastSouthCentral2003, Mid-Atlantic2003, Mountain2003, NewEngland2003, Pacific2003, SouthAtlantic2003, WestNorthCentral2003, WestSouthCentral2003
  - 0 = Der Händler hatte in der Region im Jahre 2003 keine Stores.
  - 1 = Der Händler hatte in der Region im Jahre 2003 Stores.
- EastNorthCentral2011, EastSouthCentral2011, Mid-Atlantic2011, Mountain2011, NewEngland2011, Pacific2011, SouthAtlantic2011, WestNorthCentral2011, WestSouthCentral2011
  - 0 = Der Händler hatte in der Region im Jahre 2011 keine Stores.
  - 1 = Der Händler hatte in der Region im Jahre 2011 Stores.

Quellen:

1. Geschäftsberichte 1994 (bzw. erstmögliche Jahr), 2003, 2011 des Händlers (Annual Report, 10-K)

- In den PDFs der Geschäftsberichte nach Schlagwörtern suchen (strg+f). Mögliche Schlagwörter:
  - „state"
  - „store"
  - „region"
  - „national"
  - „local"

In den Geschäftsberichten sind häufig alle Staaten aufgeführt, so dass die Liste einfach mit den Regionen abgeglichen werden kann.

2. Internetseite des Händlers

- Suche auf der Website der einzelnen Marken.
- Suche nach Menüpunkten, in denen das Unternehmen sich oder seine Geschichte vorstellt, z.B. „history" „about us" „story" „milestones", ...
- Dort mit Hilfe der Suchfunktion des Browsers (Strg+F) nach den Schlagwörtern (s.o.) suchen.
- Oder eine Funktion „Store Finder" suchen und Verfügbarkeit von stores in allen Staaten prüfen.

Falls in den ersten beiden Quellen nichts gefunden wurde, kann noch einmal in den folgenden Reports nach Verfügbarkeit der Information gesucht werden:

3. Datamonitor Report von Ebsco

- In dem PDF nach Schlagwörtern suchen (strg+f) (s.o.).

4. Lexis Nexis: Hoover's Company Records

- Zugang zu LexisNexis über die Universitätsbibliothek (im Uninetzwerk oder VPN-Verbindung).
- Menüpunkt „Firmen".
- Dort bei der Suche den Firmennamen (z.B. „Abercrombie") eingeben und bei Quellen „Hoovers Firmenprofile" auswählen.
- Darunter öffnen sich dann rechts mehrere Firmenprofile, aus denen du den richtigen auswählen kannst (Hoover's Company Records).
- Es gibt einen Menüpunkt „competitors".
- Du kannst aber auch mit Hilfe der Browser-Suchfunktion nach Schlagwörtern suchen (strg+f). Mögliche Schlagwörter s.o.

Anhang D: Beispielhafte Dokumentation zum Fall Cato Corp

Annual Reports - Geschäftsberichte downloaden
Lade bitte alle Geschäftsberichte (Annual Report, 10-K) für das Unternehmen von 1994 bis 2012 herunter und speichere sie als PDF ab!

Websites - Variablen: CorporateURL, URL
CorporateURL:
http://www.catofashions.com/about.cfm , abgerufen am 01.06.2012

Marken von Cato sind:

- Cato, Versona, it's fashion und it's fashion metro

http://www.catofashions.com/investors.cfm, abgerufen am 01.06.2012

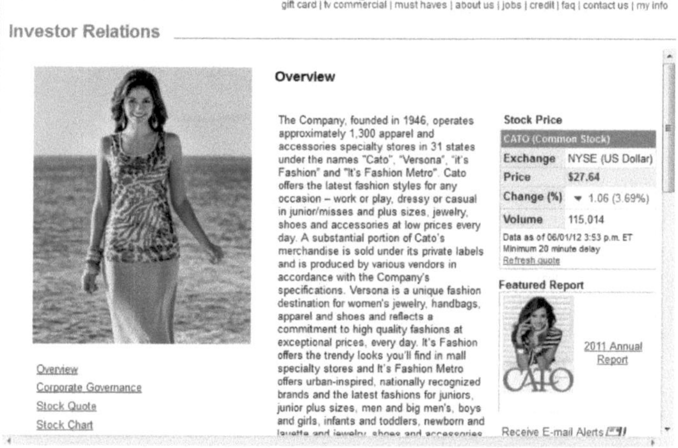

URL:
http://www.catofashions.com/index.cfm , abgerufen am 01.06.2012

Versona
http://www.versonaaccessories.com/, abgerufen am 01.06.2012

It's fashion
http://itsfashions.com/index.cfm, abgerufen am 01.06.2012

It's fashion metro
http://itsfashionmetro.com/index.cfm, abgerufen am 01.06.2012

Year of foundation – Variable: FirmAge
Trag bitte das Gründungsjahr des Unternehmens in der Zeile des Konzerns ein. Bitte auch das Einführungsjahr der einzelnen Händlermarken eintragen!

FirmAge:
http://www.catofashions.com/investors.cfm, abgerufen am 01.06.2012
- Founded 1946

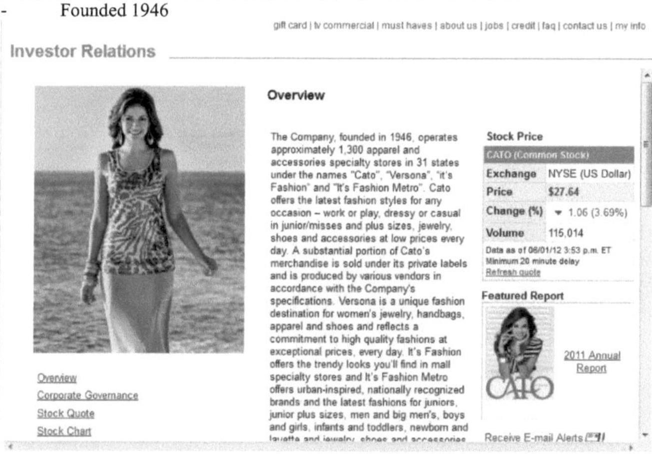

Versona
10-K 2011, S. 3:
- "In **fiscal 2011**, the Company **introduced the Versona Accessories concept**. These stores offer quality fashion jewelry and accessories accented by key apparel items at exceptional values every day."

It's Fashion
Hoover's 2012, S. 3
- "The company introduced the It's Fashion! stores in 1993."

Channel functions & history - Variablen: Catalog2012, HomeShopping2012, Door2012, Store2012, CatalogPast, HomeShoppingPast, DoorPast, StorePast, CatalogAddition, HomeShoppingAddition, DoorAddition, StoreAddition, CatalogElimination, HomeShoppingElimination, DoorElimination, StoreElimination, InstoreKiosk2012, Internet2012, Phone2012, Mobile2012, InstoreAdditionFct5, InstoreAdditionFct4, InstoreAdditionFct3, InstoreAdditionFct2, InstoreAdditionFct1, InternetAdditionFct5, InternetAdditionFct4, InternetAdditionFct3, InternetAdditionFct2, InternetAdditionFct1, PhoneAdditionFct5, PhoneAdditionFct4, PhoneAdditionFct3, PhoneAdditionFct2, PhoneAdditionFct1, MobileAdditionFct5, MobileAdditionFct4, MobileAdditionFct3, MobileAdditionFct2, MobileAdditionFct1
Catalog2012

Cato
http://www.catofashions.com/faq.cfm , abgerufen am 1.6.2012
- Hinweis, dass es keinen Catalog gibt

Can I order items from a catalog?
Our merchandise is only available for sale in our stores. In order to maintain our everyday low prices, we do not offer online, catalog or mail orders at this time. Click here for our store locator.

Can I order items online?
Our merchandise is only available for sale in our stores. In order to maintain our everyday low prices, we do not offer online, catalog or mail orders at this time. Click here for our store locator.

What is the return policy at Cato?

If you are not satisfied with your purchase, please return it
WITH AN ORIGINAL RECEIPT: We will honor a refund in the original form of payment within 90 days of purchase. After 90 days, a refund will be issued at the current selling price.
WITHOUT AN ORIGINAL RECEIPT: We will issue an exchange or store credit at the current selling price. Washed or worn merchandise cannot be returned unless defective.
PRICE ADJUSTMENTS: Present the original sales receipt and merchandise within 7 days of the original purchase date to receive a one-time price adjustment on regular priced items.

Versona
http://www.versonaaccessories.com/faq, abgerufen am 1.6.2012
- Hinweis, dass es keinen Catalog gibt

Can I order items from a catalog?
Our merchandise is only available for sale in our Versona Accessories stores. In order to maintain our exceptional values, we do not offer online, catalog or mail orders at this time. Click here for our store locator.

Can I order items online?
Our merchandise is only available for sale in our Versona Accessories stores. In order to maintain our exceptional values, we do not offer online, catalog or mail orders at this time. Click here for our store locator.

It's fashion/ It's fashion Metro
http://itsfashions.com/faqs.cfm , abgerufen am 1.6.2012
- Hinweis, dass es keinen Catalog gibt

it's fashion | it'sfashionmetro
it's fashion
STORE LOCATOR | MUST-HAVES | ABOUT US | JOBS | EMAIL SIGN-UP
FREQUENTLY ASKED QUESTIONS
How can I find the It's Fashion/It's Fashion Metro store nearest to me?
Click here for our store locator.
Can I order items online?
Not at this time, but perhaps in the future. In the meantime, please visit your nearest It's Fashion/It's Fashion Metro store.
Click here for our store locator.

CatalogPast
- Kein Hinweis auf einen Katalog in der Vergangenheit

CatalogAddition; CatalogElimination
Door2012
DoorPast
DoorAddition
DoorElimination;
HomeShopping2012
HomeShoppingPast
HomeShoppingAddition,HomeShoppingElimination
- Suche in allen Geschäftsberichten, bei Google, LexisNexis (Nachrichten, Hoover's und Standard & Poors) ergab keine Hinweise auf die Kanäle Catalog, Door-to-Door und Home Shopping.

Store2012
Cato

http://www.catofashions.com/locator.cfm, abgerufen am 01.06.2012

- Existenz eines Store-Locators:

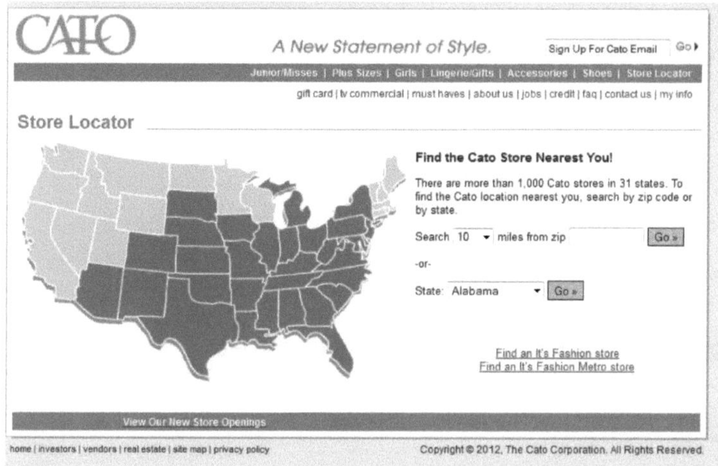

Versona

http://www.versonaaccessories.com/store-locator, abgerufen am 01.06.2012

- Existenz eines Store-Locators:

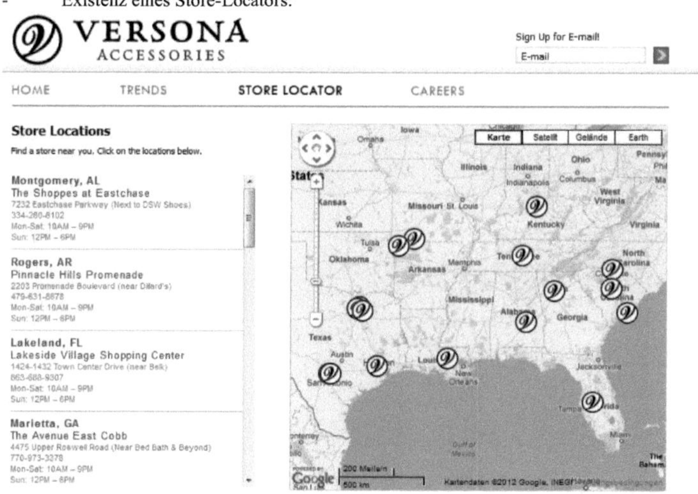

It's Fashion

http://itsfashions.com/locator.cfm , abgerufen am 01.06.2012

- Existenz eines Store-Locators:

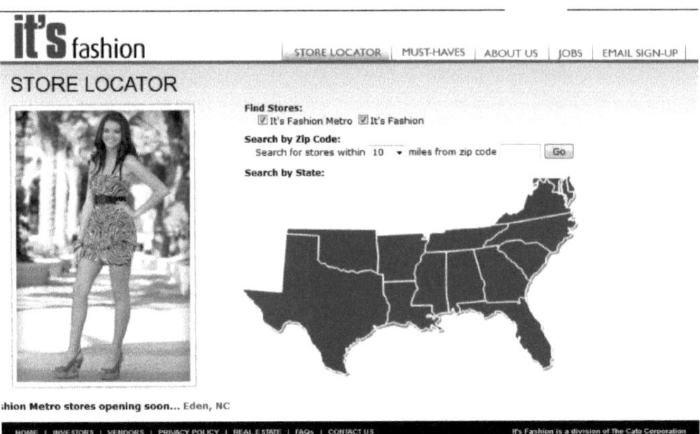

It's Fashion Metro
http://itsfashionmetro.com/locator.cfm , abgerufen am 01.06.2012

- Existenz eines Store-Locators:

StorePast; StoreAddition:
Cato:

- Siehe Gründungsdatum (1946)

Versona

- Siehe Einführungsdatum (2011)

It's fashion

- Siehe Einführungsdatum (1993)

It's fashion Metro
→ vermutlich mit It's fashion gemeinsam

StoreElimination; InstoreKiosk2012; InstoreAdditionFct5, InstoreAdditionFct4, InstoreAdditionFct3, InstoreAdditionFct2, InstoreAdditionFct1

- Suche in allen Geschäftsberichten, bei Google, LexisNexis (Nachrichten, Hoover's und Standard & Poors) ergab keine Hinweise auf In-store.

Internet2012

Cato
http://www.catofashions.com/shoes/feature_02.cfm, abgerufen am 01.06.2012
- Info über Preise der Produkte, aber keine Kauf-/Bestellmöglichkeit
- Kein Shopping Cart, immer nur Verweis auf „nearest store“

ABER:
- Man kann eine gift-card (Gutschein) online bestellen, dies habe ich aber nur über die FAQs gefunden
- Man kann **ausschließlich** eine GiftCard in den Cart legen

https://secure.catofashions.com/giftcardsecure.cfm?CFID=3755759&CFTOKEN=20758582, abgerufen am 1.6.2012

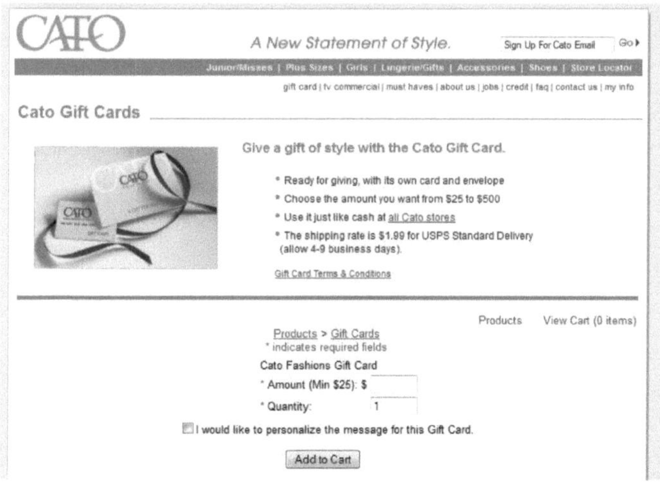

What are the shipping options for Cato gift cards?

The shipping rate is $1.99 for USPS Standard Delivery (allow 4-9 business days).
Orders placed by 2 p.m. EST Monday through Friday will be delivered by USPS within 4 to 9 business days, pending credit card authorization and verification. Add one business day for orders placed after 2 p.m. EST. Orders placed on weekends or holidays will be processed the next business day. Standard Delivery orders are mailed USPS and can not be tracked. All orders are subject to a verification process and any information submitted that does not verify with a customer's financial institution may cause delay.

Versona
http://www.versonaaccessories.com/trends#/10, abgerufen am 01.06.2012

- Info über Preise der Produkte, aber keine Kauf-/Betsellmöglichkeit
- Kein Shopping Cart, immer nur Verweis auf „nearest store"

It's Fashion
http://itsfashions.com/musthaves.cfm , abgerufen am 01.06.2012

- Info über Preise der Produkte, aber keine Kauf-/Bestellmöglichkeit
- Kein Shopping Cart, immer nur Verweis auf „nearest store"

It's Fashion Metro
http://itsfashionmetro.com/musthaves.cfm , abgerufen am 01.06.2012
- Info über Preise der Produkte, aber keine Kauf-/Bestellmöglichkeit
- Kein Shopping Cart, immer nur Verweis auf „nearest store"

InternetAdditionFct2, InternetAdditionFct1

Cato
→Erste Website auf Wayback Machine gibt es 2000, die kann man aber leider nicht ansehen (fehlerhaft)

http://web.archive.org/web/20020205154831/http://www.catofashions.com/home.cfm, abgerufen am 1.6.2012

http://www.lexisnexis.com/de/business/search/newssubmitForm.do, abgerufen am 1.6.2012
→LexisNexis-Pressesuche ergab Hinweis auf 2000, Erwähnung der Website (einziger Artikel)
http://www.lexisnexis.com/de/business/results/docview/docview.do?docLinkInd=true&risb=21_T14838980391&format=GNBFI&sort=BOOLEAN&startDocNo=1&resultsUrlKey=29_T14838980395&cisb=22_T14838980394&treeMax=true&treeWidth=0&selRCNodeID=4&nodeStateId=411de_DE,1,2&docsInCategory=8&csi=8054&docNo=1 , abgerufen am 1.6.2012
→LexisNexis-Pressesuche ergab Hinweis auf 2000, Erwähnung der Website (einziger Artikel)

10-K 2001, S. 5
→erste Erwähnung der Website
- “Advertising
The Company uses radio, graphics and a website as its primary advertising media The Company uses radio advertising in selected trade areas. The Company's total advertising expenditures were approximately .7% of retail sales in fiscal 2001.“

10-K 2003, S. 2
- Erwähnung der Website (Corporate)

Our website is located at www.catocorp.com. We make available free of charge, through our website, our annual reports on Form 10-K, quarterly reports on Form 10-Q, current reports on Form 8-K, proxy statements and other reports filed or furnished pursuant to Section 13(a) or 15(d) under the Securities Exchange Act. These reports are available as soon as reasonably practicable after we electronically file those materials with the SEC. We also post on our website the charters of our Audit, Compensation and Corporate Governance and Nominating Committees; our Corporate Governance Guidelines, Code of Business Conduct and Ethics; and any amendments or waivers thereto; and any other corporate governance materials contemplated by SEC or New York Stock Exchange ("NYSE") regulations. The documents are also available in print to any shareholder who requests by contacting our corporate secretary at our company offices.

10-K 2003, S. 4

- “Advertising
The Company uses radio, graphics and **a website** as its primary advertising media. The Company uses radio advertising in selected trade areas. The Company's total advertising expenditures were approximately .8% of retail sales in fiscal 2003.”

→ Suche in allen Geschäftsberichten, bei Google, LexisNexis (Nachrichten, Hoover’s und Standard & Poors) ergab keine Hinweise auf die Einführung der einzelnen Websites.

It’s Fashion
→Erste Website auf Wayback Machine gibt es 2001, URL ist aber fehlerhaft
http://web.archive.org/web/20020208133545/http://www.itsfashions.com/getflash.cfm, abgerufen am 1.6.2012

View Our Animated Flash Introduction   Go to the Cato Home page

Welcome to Cato Fashions. Whether you are a customer, investor, or a prospective associate, we hope that you'll enjoy our newly designed website. Inside, you will find information about our stores and their locations, our merchandise, and our company. As a leading specialty retailer of value-priced women's fashions and accessories, we are committed to offering high quality clothing that has value and style. At Cato, you will always "Look Smart. Buy Smart." If your web browser does not automatically advance you to the Cato Fashions website, click on one of the links above.

It’s Fashion Metro

→Erste Website auf Wayback Machine gibt es 2008, URL ist aber fehlerhaft
http://web.archive.org/web/20080704172433/http://www.itsfashionmetro.com/ , abgerufen am 1.6.2012

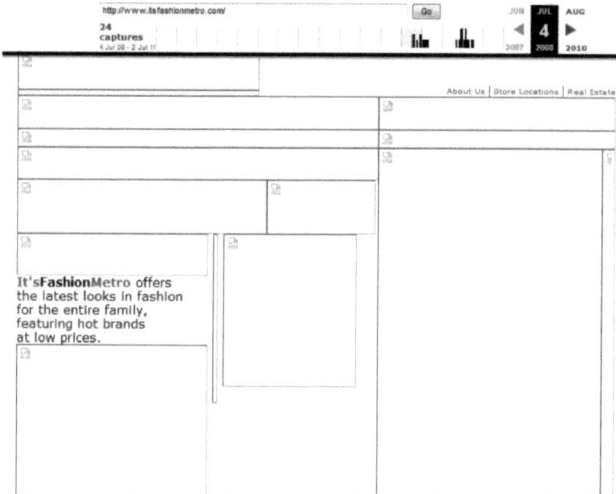

Phone2012:

Cato
http://www.catofashions.com/contact.aspx , abgerufen am 01.06.2012

- Bei "contact us" nur Hinweis auf Email und Postadresse
- Aber Hinweis bei FAQ auf „customer service" bei Fragen zur Kreditkarte o.ä.

http://www.catofashions.com/faq.cfm , abgerufen am 01.06.2012

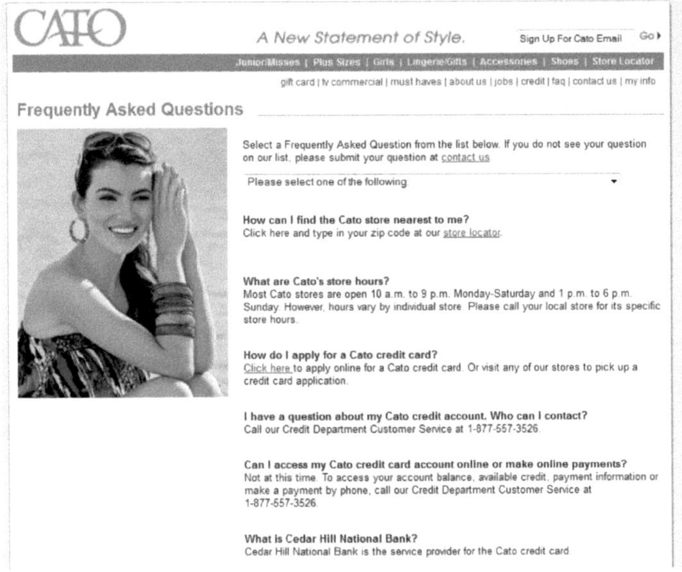

Versona
http://www.versonaaccessories.com/contact-us , abgerufen am 01.06.2012
- Bei "contact us" nur Hinweis auf Email und Postadresse
- Aber Hinweis bei FAQ auf „customer service" bei Fragen zur Kreditkarte o.ä.

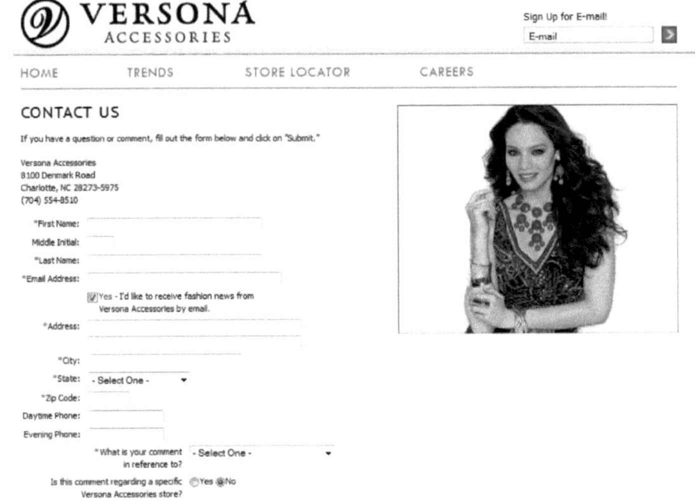

http://www.versonaaccessories.com/faq , abgerufen am 01.06.2012

I have a question about my Versona Accessories gift card. Who can I contact?
Contact customer service at 704-554-8510 Monday through Friday 8 a.m. to 5 p.m. EST excluding holidays, or you may email us giftcardsupport@catocorp.com.

It's Fashion
http://itsfashions.com/contact.cfm , abgerufen am 01.06.2012
- Bei "contact us" nur Hinweis auf Email
- Aber Hinweis bei FAQ auf „customer service" bei Fragen zur Kreditkarte o.ä.

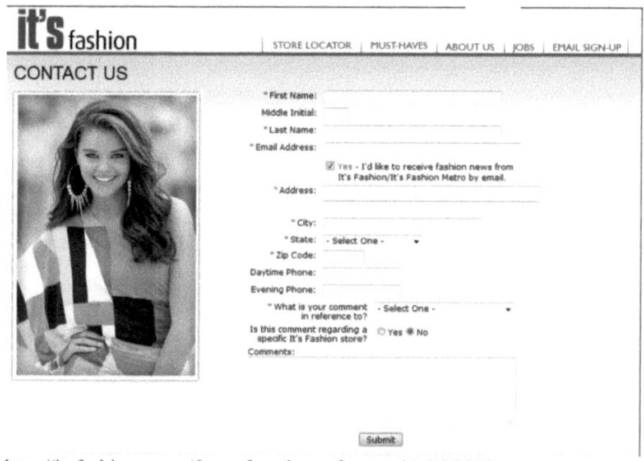

http://itsfashions.com/faqs.cfm, abgerufen am 01.06.2012

Can I access my Cato credit card account online or make online payments?
Not at this time. To access your account balance, available credit, payment information or make payment by phone, call our Credit Department Customer Service at 1-877-557-3526.

It's fashion Metro
http://itsfashionmetro.com/contact.cfm , abgerufen am 01.06.2012
- Bei "contact us" nur Hinweis auf Email
- Aber Hinweis bei FAQ auf „customer service" bei Fragen zur Kreditkarte o.ä.

Siehe „it's fashion"

PhoneAdditionFct1,

➔ Suche in allen Geschäftsberichten, bei Google, LexisNexis (Nachrichten, Hoover's und Standard & Poors) ergab keine Hinweise auf einführung des Phones (z.B. als Customer Service)

Mobile2012:

➔Such in Google, Internetseite und Geschäftsberichte ergab keine Hinweise auf mobile Website oder App

MobileAdditionFct5, MobileAdditionFct4, MobileAdditionFct3, MobileAdditionFct2, MobileAdditionFct1

Product Categories - Variablen: Apparel, ArtObjectives, Automotives, AutomotiveSupplies, Books, ComputerGames, DrugStore, Electronics, FinancialServices, Fuel, Furniture, Grocery, HealthCare, HomeImprovement, Insurances, Jewelry, MovieMusic, MusicInstruments, Optics, PaperGoodsOffice, Perfume, PetSupplies, Photo, Shoes, Software, SportEquipment, Toys, TravelEvents, Others

10-K 2011, S. 4:

- "Merchandising

The Company seeks to offer a broad selection of high quality and exceptional value **apparel and accessories** to suit the various lifestyles of fashion and value conscious customers. In addition, the Company strives to offer on-trend **fashion** in exciting colors with consistent fit and quality.

The Company's merchandise lines include **dressy, career, and casual sportswear**, **dresses, coats, shoes, lingerie, costume jewelry, handbags, men's wear** and lines for kids and newborns. The Company primarily offers exclusive merchandise with fashion and quality comparable to mall specialty stores at low prices, every day.

The Company believes that the collaboration of its merchandising team with an expanded in-house product development and direct sourcing function has enhanced merchandise offerings and delivers quality exclusive on-trend styles at lower prices. The product development and direct sourcing operations provide research on emerging fashion and color trends, technical services and direct sourcing options."

Hoover's S. 4:

- Selected Products
-
- Career wear
- Coats
- Costume jewelry
- Dresses
- Handbags
- Lingerie
- Shoes
- Sportswear

Außerdem auch Fragrances:
http://www.catofashions.com/lingerie/feature_04.cfm , abgerufen am 1.6.2012

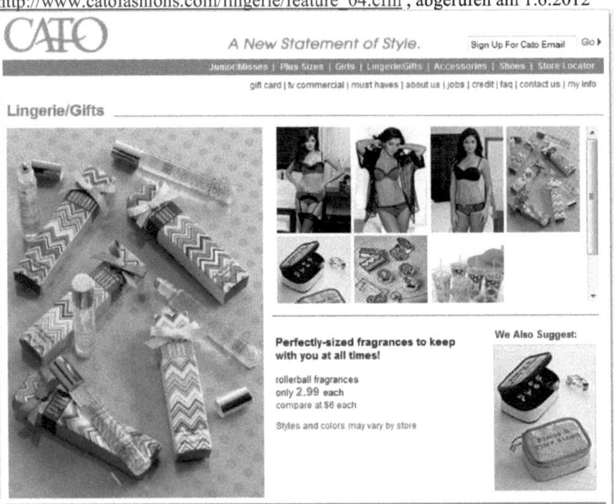

Luxury Retailer - Variablen: LuxuryRetailer

- Suche in Geschäftsberichten, und auf Websites ergab keine Hinweise auf Luxury-Retailer

BusinessSegmentFirstAR, BusinessSegment2003, BusinessSegment2011, B2CFirstAR, B2C2003, B2C2011

BusinessSegmentFirstAR, B2CFirstAR:

10-K 1994, S. 3

“The Company's merchandising strategy is to provide a wide variety of valuepriced merchandise in misses, junior and large sizes for the **fashion conscious low- to middle-income female customer, aged 18 to 45** and in fiscal 1994 the Company **began offering clothing and accessories for girls ages 4 - 14 in selected locations**. With the objective of offering head-to-toe dressing for its customers, the Company's stores feature a broad assortment of apparel and accessories, including casual and dressy sportswear, dresses, careerwear, coats, hosiery, shoes, costume jewelry, handbags and millinery.”

BusinessSegment2003, B2C2003:

- Laut Produktangebot kein Hinweis auf Zielgruppe “Business”
- Nur Credit segment und retail Segment als Revenue-Segmente

10-K 2003, S. 25

“**Description of Business and Fiscal Year:** The Company has two business segments — the **operation of women's fashion specialty stores and a credit card division**. The apparel specialty stores operate under the names "Cato", "Cato Fashions", "Cato Plus" and "It's Fashion!" and are located primarily in strip shopping centers in the southeastern United States.”

10-K 2003, 39

The following schedule summarizes certain segment information (in thousands):

Fiscal 2003		Retail		Credit		Total
Revenues	$	732,796	$	14,471	$	747,267
Depreciation		18,617		78		18,695
Interest and other income, net		(3,308)		—		(3,308)
Income before taxes		44,553		4,724		49,277
Total assets		289,200		62,373		351,573
Capital expenditures		20,549		4		20,553

BusinessSegment2011, B2C2011:

- Laut Produktangebot kein Hinweis auf Zielgruppe “Business”
- Nur Credit segment und retail Segment als Revenue-Segmente

10-K 2011, S. 36

“**Description of Business and Fiscal Year:** The Company has two reportable segments — the operation of a fashion specialty stores segment (“Retail Segment”) and **a credit card segment (“Credit Segment”)**. The apparel specialty stores operate under the names “Cato,” “Cato Fashions,” “Cato Plus,” “It's Fashion”, “It's Fashion Metro” and “Versona Accessories” and are located primarily in strip shopping centers principally in the southeastern United States.”

10-K 2011, S. 57

THE CATO CORPORATION

NOTES TO CONSOLIDATED FINANCIAL STATEMENTS — (Continued)

The following schedule summarizes certain segment information as of and for the year then ended (in thousands):

Fiscal 2011		Retail		Credit		Total
Revenues	$	923,742	$	7,716	$	931,458
Depreciation		21,785		40		21,825
Interest and other income		(3,817)		-		(3,817)
Income before taxes		97,037		3,234		100,271
Total assets		471,397		79,692		551,089
Capital expenditures		35,804		86		35,890

-

Services, ServicesImportance

ServicesFirstAR; ServicesImportance2003:

10-K 1994, S. 29

“Description of Business and Fiscal Year - The Company h**as principally one segment of business - operation of women's apparel specialty stores**. The Company's fiscal year ends on the Saturday nearest January 31.”

→nur ein Segment, B2C

Services2003:
10-K 2003, S. 25
"**Description of Business and Fiscal Year:** The Company has two business segments — the **operation of women's fashion specialty stores and a credit card division**. The apparel specialty stores operate under the names "Cato", "Cato Fashions", "Cato Plus" and "It's Fashion!" and are located primarily in strip shopping centers in the southeastern United States."

ServicesImportance2003:
10-K 2003, 39

The following schedule summarizes certain segment information (in thousands):

Fiscal 2003	Retail	Credit	Total
Revenues	$ 732,796	$ 14,471	$ 747,267
Depreciation	18,617	78	18,695
Interest and other income, net	(3,308)	—	(3,308)
Income before taxes	44,553	4,724	49,277
Total assets	289,200	62,373	351,573
Capital expenditures	20,549	4	20,553

Services2011:
10-K 2011, S. 36
"**Description of Business and Fiscal Year:** The Company has two reportable segments — the operation of a fashion specialty stores segment ("Retail Segment") and **a credit card segment ("Credit Segment")**. The apparel specialty stores operate under the names "Cato," "Cato Fashions," "Cato Plus," "It's Fashion", "It's Fashion Metro" and "Versona Accessories" and are located primarily in strip shopping centers principally in the southeastern United States."

ServicesImportance2011
10-K 2011, S. 57
- Revenues von "Credit segment" wesentlich geringer

THE CATO CORPORATION

NOTES TO CONSOLIDATED FINANCIAL STATEMENTS — (Continued)

The following schedule summarizes certain segment information as of and for the year then ended (in thousands):

Fiscal 2011	Retail	Credit	Total
Revenues	$ 923,742	$ 7,716	$ 931,458
Depreciation	21,785	40	21,825
Interest and other income	(3,817)	-	(3,817)
Income before taxes	97,037	3,234	100,271
Total assets	471,397	79,692	551,089
Capital expenditures	35,804	86	35,890

Competitors - Variable: NumberCompetitorsDatamonitor, NumberCompetitorsHoovers, NumberCompetitorsDMHoov, NumberCompetitorsAR
NumberCompetitorsDatamonitor
- Kein DM-Report verfügbar

NumberCompetitorsHoovers
Hoovers, S. 4

COMPETITORS:

- Ascena Retail
- Charming Shoppes
- Deb Shops
- Burlington Coat Factory
- Charlotte Russe
- Chico's FAS
- Collective Brands
- Dillard's
- DSW
- Forever 21
- Rack Room Shoes
- Ross Stores
- Target Corporation
- TJX Companies
- Wal-Mart
- dELiA*s
- J. C. Penney
- Kmart
- Sears
- United Retail

NumberCompetitorsDMHoov

NumberCompetitorsAR

- Keine Erwähnung von Wettbewerbern im Geschäftsbericht

10-K 2011, S. 9

Existing and increased competition in the women's retail apparel industry may negatively impact our business, results of operations, financial condition and market share.

The women's retail apparel industry is highly competitive. We compete primarily with discount stores, mass merchandisers, department stores, off-price retailers, specialty stores, and internet-based retailers, many of which have substantially greater financial, marketing and other resources than we have. Many of our competitors offer frequent promotions and reduce their selling prices. In some cases our competitors are expanding into markets in which we have a significant market presence. As a result of this competition, including close-out sales and going-out-of-business sales by other women's apparel retailers, we may experience pricing pressures, increased marketing expenditures, as well as loss of market share, which could materially and adversely affect our business, results of operations and financial condition.

Competitors - Variable: DMCompetitor1, DMCompetitor2, ...; HoovCompetitor1, HoovCompetitor2, ...; ARCompetitor1, ARCompetitor2, ...

s.o.

Generic Business Strategy - Variable: BusinessStrategyFirstAR, YearFirstAR, BusinessStrategy2003, BusinessStrategy2011

BusinessStrategyFirstAR:

10-K 1994, S. 3

"The Company's merchandising strategy is to provide a **wide variety of value priced merchandise** in misses, junior and large sizes for the fashion conscious low- to middle-income female customer, aged 18 to 45 and in fiscal 1994 the Company began offering clothing and accessories for girls ages 4 - 14 in selected locations. With the objective of offering head-to-toe dressing for its customers, the Company's stores feature a broad assortment of apparel and accessories, including casual and dressy sportswear, dresses, careerwear, coats, hosiery, shoes, costume jewelry, handbags and millinery."

S. 3-4

"The Company's objective is to be the leading women's apparel specialty retailer for fashion conscious low- to middle-income females in its markets. Management believes the Company's success is dependent upon its ability to diff**erentiate its stores from department stores, mass merchandise discount stores and competing women's specialty stores.** The key elements of the Company's business strategy are:

Merchandise Assortment. The Company's stores offer a **wide assortment** of apparel and accessory items in regular and large sizes and emphasize color, product coordination and selection.
Value Pricing. The Company offers **quality merchandise** that is **generally priced below comparable** merchandise offered by department stores and higher end specialty apparel chains but is generally more fashionable than merchandise offered by discount stores.
Strip Shopping Center Locations. The Company locates its stores principally in strip centers
convenient to our customers anchored by major discount stores, such as Wal-Mart and Kmart, that attract large numbers of potential customers.
Customer Service. Store managers and sales associates are trained to provide prompt and courteous service and to assist customers in merchandise selection and wardrobe coordination.
Credit and Layaway Programs. The Company offers its own credit and a layaway plan to make the purchase of its merchandise more convenient.
Expansion. The Company plans to open new stores and relocate or expand existing stores in small to medium-sized towns and in selected larger cities and metropolitan areas, principally in the South and Southeast."

→leichte Hinweise auf beide Strategien, aber eher Hinweise auf beide, aber eher auf Differentiation, da nur von "value priced", nicht unbedingt von Kostenvorteilen gesprochen wird (Kodierung: 3)
- Hinweise sind abe rauch nicht so klar, man könnte auch sagen, sie haben keine Strategie (4)

BusinessStrategy2003:
10-K 2003, S. 3
"The Company's primary objective is to be the leading fashion specialty retailer for fashion conscious low-to-middle income females in its markets. Management believes the Company's success is dependent upon its ability to **differentiate its stores from department stores, mass merchandise discount stores and competing women's specialty stores**. The key elements of the Company's business strategy are:
Merchandise Assortment. The Company's stores offer a **wide assortment** of apparel and accessory items in regular and plus sizes and emphasize color, product coordination and selection.
Value Pricing. The Company offers quality merchandise that **is generally priced below** comparable merchandise offered by department stores and mall specialty apparel chains, but is generally more fashionable than merchandise offered by discount stores. Management believes that the Company has positioned itself as the **everyday low price leader** in its market segment.
Strip Shopping Center Locations. The Company locates its stores principally in convenient strip centers anchored by national discounters or market dominant grocery stores that attract large numbers of potential customers.
Customer Service. Store managers and sales associates are trained to provide prompt and courteous service and to assist customers in merchandise selection and wardrobe coordination.
Credit and Layaway Programs. The Company offers its own credit card and a layaway plan to make the purchase of its merchandise more convenient.
Expansion. The Company plans to continue to expand into northern, midwestern and western adjacent states, as well as continuing to "fill-in" existing southeastern core geography."

"The Company offers a broad selection of **high quality and exceptional value apparel** and accessories to suit the various lifestyles of the fashion conscious low-to-middle income female, ages 18 to 50. In addition, the Company offers on-trend fashion in exciting colors with consistent fit and quality."

- Hinweise auf beide, aber eher auf Differentiation, da nur von "low prices", nicht unbedingt von Kostenvorteilen gesprochen wird
- Hinweise sind abe rauch nicht so klar, man könnte auch sagen, sie haben keine Strategie (4)

BusinessStrategy2011:
10-K 2011, S. 3:
"The Company's primary objective is to be the leading fashion specialty retailer **for fashion and value in its markets**. Management believes the Company's success is dependent upon its ability to **differentiate its stores from department stores, mass merchandise discount stores and competing specialty stores**. The key elements of the Company's business strategy are:

Merchandise Assortment. The Company's stores offer a **wide assortment** of on-trend apparel and accessory items in primarily junior/missy, plus sizes, girls sizes 7 to 16, mens and kids sizes newborn to 7 with an emphasis on color, product coordination and selection. Colors and styles are coordinated and presented so that outfit selection is easily made.

Value Pricing. The Company offers **quality merchandise** that is generally **priced below comparable merchandise offered** by department stores and mall specialty apparel chains, but is generally more fashionable than merchandise offered by discount stores. Management believes that the Company **has positioned itself as the every day low price leader in its market segment**.

Strip Shopping Center Locations. The Company locates its stores principally in convenient strip centers anchored by national discounters or market-dominant grocery stores that attract large numbers of potential customers.

Customer Service. Store managers and sales associates are trained to provide prompt and courteous service and to assist customers in merchandise selection and wardrobe coordination.

Credit and Layaway Programs. The Company offers its own credit card and a layaway plan to make the purchase of its merchandise more convenient for its customers."

- Hinweise auf beide, aber eher auf Differentiation, da nur von "low prices", nicht unbedingt von Kostenvorteilen gesprochen wird

National Spread - Variable: EastNorthCentralFirstAR, EastSouthCentralFirstAR, Mid-AtlanticFirstAR, MountainFirstAR, NewEnglandFirstAR, PacificFirstAR, SouthAtlanticFirstAR, WestNorthCentral-FirstAR, WestSouthCentralFirstAR, EastNorthCentral2003, EastSouthCentral2003, Mid-Atlantic2003, Mountain2003, NewEngland2003, Pacific2003, SouthAtlantic2003, WestNorthCentral2003, WestSouth-Central2003, EastNorthCentral2011, EastSouthCentral2011, Mid-Atlantic2011, Mountain2011, NewEngland2011, Pacific2011, SouthAtlantic2011, WestNorthCentral2011, WestSouthCentral2011, Number-StatesFirstAR, NumberStates2003, NumberStates2011

Regions FirstAR:
10-K 1994, S. 3
"The Company, founded in 1946, operated 538 women's apparel specialty stores at January 28, 1995 under the names "Cato,""Cato Fashions" and "Cato Plus" **in 22 states**, principally in nonmetropolitan markets in the South and Southeast."
S. 7
"The Company operated 108 off-price stores at January 28, 1995 in **11 states** in the South and Southeast under the name "It's Fashion!""
→ Keine Auflistung der Staaten, nur Nennung der "ungefähren Region" (south and southeast)
→ Da die gleiche Region angegeben wird, wird davon ausgegangen, dass es keine anderen Staaten sind

10-

Regions2003:
10-K 2003, S. 5
"Store Locations
Most of the Company's stores are **located in the southeastern United States** in a variety of markets ranging from small towns to large metropolitan areas with trade area populations of 20,000 or more. Stores range in size from 4,000 to 6,000 square feet and average approximately 4,000 square feet."
- Keine Auflistung der Staaten, nur Nennung der "ungefähren Region" (southeastern US)

Regions2011:
10-K 2011, S. 5
"Store Locations
Most of the Company's stores are located in the southeastern United States in a variety of markets ranging from small towns to large metropolitan areas with trade area populations of 20,000 or more. Stores average approximately 4,500 square feet in size."
→ keine genaue Erwähnung der Regionen

10-K 2011, S. 6

Store Development

Fiscal Year	Number of Stores Beginning of Year	Number Opened	Number Closed	Number of Stores End of Year
2007	1,276	62	20	1,318
2008	1,318	65	102	1,281
2009	1,281	35	45	1,271
2010	1,271	37	26	1,282
2011	1,282	38	32	1,288

Aber auf der Website:

Cato

http://www.catofashions.com/locator.cfm, abgerufen am 01.06.2012

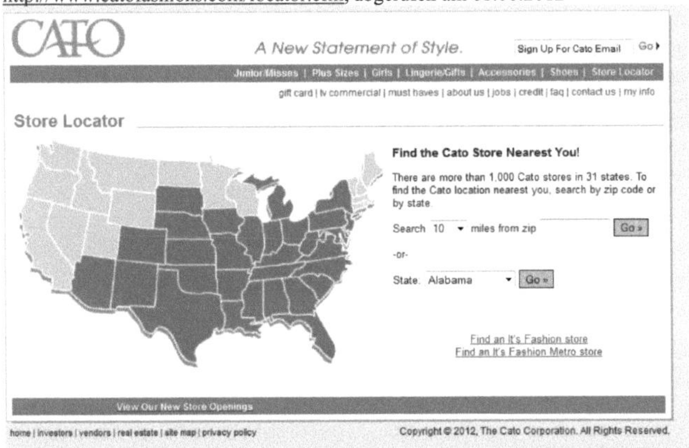

Versona

http://www.versonaaccessories.com/store-locator, abgerufen am 01.06.2012

- Existenz eines Store-Locators:

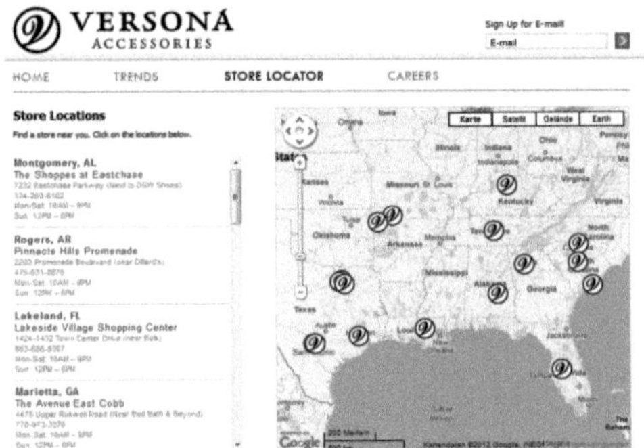

It's Fashion

http://itsfashions.com/locator.cfm , abgerufen am 01.06.2012

- Existenz eines Store-Locators:

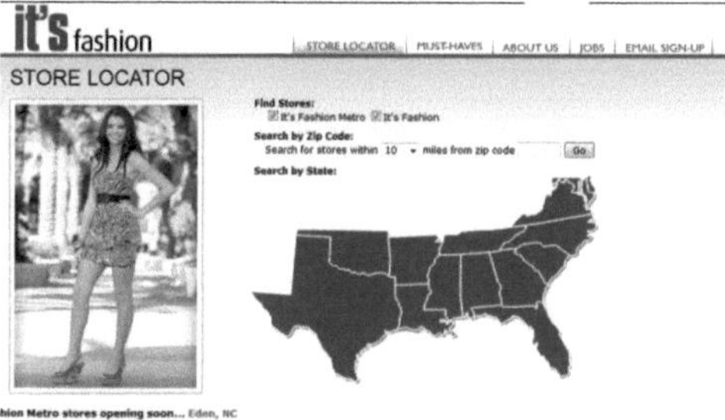

It's Fashion Metro
http://itsfashionmetro.com/locator.cfm , abgerufen am 01.06.2012

- Existenz eines Store-Locators:

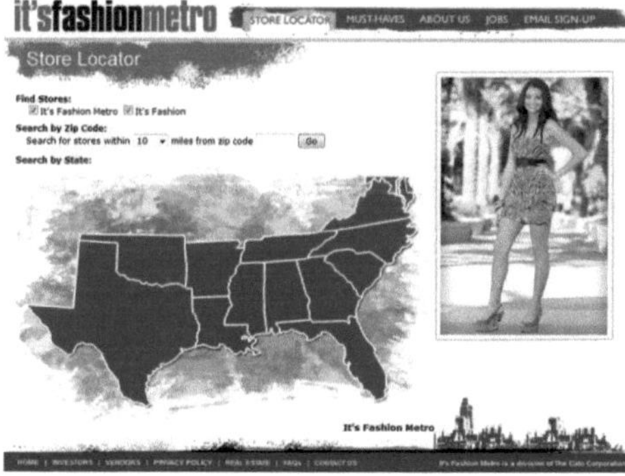

NumberStatesFirstAR:
10-K 1994, S. 3
"The Company, founded in 1946, operated 538 women's apparel specialty stores at January 28, 1995 under the names "Cato,""Cato Fashions" and "Cato Plus" i**n 22 states**, principally in nonmetropolitan markets in the South and Southeast."

NumberStates2003:
10-K 2003, S. 5
"The Company, founded in 1946, operated 1,102 women's fashion specialty stores at January 31, 2004, under the names "Cato," "Cato Fashions," "Cato Plus" and "It's Fashion!" **in 28 states**, principally in the southeastern United States."

NumberStates 2011:
10-K 2011, S. 3
The Company, founded in 1946, operated **1,288 fashion specialty stores** at January 28, 2012, in **31 states**, principally in the southeastern United States, under the names "Cato," "Cato Fashions," "Cato Plus," "It's Fashion," "It's Fashion Metro" and "Versona Accessories".

- Siehe oben

Anhang E: Beispielhafte Codierung der Kanalstrategie und generischen Strategie

Variable	Unternehmen	Auszug der Evidenz (z.B. Zitat)	Schlüsselwörter für Suche und Codierung	Codierung
Ein- vs. Multikanal-Strategie	Family Dollar Stores	"We **operate** a chain of more than 7,000 general merchandise **retail** discount **stores** in 44 states. […] We opened our **first** Family Dollar **store** in Charlotte, North Carolina, in **1959**." 10-K 2011, S. 3. "At this time, Family Dollar **does not offer** our merchandise for **sale on the internet**. Please continue to shop for our everyday low priced merchandise at your local, convenient Family Dollar store." Website http://corporate.familydollar.com/pages/faq.aspx; (accessed on June 6, 2012) ➔ Hinweise auf Ladengeschäfte	• "store" • "location" • "store locator" auf der Website • „direct (distribution)" • "Internet" • "e-commerce" • "online (sales)" "web (sales)" • "shopping cart/bag" auf der Website	Einkanalstrategie (Ladengeschäfte) für die komplette Zeitperiode
Ein- vs. Multikanal-Strategie	Amazon.com	"Operating as an **online book retailer**, Amazon.com has grown rapidly since first opening its Web site in July 1995." 10-K 1997, S. 4. "Amazon.com opened its **virtual** doors on the **World Wide Web** in July 1995 and offers Earth's Biggest Selection." 10-K 2011, S. 2. ➔ Hinweise auf Internet	• "store" • "location" • "store locator" auf der Website • „direct (distribution)" • "Internet" • "e-commerce" • "online (sales)" "web (sales)" • "shopping cart/bag" auf der Website	Einkanalstrategie (Internet) für die komplette Zeitperiode
Ein- vs. Multikanal-Strategie	Talbots	"Over the past eight years, the Company has implemented an aggressive store expansion program, with the **number of stores** increasing from **137** at the end of **1988** to 535 at the end of 1996." 10-K 1996, S. 2. "In November **1999**, the Company **began** offering its merchandise **on the Internet at talbots.com**. Sales through the website are reported with catalog sales." 10-K 1999, S. 1. ➔ Hinweise auf beide Kanäle, Interneteinführung 1999	Schlüsselwörter vom Internet kombiniert mit: • "addition" • "expand" • "channel introduction" • "new channel"	Einkanalstrategie (Ladengeschäfte) bis 1998; Multikanalstrategie seit 1999
Ein- vs. Multikanal-Strategie	Design Within Reach	„We **began selling** products through the phone and **online** in the second half of **1999**, and we opened our **first studio** in November **2000**." 10-K 2008, S. 38. Wayback machine zeigt die erste Online-Shopppingmöglichlkeit im Jahr 1999: http://web.archive.org/web/19991012112411/http://dwr.com/home.html, (accessed on June 16, 2012) "The company opened its first **store** (called a "studio") in San Francisco in 2000 […]." Hoover's Company Record 2012, S. 2. "We market and sell our products […] through four integrated sales channels, consisting of our catalog, **studios**, **website** and direct sales force." 10-K 2004, S. 1 ➔ Hinweise auf beide Kanäle, Einführung Ladengeschäfte 2000	Schlüsselwörter vom Ladengeschäft kombiniert mit: • "addition" • "expand" • "channel introduction" • "new channel"	Einkanalstrategie (Internet) bis 1999; Multikanalstrategie seit 2000
Generische Strategie	Abercrombie & Fitch	"The Abercrombie & Fitch brand was established in 1892 and became well known as a supplier of rugged, **high-quality** outdoor gear who placed a **premium** on complete **customer satisfaction** with each item sold." 10-K 1996, S. 40. "We are confident that we are on track in regard to our long-term strategy of leveraging the international appeal of our **brands** to build a highly profitable, sustainable, global business. […] First, continuing to provide **high-quality**, **trend-right** merchandise and a **compelling** and **differentiated** store **experience**." 10-K 2011, S. 40.	• „differentiation" • „unique" • „(service) quality" • „(create) value" • „premium" "luxury" • "satisfaction" "loyalty" • "experience" • "brand (image)"	Differenzierung für die komplette Zeitperiode

Variable	Unter-nehmen	Auszug der Evidenz (z.B. Zitat)	Schlüsselwörter für Suche und Codierung	Codierung
		➔ Hinweise auf Differenzierung	• "superior (products)" • "high prices" • "innovative" • "customized" • "broad selection" • "convenience"	
Generische Strategie	Dollar General Corporation	"EVERYDAY LOW PRICES. The Company's strategy is to offer quality merchandise at **everyday low prices**. The Company emphasizes even dollar price points and believes its prices are **generally below those of its competitors**. The majority of products in Dollar General Stores are priced at $10 or less, with the most expensive item generally priced at $35. [...] LOW OPERATING COSTS. The Company maintains **strict overhead cost controls** and seeks to locate stores in neighborhoods where **store rental** and **operating costs are low**." 10-K 1994, S. 3. "***Everyday Low Prices*** *on Quality Merchandise.* Our research indicates that we offer a **price advantage** over most food and drug retailers and that our **prices are highly competitive** with even the largest discount retailers. Our ability to offer **everyday low prices** on quality merchandise is supported by our **low-cost operating structure** and our strategy to maintain a limited number of stock keeping units ("SKUs") per category [...]."10-K 2011, S. 3. ➔ Hinweise auf Kostenführerschaft	• "cost leader" • "(low) cost" • "leader(ship)" • "low price" • "competitive prices/ price level" • "save money" • "efficiencies" • "control costs" • "economies of scale" • "minimize costs"	Kostenführerschaft für die komplette Zeitperiode
Generische Strategie	Staples	"The Company guarantees **low prices** to its customers and will not only match competitive prices but also pay 150% of the difference if **competitive price levels** are lower. The Company's products are sold at prices which generally are up to 30% to 70% below manufacturer suggested list prices. The Company continuously compares its pricing against other discount office supply stores, [...] to ensure that the strategy of maintaining **everyday low prices** is achieved." 10-K 1995, S. 7. "[...] providing superior customer value through a combination of broad product selection, everyday low prices, superior customer service and convenient locations;" 10-K 1995, S. 2. "We provide **superior value** to our customers through a **combination** of **low prices**, a **broad selection** of office products, a wide range of **technology** and copy and **print services**, **high quality** and **innovative** Staples **brand** products, **convenient** store locations, easy to use web sites, reliable and fast order delivery, and **excellent customer service**. Our strategy is to maintain our **leadership** position by delivering on our brand promise: *we bring easy to your office."* 10-K 2011, S. 1. ➔ Hinweise auf beide Strategien, also Hybridstrategie	Schlüsselwörter der Differenzierungs- und Kostenführerstrategie	Hybridstrategie für die komplette Zeitperiode

Quelle: Eigene Darstellung.

Anhang F: Branchenklassifizierung bezüglich des Produkttyps und der Kaufhäufigkeit

Produkttyp (sensorisch vs. nicht sensorisch)					Kauffrequenz (hoch vs. niedrig)		
Produktkategorie	**Produkttyp**	**Sinneswahrnehmung vor dem Kauf**	**Erläuterung**	**Exemplarische Quelle für Produkttyp**	**Kauffrequenz**	**Erläuterung**	**Exemplarische Quelle für Kauffrequenz**
Lebensmittel	nicht sensorisch	keine	Alle wesentlichen Informationen sind in beiden Kanälen gleich verfügbar. In einer typischen Kaufsituation testen Kunden die Produkte nicht, da Käufe häufig habitualisiert und Produkte abgepackt sind.	Degeratu, Rangaswamy und Wu (2000)	hoch (kurzlebig)	Lebensmittel haben eine kurze Lebensdauer und werden deshalb häufig gekauft.	Backhaus und Schneider (2009); Macé und Neslin (2004); Sexton Jr. (1970); U.S. Department of Labor (2015); Vanhuele und Drèze (2002)
Kauf- & Warenhäuser	nicht sensorisch	keine	Alle wesentlichen Informationen sind in beiden Kanälen gleich verfügbar. In einer typischen Kaufsituation testen Kunden die Produkte nicht.	Grohmann, Spangenberg und Sprott (2007)	hoch (kurzlebig)	Da Kauf- und Warenhäuser vor allem das Sortiment von Drogerien, Supermärkten und Kleidungshändlern kombinieren, wird die Kauffrequenz als hoch eingeteilt.	Levy und Weitz (2009)
Buchhandel	nicht sensorisch	keine	Alle wesentlichen Informationen sind in beiden Kanälen gleich verfügbar. In einer typischen Kaufsituation testen Kunden die Produkte nicht.	Peck (2009)	hoch (kurzlebig)	Bücher werden üblicherweise schnell gelesen, häufig verschenkt und häufig gekauft, u.a. weil sie einen kurzen Produktlebenszyklus haben und oft Trends ausgesetzt sind.	Chaffe (2010); U.S. Department of Labor (2015)
Schreibwaren & Bürozubehör	nicht sensorisch	keine	Alle wesentlichen Informationen sind in beiden Kanälen gleich verfügbar. In einer typischen Kaufsituation testen Kunden die Produkte nicht.	Grohmann, Spangenberg und Sprott (2007)	hoch (kurzlebig)	Schreibwaren und Bürozubehör haben eine kurze Lebensdauer und werden deshalb häufig gekauft.	U.S. Department of Labor (2015)
Drogerien & Apotheken	nicht sensorisch	keine	Alle wesentlichen Informationen sind in beiden Kanälen gleich verfügbar. In einer typischen Kaufsituation testen Kunden die Produkte nicht.	Degeratu, Rangaswamy und Wu (2000); Grohmann, Spangenberg und Sprott (2007)	hoch (kurzlebig)	Drogerieartikel und Medikamente haben eine kurze Lebensdauer und werden deshalb häufig gekauft.	Chaffe (2010); U.S. Department of Labor (2015) Hoyer (1984); Macé und Neslin (2004); Sexton Jr. (1970)
Kosmetik & Parfümerien	sensorisch	Geruchssinn, Tastsinn	Das Riechen und das Anfassen von Kosmetik und Parfüm ist nur im Ladengeschäft möglich. Die Produkte werden in einer typischen Kaufsituation vor dem Kauf getestet (z.B. wie Parfüm riecht).	Biswas et al. (2014)	niedrig (langlebig)	Die Stichprobe enthält Schönheitssalons und Parfümerien. Konsumentenstudien zeigen, dass mehr als 50% der Kunden sogar öfter als monatlich dort kaufen.	Butcher (2014); Dimensions (2007)

Produkttyp (sensorisch vs. nicht sensorisch)					Kauffrequenz (hoch vs. niedrig)		
Produktkategorie	**Produkttyp**	**Sinneswahrnehmung vor dem Kauf**	**Erläuterung**	**Exemplarische Quelle für Produkttyp**	**Kauffrequenz**	**Erläuterung**	**Exemplarische Quelle für Kauffrequenz**
Sporthandel	sensorisch	Geruchssinn, Tastsinn	Das Anfassen, Anprobieren und Testen von Sportartikeln ist nur im Ladengeschäft möglich. Die Produkte werden in einer typischen Kaufsituation vor dem Kauf getestet (z.B. wie Skates rollen oder ein Skischuh passt).	Peck und Childers (2003)	niedrig (langlebig)	Sportartikel haben eine lange Lebensdauer und werden deshalb seltener gekauft.	Chaffe (2010); U.S. Department of Labor (2015)
Kleidung & Accessoires	sensorisch	Geruchssinn, Tastsinn	Das Anfassen und Anprobieren von Kleidung ist nur im Ladengeschäft möglich. Die Produkte werden in einer typischen Kaufsituation vor dem Kauf getestet (z.B. wie sich das Material anfühlt und die Kleidung passt).	Grohmann, Spangenberg und Sprott (2007); Krishna (2012); Peck und Childers (2003)	hoch (kurzlebig)	Kleidung und Accessoires haben einen kurzen Produktlebenszyklus, weil sie Trends folgen, und werden deshalb häufig gekauft.	U.S. Department of Labor (2015)
Schuhhandel	sensorisch	Sehsinn, Tastsinn	Das Anfassen und Anprobieren von Schuhen ist nur im Ladengeschäft möglich. Die Produkte werden in einer typischen Kaufsituation vor dem Kauf getestet (z.B. wie sich das Material anfühlt und der Schuh passt).	Grohmann, Spangenberg und Sprott (2007)	hoch (kurzlebig)	Schuhe haben einen kurzen Produktlebenszyklus, weil sie Trends folgen, und werden deshalb häufig gekauft.	U.S. Department of Labor (2015)
Juweliergeschäfte	nicht sensorisch	keine	Alle wesentlichen Informationen sind in beiden Kanälen gleich verfügbar. In einer typischen Kaufsituation testen Kunden die Produkte nicht.	-	niedrig (langlebig)	Juwelierartikel haben eine lange Lebensdauer und höhere Preise und werden deshalb seltener gekauft.	U.S. Department of Labor (2015)
Elektronik & Computer	sensorisch	Hörsinn, Tastsinn	Das Hören und Anfassen von Elektronikprodukten ist nur im Ladengeschäft möglich. Die Produkte werden in einer typischen Kaufsituation vor dem Kauf getestet (z.B. der Sound einer Stereoanlage, das Bild eines Fernsehers).	Gupta, Su und Walter (2004); Peck und Childers (2003)	niedrig (langlebig)	Elektronikartikel haben eine lange Lebensdauer und höhere Preise und werden deshalb seltener gekauft.	Chaffe (2010); U.S. Department of Labor (2015)
Musik & Medien	nicht sensorisch	keine	Alle wesentlichen Informationen sind in beiden Kanälen gleich verfügbar. In	Grohmann, Spangenberg und Sprott (2007);	hoch (kurzlebig)	Musik und Medienprodukte (z.B. Filme, Videospiele) haben einen kurzen Produkt-	Evaluation Unit (2007)

Produkttyp (sensorisch vs. nicht sensorisch)					Kauffrequenz (hoch vs. niedrig)		
Produktkategorie	**Produkttyp**	**Sinneswahrnehmung vor dem Kauf**	**Erläuterung**	**Exemplarische Quelle für Produkttyp**	**Kauffrequenz**	**Erläuterung**	**Exemplarische Quelle für Kauffrequenz**
			einer typischen Kaufsituation testen Kunden die Produkte nicht.	McCabe und Nowlis (2003)		lebenszyklus, weil sie Trends folgen, und werden deshalb häufig gekauft.	
Bastelzubehör, Spielzeug & Spiele	nicht sensorisch	keine	Alle wesentlichen Informationen sind in beiden Kanälen gleich verfügbar. In einer typischen Kaufsituation testen Kunden die Produkte nicht.	-	niedrig (langlebig)	Bastel- und Spielartikel haben eine lange Lebensdauer und werden deshalb seltener gekauft.	Chaffe (2010); U.S. Department of Labor (2015)
Möbel & Einrichtungsprodukte	sensorisch	Tastsinn	Das Anfassen und Testen von Möbeln ist nur im Ladengeschäft möglich. Die Produkte werden in einer typischen Kaufsituation vor dem Kauf getestet (z.B. wie sich das Sitzen auf einer Couch anfühlt).	Grohmann, Spangenberg und Sprott (2007)	niedrig (langlebig)	Möbelartikel haben eine lange Lebensdauer und höhere Preise und werden deshalb seltener gekauft.	U.S. Department of Labor (2015)
Automobile, Automobil- & Handwerkszubehör	sensorisch	Hörsinn, Tastsinn	Das Hören und Anfassen von Automobilen ist nur im Ladengeschäft möglich. Die Produkte werden in einer typischen Kaufsituation vor dem Kauf getestet (z.B. wie sich das Auto anfühlt, anhört und fährt).	Grohmann, Spangenberg und Sprott (2007)	niedrig (langlebig)	Automobile haben eine lange Lebensdauer und höhere Preise und werden deshalb seltener gekauft.	Chaffe (2010); U.S. Department of Labor (2015)
Brennstoffhandel	nicht sensorisch	keine	Alle wesentlichen Informationen sind in beiden Kanälen gleich verfügbar. In einer typischen Kaufsituation testen Kunden die Produkte nicht.	-	hoch (kurzlebig)	Brennstoffe werden regelmäßig für Automobile oder private Immobilien benötigt und deshalb häufig gekauft.	Chaffe (2010); U.S. Department of Labor (2015)

Quelle: Eigene Darstellung.

Anhang G: Deskriptive Eigenschaften der branchenvariierenden erklärenden Variablen

		Automobile & Autozubehör	Bastelzubehör, Spielzeug & Spiele	Brennstoffhandel	Buchhandel	Drogerien & Apotheken	Elektronik & Computer	Juweliergeschäfte	Kauf- & Warenhäuser	Kleidung & Accessoires	Kosmetik & Parfümerien	Lebensmittel	Möbel & Einrichtungsprodukte	Musik & Medien	Schreibwaren & Bürozubehör	Sporthandel
Multi vs. Internet	N (Objekte)	138 (129)	90 (7)	4 (1)	39 (4)	73 (7)	110 (9)	60 (4)	226 (23)	494 (46)	31 (3)	183 (19)	248 (22)	29 (2)	44 (3)	56 (4)
	MW	0,927	0,955	1	0,794	0,643	0,672	0,533	0,690	0,951	1	0,846	0,854	1	0,363	1
	Std. Abw.	0,375	0,296	0	0,614	0,770	0,743	0,853	0,725	0,308	0	0,533	0,519	0	0,942	0
	Min.	-1	-1	1	-1	-1	-1	-1	-1	-1	1	-1	-1	1	-1	1
	Max.	1	1	1	1	1	1	1	1	1	1	1	1	1	1	1
Multi vs. Ladengeschäfte	N (Objekte)	335 (22)	114 (7)	75 (6)	54 (4)	72 (5)	111 (7)	49 (3)	384 (25)	874 (53)	57 (3)	351 (21)	334 (20)	38 (2)	30 (2)	100 (6)
	MW	-0,205	0,543	-0,893	0,296	0,666	0,657	0,877	-0,005	0,102	0,087	-0,037	0,377	0,526	1	0,120
	Std. Abw.	0,980	0,842	0,452	0,964	0,750	0,756	0,484	1,001	0,995	1,005	100,074	0,927	0,861	0	0,997
	Min.	-1	-1	-1	-1	-1	-1	-1	-1	-1	-1	-1	-1	-1	1	-1
	Max.	1	1	1	1	1	1	1	1	1	1	1	1	1	1	1
Differenzierung	N (Objekte)	304 (22)	90 (7)	86 (6)	70 (5)	117 (8)	153 (11)	63 (4)	414 (28)	719 (51)	19 (3)	331 (23)	351 (24)	34 (2)	51 (3)	76 (6)
	MW	0,345	0,577	-1	-0,085	0,632	0,176	0,460	-0,004	0,415	0,684	0,087	0,387	0,558	-0,078	0,263
	Std. Abw.	0,924	0,820	0	1,003	0,749	0,987	0,714	0,781	0,859	0,477	0,951	0,899	0,503	0,796	0,971
	Min.	-1	-1	-1	-1	-1	-1	-1	-1	-1	0	-1	-1	0	-1	-1
	Max.	1	1	-1	1	1	1	1	1	1	1	1	1	1	1	1
Kostenführerschaft	N (Objekte)	304 (22)	90 (7)	86 (6)	70 (5)	117 (8)	153 (11)	63 (4)	414 (28)	719 (51)	19 (3)	331 (23)	351 (24)	34 (2)	51 (3)	76 (6)
	MW	-0,282	-0,211	-1	-0,542	-0,119	-0,411	0,158	0,085	-0,158	0,315	-0,320	-0,242	0,441	0,019	-0,368
	Std. Abw.	0,512	0,410	0	0,501	0,438	0,493	0,627	0,832	0,558	0,477	0,632	0,519	0,503	0,860	0,485
	Min.	-1	-1	-1	-1	-1	-1	-1	-1	-1	0	-1	-1	0	-1	-1
	Max.	1	0	-1	0	1	0	1	1	1	1	1	1	1	1	0
Multikanal-Wettbewerb	N (Objekte)	407 (22)	133 (7)	112 (6)	81 (5)	151 (8)	208 (11)	75 (4)	508 (28)	970 (53)	57 (3)	431 (23)	456 (24)	38 (2)	57 (3)	114 (6)
	MW	0,433	0,448	0,054	0,315	0,675	0,591	0,747	0,769	0,543	0,346	0,351	0,634	0,770	0,788	0,550
	Std. Abw.	0,332	0,433	0,105	0,267	0,382	0,409	0,386	0,333	0,354	0,453	0,297	0,408	0,411	0,410	0,357
	Min.	0	0	0	0	0	0	0	0	0	0	0	0	0	0	0
	Max.	1	1	0,297	0,840	0,977	0,973	1	1	1	1	1	1	1	1	0,842

		Auto-mobile & Auto-zubehör	Bastel-zubehör, Spielzeug & Spiele	Brenn-stoff-handel	Buch-handel	Drogerien & Apo-theken	Elektro-nik & Compu-ter	Juwelier-geschäfte	Kauf- & Waren-häuser	Kleidung & Acces-soires	Kosmetik & Par-fümerien	Lebens-mittel	Möbel & Einrich-tungs-produkte	Musik & Medien	Schreib-waren & Bürozu-behör	Sport-handel
Markt-dynamik	N (Objekte)	407 (22)	133 (7)	107 (6)	81 (5)	151 (8)	202 (11)	75 (4)	508 (28)	968 (53)	51 (3)	417 (23)	450 (24)	38 (2)	57 (3)	114 (6)
	MW	0,286	0,070	0,270	0,247	0,224	0,205	0,108	0,114	0,239	0,362	0,219	0,189	0,158	0,207	0,313
	Std. Abw.	0,265	0,046	0,228	0,27	0,092	0,124	0,035	0,051	0,386	0,419	0,303	0,108	0,113	0,166	0,241
	Min.	0,046	0,010	0,037	0,028	0,082	0,056	0,056	0,022	0,020	0,060	0,015	0,023	0,023	0,016	0,063
	Max.	0,984	0,158	1,134	0,891	0,408	0,599	0,173	0,241	1,883	1,357	1,456	0,599	0,385	0,534	0,976
Branchen-größe	N (Objekte)	407 (22)	133 (7)	109 (6)	81 (5)	151 (8)	208 (11)	75 (4)	508 (28)	968 (53)	57 (3)	431 (23)	456 (24)	38 (2)	57 (3)	114 (6)
	MW	16,784	16,533	15,122	16,458	18,405	16,781	15,160	18,827	16,364	13,798	16,802	16,181	14,117	16,911	14,749
	Std. Abw.	16,872	0,190	1,410	0,871	0,863	1,120	0,396	0,815	1,244	1,583	2,985	1,298	0,34	0.541	1,455
	Min.	8,150	16,130	8,848	15,011	16,465	12,931	14,329	17,528	11,332	11,657	10,051	9,39	13,582	15,65	12,071
	Max.	18,234	16,764	16,232	17,936	19,463	18,001	15,638	20,251	18,251	15,652	19,581	18,001	14,518	17,444	16,220
Firmen-größe	N (Objekte)	336 (22)	101 (7)	62 (5)	72 (5)	115 (8)	449 (11)	65 (4)	449 (28)	769 (53)	18 (3)	315 (23)	353 (24)	35 (2)	52 (3)	78 (6)
	MW	8,612	8,472	8,051	9,137	9,447	8,421	7,097	9,884	8,935	9,113	9,794	8,397	8,746	9,221	8,461
	Std. Abw.	1,678	2,197	0,662	1,279	2,614	1,956	2,453	2,351	1,502	0,988	1,931	1,646	0,263	2,591	0,967
	Min.	2,197	3,219	5,867	5,545	2,833	4,331	2,944	1,098	3,258	7,599	4,635	4,331	8,132	4,174	6,782
	Max.	11,156	11,617	9,127	10,933	12,417	12,101	9,903	14,604	13,009	10,147	12,746	12,101	9,240	11,420	10,302
Wettbe-werbsin-tensität (HHI)	N (Objekte)	407 (22)	133 (7)	112 (6)	81 (5)	151 (8)	208 (11)	75 (4)	508 (28)	968 (53)	57 (3)	431 (23)	456 (24)	38 (2)	57 (3)	114 (6)
	MW	0,769	0,358	0,741	0,551	0,707	0,447	0,524	0,667	0,737	0,762	0,631	0,584	0,437	0,477	0,638
	Std. Abw.	0,151	0,071	0,184	0,150	0,068	0,128	0,022	0,159	0,174	0,254	0,297	0,19	0,043	0,026	0,115
	Min.	0	0,242	0	0	0,471	0	0,492	0,413	0	0,413	0	0	0,369	0,427	0,353
	Max.	0,998	0,442	1	0,670	0,762	0,605	0,559	0,865	1	1	0,832	0,813	0,499	0,500	0,753
Katalog-vertrieb	N (Objekte)	407 (22)	133 (7)	112 (6)	81 (5)	151 (8)	208 (11)	75 (4)	508 (28)	968 (53)	57 (3)	431 (23)	456 (24)	38 (2)	57 (3)	114 (6)
	MW	-0,607	-0,203	-0,839	-0,432	-0,523	-0,087	-0,040	-0,303	-0,305	-0,789	-0,647	-0,197	-1	0,333	0,070
	Std. Abw.	0,796	0,983	0,546	0,907	0,855	0,999	1,006	0,954	0,953	0,619	0,763	0,981	0	0,951	1,002
	Min.	-1	-1	-1	-1	-1	-1	-1	-1	-1	-1	-1	-1	-1	-1	-1
	Max.	1	1	1	1	1	1	1	1	1	1	1	1	-1	1	1

Quelle: Eigene Darstellung.

Literaturverzeichnis

Aaker, David A. und Robert Jacobson (2001), "The Value Relevance of Brand Attitude in High-Technology Markets," *Journal of Marketing Research*, 38 (4), 485-493.

aap und BISG (2013), "BookStats," (abgerufen am 23.07. 2014), [abrufbar unter https://www.bisg.org/publications/bookstats].

Ainslie, Andrew, Xavier Dreze und Fred Zufryden (2005), "Modeling Movie Life Cycles and Market Share," *Marketing Science*, 24 (3), 508-517.

Alba, Joseph, John Lynch, Barton Weitz, Chris Janiszewski, Richard Lutz, Alan Sawyer und Stacy Wood (1997), "Interactive Home Shopping: Consumer, Retailer, and Manufacturer Incentives to Participate in Electronic Marketplaces," *Journal of Marketing*, 61 (3), 38-53.

AMA (2013), "Definition of Marketing," (abgerufen am 07.07. 2014), [abrufbar unter https://www.ama.org/AboutAMA/Pages/Definition-of-Marketing.aspx].

Amazon.com (1999), "Annual Report - Form 10-K." Seattle, Washington: Amazon.com.

Ambler, Tim (2003), Marketing and the Bottom Line: The Market Metrics to Pump Up Cash Flow (2. Aufl.). Harlow, Great Britain: Pearson Education Limited.

Anderson, Eugene W., Claes Fornell und Sanal K. Mazvancheryl (2004), "Customer Satisfaction and Shareholder Value," *Journal of Marketing*, 68 (4), 172-185.

Andrews, Kenneth R. (1973), The Concept of Corporate Strategy (4. Aufl.). Homewood, Ill.: Jones-Irwin.

Arikan, Akin (2008), Multichannel Marketing: Metrics and Methods for On and Offline Success (1. Aufl.). Indianapolis, Indiana: Wiley Publishing.

Avery, Jill, Thomas J. Steenburgh, John Deighton und Mary Caravella (2012), "Adding Bricks to Clicks: Predicting the Patterns of Cross-Channel Elasticities Over Time," *Journal of Marketing*, 76 (3), 96-111.

Backhaus, Klaus, Bernd Erichson, Wulff Plinke und Rolf Weiber (2011), Multivariate Analysemethoden: Eine anwendungsorientierte Einführung (13. Aufl.). Heidelberg: Springer.

Backhaus, Klaus, Bernd Erichson und Rolf Weiber (2011), Fortgeschrittene Multivariate Analysemethoden: Eine anwendungsorientierte Einführung (1. Aufl.). Berlin, Heidelberg: Springer.

Backhaus, Klaus und Helmut Schneider (2009), Strategisches Marketing (2. Aufl.). Stuttgart: Schäffer-Poeschel.

Baker, Michael John (2007), Marketing Strategy and Management (4. Aufl.). New York: Palgrave Macmillan.

Bakos, J. Yannis (1997), "Reducing Buyer Search Costs: Implications for Electronic Marketplaces," *Management Science*, 43 (12), 1676-1692.

Balasubramanian, Sridhar (1998), "Mail versus Mall: A Strategic Analysis of Competition between Direct Marketers and Conventional Retailers," *Marketing Science*, 17 (3), 181-195.

Balasubramanian, Sridhar, Robert A. Peterson und Sirkka L. Jarvenpaa (2002), "Exploring the Implications of M-Commerce for Markets and Marketing," *Journal of the Academy of Marketing Science*, 30 (4), 348-361.

Balasubramanian, Sridhar, Rajagopal Raghunathan und Vijay Mahajan (2005), "Consumers in a Multichannel Environment: Product Utility, Process Utility, and Channel Choice," *Journal of Interactive Marketing*, 19 (2), 12-30.

Baltagi, Badi H., Georges Bresson und Alain Pirotte (2003), "Fixed Effects, Random Effects or Hausman-Taylor? A Pretest Estimator," *Economics Letters*, 79 (3), 361-369.

Barney, Jay (1991), "Firm Resources and Sustained Competitive Advantage," *Journal of Management*, 17 (1), 99-120.

Barney, Jay B. und William S. Hesterly (2012), Strategic Management and Competitive Advantage : Concepts and Cases (4. Aufl.). Boston, Mass. [u.a.]: Pearson.

Beck, Nathaniel (2001), "Time-Series-Cross-Section Data: What Have We Learned in the Past Few Years?," *Annual Review of Political Science*, 4 (1), 271-293.

Beck, Nathaniel und Jonathan N. Katz (1995), "What to Do (and Not to Do) with Time-Series Cross-Section Data," *American Political Science Review*, 89 (3), 634-647.

Bendoly, Elliot, James D. Blocher, Kurt M. Bretthauer, Shanker Krishnan und M. A. Venkataramanan (2005), "Online/In-Store Integration and Customer Retention," 7, 313-327.

Bharadwaj, Anandhi S., Sundar C. Bharadwaj und Benn R. Konsynski (1999), "Information Technology Effects on Firm Performance as Measured by Tobin's q," *Management Science*, 45 (7), 1008-1024.

Biswas, Dipayan, Lauren I. Labrecque, Donald R. Lehmann und Ereni Markos (2014), "Making Choices While Smelling, Tasting, and Listening: The Role of Sensory (Dis)similarity When Sequentially Sampling Products," *Journal of Marketing*, 78 (1), 112-126.

Biyalogorsky, Eyal und Prasad Naik (2003), "Clicks and Mortar: The Effect of On-line Activities on Off-line Sales," *Marketing Letters*, 14 (1), 21-32.

Blattberg, Robert C., Edward C. Malthouse und Scott A. Neslin (2009), "Customer Lifetime Value: Empirical Generalizations and Some Conceptual Questions," *Journal of Interactive Marketing*, 23 (2), 157-168.

Brynjolfsson, Erik, Yu Hu und Mohammad S. Rahman (2009), "Battle of the Retail Channels: How Product Selection and Geography Drive Cross-Channel Competition," *Management Science*, 55 (11), 1755-1765.

Burke, Raymond R. (2002), "Technology and the Customer Interface: What Consumers Want in the Physical and Virtual Store," *Journal of the Academy of Marketing Science*, 30 (4), 411-432.

Butcher, David (2014), "Beauty Consumer Insights," (abgerufen am 21.01. 2015), [abrufbar unter http://www.tabsgroup.com/wp-content/uploads/2014/12/TABS-WEBINAR-Beauty-Consumer-Insights-12-2014.pdf].

Cameron, A. Colin und Pravin K. Trivedi (2010), Microeconometrics Using Stata (2. Aufl.). College Station, Texas: Stata Press.

Capon, Noel, John U. Farley und Scott Hoenig (1990), "Determinants of Financial Performance: A Meta-Analysis," *Management Science*, 36 (10), 1143-1159.

Chaffe, Alan (2010), "Consumer Price Inflation by Frequency of Purchase," in Analysis in Brief Vol. Catalogue no. 11-621-M. Ottawa: Statistics Canada.

Chandler Jr., Alfred D. (2001), Strategy and Structure: Chapters in the History of the American Industrial Enterprise Cambridge: M.I.T. Press.

Chen, Yubo, Shankar Ganesan und Yong Liu (2009), "Does a Firm's Product-Recall Strategy Affect Its Financial Value? An Examination of Strategic Alternatives During Product-Harm Crises," *Journal of Marketing*, 73 (6), 214-226.

Chung, Kee H. und Stephen W. Pruitt (1994), "A Simple Approximation of Tobin's q," *The Journal of the Financial Management Association*, 23 (3), 70-74.

Coelho, Filipe, Chris Easingwood und Arnaldo Coelho (2003), "Exploratory Evidence of Channel Performance in Single vs Multiple Channel Strategies," *International Journal of Retail & Distribution Management*, 31 (11), 561-573.

Cohen, Jacob und Patricia Cohen (1983), Applied Multiple Regression/Correlation Analysis for the Behavioral Sciences (1. Aufl.). Hillsdale, New Jersey: Lawrence Erlbaum Associates.

Danaher, Brett, Samita Dhanasobhon, Michael D. Smith und Rahul Telang (2010), "Converting Pirates without Cannibalizing Purchasers: The Impact of Digital Distribution on Physical Sales and Internet Piracy," *Marketing Science*, 29 (6), 1138-1151.

Davidson, Russell und James G. MacKinnon (1989), "Testing for Consistency Using Artificial Regressions," *Econometric Theory*, 5 (3), 363-384.

Day, George (2014), "An Outside-In Approach to Resource-Based Theories," *Journal of the Academy of Marketing Science*, 42 (1), 27-28.

Day, George und Liam Fahey (1988), "Valuing Market Strategies," *Journal of Marketing*, 52 (3), 45-57.

Dechow, Patricia M., S. P. Kothari und Ross L. Watts (1998), "The Relation between Earnings and Cash Flows," *Journal of Accounting and Economics*, 25 (2), 133-168.

Degeratu, Alexandru M., Arvind Rangaswamy und Jianan Wu (2000), "Consumer Choice Behavior in Online and Traditional Supermarkets: The Effects of Brand Name, Price, and Other Search Attributes," *International Journal of Research in Marketing*, 17 (1), 55-78.

Deleersnyder, Barbara, Inge Geyskens, Katrijn Gielens und Marnik G. Dekimpe (2002), "How Cannibalistic Is the Internet Channel? A Study of the Newspaper Industry in the United Kingdom and The Netherlands," *International Journal of Research in Marketing*, 19 (4), 337-348.

Dholakia, Ruby Roy, Miao Zhao und Nikhilesh Dholakia (2005), "Multichannel Retailing: A Case Study of Early Experiences," *Journal of Interactive Marketing*, 19 (2), 63-74.

Dimensions (2007), "Syndicated Usage Attitude Research on MakeUp Skin Care in 2007." Buheira Corniche: Dimensions Research & Marketing Consultancy.

Dishman, Lydia (2012), "Site to Be Seen - Everlane.com," (abgerufen am 23.07. 2014), [abrufbar unter http://tmagazine.blogs.nytimes.com/2012/06/27/site-to-be-seen-everlane-com/?_php=true&_type=blogs&_php=true&_type=blogs&module=Search&mabReward=relbias%3Aw&_r=1&].

DMA (2005), "2005 Multichannel Marketing Report." New York, NY: The Direct Marketing Association.

Dotzel, Thomas, Venkatesh Shankar und Leonard L. Berry (2013), "Service Innovativeness and Firm Value," *Journal of Marketing Research*, 50 (2), 259-276.

DoubleClick (2006), "DoubleClick Touchpoints IV: How Digital Media Fit into Consumer Purchase Decisions.." New York: DoubleClick, Inc.

Doyle, Peter (2008), Value-Based Marketing: Marketing Strategies for Corporate Growth and Shareholder Value (2. Aufl.). Chichester: Wiley.

Drukker, David M. (2003), "Testing for Serial Correlation in Linear Panel-Data Models," *The Stata Journal*, 3 (2), 168-177.

Duden (2015), "Erfolg," (abgerufen am 05.03. 2015), [abrufbar unter http://www.duden.de/suchen/dudenonline/erfolg].

Eisenhardt, Kathleen M. und Jeffrey A. Martin (2000), "Dynamic Capabilities: What Are They?," *Strategic Management Journal*, 21 (10/11), 1105-1121.

eMarketer (2014), "US Retail Ecommerce Sales Highest for Computers, Consumer Electronics," (abgerufen am 23.07. 2014), [abrufbar unter http://www.emarketer.com/Article/US-Retail-Ecommerce-Sales-Highest-Computers-Consumer-Electronics/1010759].

Emrich, Oliver, Michael Paul und Thomas Rudolph (2015), "Shopping Benefits of Multichannel Assortment Integration and theModerating Role of Retailer Type," *Journal of Retailing*, 91 (2), 326-342.

Ernst, Eva Elisabeth (2010), "Internetblase - Erfolgsgeschichten nach Dotcom-Desaster," (abgerufen am 18.02. 2015), [abrufbar unter https://www.muenchen.ihk.de/de/WirUeberUns/Publikationen/Magazin-wirtschaft-/Aktuelle-Ausgabe-und-Archiv2/Magazin-11-2010/Politik-und-Standort/Internetblase-Erfolgsgeschichten-nach-Dotcom-Desaster].

Evaluation Unit (2007), "Public Survey Results," in Music Industry Review.

Falk, Tomas, Jeroen Schepers, Maik Hammerschmidt und Hans H. Bauer (2007), "Identifying Cross-Channel Dissynergies for Multichannel Service Providers," *Journal of Service Research*, 10 (2), 143-160.

Fama, Eugene F. (1991), "Efficient Capital Markets: II," *Journal of Finance*, 46 (5), 1575-1617.

Fang, Eric, Robert W. Palmatier und Rajdeep Grewal (2011), "Effects of Customer and Innovation Asset Configuration Strategies on Firm Performance," *Journal of Marketing Research*, 48 (3), 587-602.

Fang, Eric, Robert W. Palmatier und Jan-Benedict E. M. Steenkamp (2008), "Effect of Service Transition Strategies on Firm Value," *Journal of Marketing*, 72 (5), 1-14.

Farris, Paul W., Neil T. Bendle, Phillip E. Pfeifer und David J. Reibstein (2009), Key Marketing Metrics: The 50+ Metrics Every Manager Needs to Know (1. Aufl.). Harlow, UK: Pearson Education Limited.

Ferrell, Odies C. und Michael D. Hartline (2014), Marketing Strategy: Text and Cases (6. Aufl.). New York: South-Western Cengage Learning.

Finkelstein, Sydney und Brian K. Boyd (1998), "How Much Does the CEO Matter? The Role of Managerial Discretion in the Setting of CEO Compensation," *Academy of Management Journal*, 41 (2), 179-199.

Frazier, Gary L. (1999), "Organizing and Managing Channels of Distribution," *Journal of the Academy of Marketing Science*, 27 (2), 226-240.

Geldhof, G. John, Sunthud Pornprasertmanit, Alexander M. Schoemann und Todd D. Little (2013), "Orthogonalizing Through Residual Centering: Extended Applications and Caveats," *Educational & Psychological Measurement*, 73 (1), 27-46.

Geyskens, Inge, Katrijn Gielens und Marnik G. Dekimpe (2002), "The Market Valuation of Internet Channel Additions," *Journal of Marketing*, 66 (2), 102-119.

Gielens, Katrijn und Inge Geyskens (2012), "The Marketing-Finance Interface in Channels of Distribution Research: A Roadmap for Future Research," in *Handbook of Marketing and Finance*, Shankar Ganesan, Hrsg. 1. Aufl. Cheltenham, UK; Northampton, USA: Edward Elgar Publishing Limited.

Ginsberg, Ari und N. Venkatraman (1985), "Contingency Perspectives of Organizational Strategy: A Critical Review of the Empirical Research," *Academy of Management Review*, 10 (3), 421-434.

Greene, William H. (2012), Econometric Analysis (7. Aufl.). Upper Saddle River, New Jersey: Prentice Hall.

Grewal, Dhruv, Ramkumar Janakiraman, Kirthi Kalyanam, P. K. Kannan, Brian Ratchford, Reo Song und Stephen Tolerico (2010), "Strategic Online and Offline Retail Pricing: A Review and Research Agenda," *Journal of Interactive Marketing*, 24 (2), 138-154.

Grohmann, Bianca, Eric R. Spangenberg und David E. Sprott (2007), "The Influence of Tactile Input on the Evaluation of Retail Product Offerings," *Journal of Retailing*, 83 (2), 237-245.

Grönroos, Christian (1996), "Relationship Marketing: Strategic and Tactical Implications," *Management Decision*, 34 (3), 5-14.

Gruca, Thomas S. und Lopo L. Rego (2005), "Customer Satisfaction, Cash Flow, and Shareholder Value," *Journal of Marketing*, 69 (3), 115-130.

Gupta, Alok, Bo-chiuan Su und Zhiping Walter (2004), "An Empirical Study of Consumer Switching from Traditional to Electronic Channels: A Purchase-Decision Process Perspective," *International Journal of Electronic Commerce*, 8 (3), 131-161.

Gupta, Sunil und Valarie Zeithaml (2006), "Customer Metrics and Their Impact on Financial Performance," *Marketing Science*, 25 (6), 718-739.

Hair, Joseph F. , William C. Black, Barry J. Babin und Rolph E. Anderson (2010), Multivariate Data Analysis: A Global Perspective (7. Aufl.). Upper Saddle River, New Jersey: Pearson Education, Inc.

Hamilton, Barton H. und Jackson A. Nickerson (2003), "Correcting for Endogeneity in Strategic Management Research," *Strategic Organization*, 1 (1), 51-78.

Hausman, J. A. (1978), "Specification Tests in Econometrics," *Econometrica*, 46 (6), 1251-1271.

Hausman, Jerry A. und William E. Taylor (1981), "Panel Data and Unobservable Individual Effects," *Econometrica*, 49 (6), 1377-1398.

Hayes, Andrew F. und Klaus Krippendorff (2007), "Answering the Call for a Standard Reliability Measure for Coding Data," *Communication Methods and Measures*, 1 (1), 77-89.

Heckman, James J. (1979), "Sample Selection Bias as a Specification Error," *Econometrica*, 47 (1), 153-161.

Herhausen, Dennis, Jochen Binder, Marcus Schoegel und Andreas Herrmann (2015), "Integrating Bricks with Clicks: Retailer-Level and Channel-Level Outcomesof Online–Offline Channel Integration," *Journal of Retailing*, 91 (2), 309-325.

Hibbett Sports Inc. (2011), "Annual Report - Form 10-K." Birmingham, Alabama: Hibbett Sports Inc.

Homburg, Christian, Josef Vollmayr und Alexander Hahn (2014), "Firm Value Creation Through Major Channel Expansions: Evidence from an Event Study in the United States, Germany, and China," *Journal of Marketing*, 78 (3), 38-61.

Hoyer, Wayne D. (1984), "An Examination of Consumer Decision Making for a Common Repeat Purchase Product," *Journal of Consumer Research*, 11 (3), 822-829.

Huang, Peng, Nicholas H. Lurie und Sabyasachi Mitra (2009), "Searching for Experience on the Web: An Empirical Examination of Consumer Behavior for Search and Experience Goods," *Journal of Marketing*, 73 (2), 55-69.

Hunt, Shelby D. (2010), Marketing Theory: Foundations, Controversy, Strategy, Resource-Advantage Theory (1. Aufl.). Armonk: M.E. Sharpe.

Iacobucci, Dawn, Neela Saldanha und Xiaoyan Deng (2007), "A Meditation on Mediation: Evidence That Structural Equations Models Perform Better Than Regressions," *Journal of Consumer Psychology*, 17 (2), 139-153.

Inman, J. Jeffrey, Venkatesh Shankar und Rosellina Ferraro (2004), "The Roles of Channel-Category Associations and Geodemographics in Channel Patronage," *Journal of Marketing*, 68 (2), 51-71.

Irwin, Julie R. und Gary H. McClelland (2001), "Misleading Heuristics and Moderated Multiple Regression Models," *Journal of Marketing Research*, 38 (1), 100-109.

---- (2003), "Negative Consequences of Dichotomizing Continuous Predictor Variables," *Journal of Marketing Research*, 40 (3), 366-371.

Johnson, Palmer O. und Jerzy Neyman (1936), "Tests of Certain Linear Hypotheses and Their Application to Some Educational Problems," *Statistical Research Memoirs*, 1 (1), 57-93.

Kabadayi, Sertan, Nermin Eyuboglu und Gloria P. Thomas (2007), "The Performance Implications of Designing Multiple Channels to Fit with Strategy and Environment," *Journal of Marketing*, 71 (4), 195-211.

Keller, Kevin Lane (2010), "Brand Equity Management in a Multichannel, Multimedia Retail Environment," *Journal of Interactive Marketing*, 24 (2), 58-70.

---- (1993), "Conceptualizing, Measuring, and Managing Customer-Based Brand Equity," *Journal of Marketing*, 57 (1), 1-22.

Kilcourse, Brian und Steve Rowen (2008), "Finding the Integrated Multi-Channel Retailer." Miami: Retail Systems Research.

Kim, Eonsoo, Dae-il Nam und J. L. Stimpert (2004), "The Applicability of Porter's Generic Strategies in the Digital Age: Assumptions, Conjectures, and Suggestions," *Journal of Management*, 30 (5), 569-589.

Kirca, Ahmet H., Satish Jayachandran und William O. Bearden (2005), "Market Orientation: A Meta-Analytic Review and Assessment of Its Antecedents and Impact on Performance," *Journal of Marketing*, 69 (2), 24-41.

Klarmann, Martin (2008), Methodische Problemfelder der Erfolgsfaktorenforschung: Bestandsaufnahme und empirische Analysen (1. Aufl.). Wiesbaden: Gabler.

Kleijnen, Mirella, Ko de Ruyter und Martin Wetzels (2007), "An Assessment of Value Creation in Mobile Service Delivery and the Moderating Role of Time Consciousness," *Journal of Retailing*, 83 (1), 33-46.

Knapp, Ann-Kristin, Thorsten Hennig-Thurau und Juliane Mathys (2014), "The Importance of Reciprocal Spillover Effects for the Valuation of Bestseller Brands: Introducing and Testing a Contingency Model," *Journal of the Academy of Marketing Science*, 42 (2), 205-221.

Kotler, Philip, Kevin Lane Keller, Mairead Brady, Malcolm Goodman und Torben Hansen (2012), Marketing Management (14. Aufl.). Upper Saddle River, New Jersey: Pearson Education Limited.

Kozlenkova, Irina, Stephen Samaha und Robert Palmatier (2014), "Resource-Based Theory in Marketing," *Journal of the Academy of Marketing Science*, 42 (1), 1-21.

Krasnikov, Alexander, Saurabh Mishra und David Orozco (2009), "Evaluating the Financial Impact of Branding Using Trademarks: A Framework and Empirical Evidence," *Journal of Marketing*, 73 (6), 154-166.

Krippendorff, Klaus (2004), Content Analysis: An Introduction to Its Methodology (2. Aufl.). Thousand Oaks, California: SAGE Publications, Inc.

Krishna, Aradhna (2012), "An Integrative Review of Sensory Marketing: Engaging the Senses to Affect Perception, Judgment and Behavior," *Journal of Consumer Psychology*, 22 (3), 332-351.

Kugler, Kari C., Jessica B. Trail, John J. Dziak und Linda M. Collins (2014), "Effect Coding versus Dummy Coding in Analysis of Data from Factorial Experiments," Vol. 12. State College, PA: The Pennsylvania State University.

Kumar, V., Eli Jones, Rajkumar Venkatesan und Robert P. Leone (2011), "Is Market Orientation a Source of Sustainable Competitive Advantage or Simply the Cost of Competing?," *Journal of Marketing*, 75 (1), 16-30.

Kushwaha, Tarun und Venkatesh Shankar (2013), "Are Multichannel Customers Really More Valuable? The Moderating Role of Product Category Characteristics," *Journal of Marketing*, 77 (4), 67-85.

Kwon, Wi-Suk und Sharron J. Lennon (2009), "Reciprocal Effects Between Multichannel Retailers' Offline and Online Brand Images," *Journal of Retailing*, 85 (3), 376-390.

Lal, Rajiv und Miklos Sarvary (1999), "When and How Is the Internet Likely to Decrease Price Competition?," *Marketing Science*, 18 (4), 485-503.

Lance, Charles E. (1988), "Residual Centering, Exploratory and Confirmatory Moderator Analysis, and Decomposition of Effects in Path Models Containing Interactions," *Applied Psychological Measurment*, 12 (2), 163-175.

Lane, Vicki und Robert Jacobson (1995), "Stock market reactions to brand extension announcements: The effects of brand attitude and Familiarity," *Journal of Marketing*, 59 (1), 63-77.

Lee, Ruby P. und Rajdeep Grewal (2004), "Strategic Responses to New Technologies and Their Impact on Firm Performance," *Journal of Marketing*, 68 (4), 157-171.

Lehmann, Donald R. und David J. Reibstein (2006), Marketing Metrics and Financial Performance (1. Aufl.). Cambridge, Massachusetts: Marketing Science Institute.

Levy, Michael und Barton A. Weitz (2009), Retailing Management (7. Aufl.). New York: The McGraw-Hill/Irwin Companies, Inc.

Lockett, Andy und Steve Thompson (2001), "The Resource-Based View and Economics," *Journal of Management*, 27 (6), 723-754.

Luan, Y. Jackie und K. Sudhir (2010), "Forecasting Marketing-Mix Responsiveness for New Products," *Journal of Marketing Research*, 47 (3), 444-457.

Macé, Sandrine und Scott A. Neslin (2004), "The Determinants of Pre- and Postpromotion Dips in Sales of Frequently Purchased Goods," *Journal of Marketing Research*, 41 (3), 339-350.

Makadok, Richard (2001), "Toward a Synthesis of the Resource-Based and Dynamic-Capability Views of Rent Creation," *Strategic Management Journal*, 22 (5), 387-401.

McCabe, Deborah Brown und Stephen M. Nowlis (2003), "The Effect of Examining Actual Products or Product Descriptions on Consumer Preference," *Journal of Consumer Psychology (Lawrence Erlbaum Associates)*, 13 (4), 431-439.

McCarthy, Jerome E. (1960), Basic Marketing. A Managerial Approach. (1. Aufl.). Homewood, IL: Richard D. Irwin.

McGahan, Anita M. und Michael E. Porter (1997), "How Much Does Industry Matter, Really?," *Strategic Management Journal*, 18 (3), 15-30.

Meffert, Heribert (1986), Marketing : Grundlagen der Absatzpolitik ; mit Fallstudien Einführung und Relaunch des VW-Golf (1. Aufl.). Wiesbaden: Gabler.

Meffert, Heribert, Christoph Burmann und Manfred Kirchgeorg (2008), Marketing: Grundlagen marktorientierter Unternehmensführung; Konzepte, Instrumente, Praxisbeispiele (10. Aufl.). Wiesbaden: Gabler.

Min, Sungwook und Mary Wolfinbarger (2005), "Market Share, Profit Margin, and Marketing Efficiency of Early Movers, Bricks and Clicks, and Specialists in E-commerce," *Journal of Business Research*, 58 (8), 1030-1039.

Mintzberg, Henry (1978), "Patterns in Strategy Formation," *Management Science*, 24 (9), 934-948.

Mintzberg, Henry, Bruce Ahlstrand und Joseph Lampel (2009), Strategy Safari - The Complete Guide through the Wilds of Strategic Management (2. Aufl.). Harlow ; Munich [u.a.]: Financial Times, Prentice Hall.

Montoya-Weiss, Mitzi M., Glenn B. Voss und Dhruv Grewal (2003), "Determinants of Online Channel Use and Overall Satisfaction With a Relational, Multichannel Service Provider," *Journal of the Academy of Marketing Science*, 31 (4), 448-458.

Morgan, Neil (2012), "Marketing and Business Performance," *Journal of the Academy of Marketing Science*, 40 (1), 102-119.

Morgan, Neil A. und Lopo L. Rego (2009), "Brand Portfolio Strategy and Firm Performance," *Journal of Marketing*, 73 (1), 59-74.

Murray, Michael P. (2006), "Avoiding Invalid Instruments and Coping with Weak Instruments," *Journal of Economic Perspectives*, 20 (4), 111-132.

Narver, John C. und Stanley F. Slater (1990), "The Effect of a Market Orientation on Business Profitability," *Journal of Marketing*, 54 (4), 20-35.

Nelson, Phillip (1970), "Information and Consumer Behavior," *Journal of Political Economy*, 78 (2), 311.

Neslin, Scott A., Dhruv Grewal, Robert Leghorn, Venkatesh Shankar, Marije L. Teerling, Jacquelyn S. Thomas und Peter C. Verhoef (2006), "Challenges and Opportunities in Multichannel Customer Management," *Journal of Service Research*, 9 (2), 95-112.

Neslin, Scott A. und Venkatesh Shankar (2009), "Key Issues in Multichannel Customer Management: Current Knowledge and Future Directions," *Journal of Interactive Marketing*, 23 (1), 70-81.

Ngobo, Paul-Valentin, Jean-François Casta und Olivier Ramond (2012), "Is Customer Satisfaction a Relevant Metric for Financial Analysts?," *Journal of the Academy of Marketing Science*, 40 (3), 480-508.

Nickell, Stephen (1981), "Biases in Dynamic Models with Fixed Effects," *Econometrica*, 49 (6), 1417-1426.

Oh, Lih-Bin, Hock-Hai Teo und Vallabh Sambamurthy (2012), "The Effects of Retail Channel Integration through the Use of Information Technologies on Firm Performance," *Journal of Operations Management*, 30 (5), 368-381.

Ohmae, Kenichi (1991), The Mind Of The Strategist: The Art of Japanese Business (1. Aufl.). New York: McGraw-Hill.

---- (1983), "The "Strategic Triangle" and Business Unit Strategy," *McKinsey Quarterly* (4), 9-24.

Oliver, Richard L. (2010), Satisfaction: A Behavioral Perspective on the Consumer (2. Aufl.). New York: M.E. Sharpe.

Pan, Xing, Brian T. Ratchford und Venkatesh Shankar (2006), "Service and Price Competition between Horizontally Differentiated Sellers: Implications for Internet versus Bricks-and-Mortar Retailing," Texas A&M University.

Paul, Michael (2008), Theoriebildung im Marketing: Das Wiederkaufverhalten bei Dienstleistungen (1. Aufl.). Lohmar, Köln: Josef Eul Verlag.

Pauwels, Koen H. und Scott A. Neslin (2015), "Building with Bricks and Mortar: The Revenue Impact of Opening Physical Stores in a Multichannel Environment," *Journal of Retailing*, 91 (2), 182-197.

Pearce, John A. und Richard B. Robinson (2011), Strategic Management: Formulation, Implementation, and Control (12. Aufl.): Boston, MA : McGraw-Hill/Irwin.

Peck, Joann (2009), "Does Touch Matter? Insights from Haptic Research in Marketing," in *Sensory Marketing: A Confluence of Psychology, Neuroscience and Consumer Behavior Research*, Aradhna Krishna, Hrsg. 1. Aufl. New York: Psychology Press/Routledge.

Peck, Joann und Terry L. Childers (2003), "To Have and To Hold: The Influence of Haptic Information on Product Judgments," *Journal of Marketing*, 67 (2), 35-48.

Pentina, Iryna, Lou E. Pelton und Ronald W. Hasty (2009), "Performance Implications of Online Entry Timing by Store-Based Retailers: A Longitudinal Investigation," *Journal of Retailing*, 85 (2), 177-193.

Peteraf, Margaret A. und Jay B. Barney (2003), "Unraveling the Resource-Based Tangle," *Managerial and Decision Economics*, 24 (4), 309-323.

Petersen, J. Andrew, Leigh McAlister, David J. Reibstein, Russell S. Winer, V. Kumar und Geoff Atkinson (2009), "Choosing the Right Metrics to Maximize Profitability and Shareholder Value," *Journal of Retailing*, 85 (1), 95-111.

Porter, Michael E. (2004), Competitive Strategy: Techniques for Analyzing Industries and Competitors (Export Aufl.). New York [u.a.]: Free Press.

---- (1991), "Towards A Dynamic Theory of Strategy," *Strategic Management Journal*, 12 (2), 95-117.

---- (1996), "What Is Strategy?," *Harvard Business Review*, 74 (6), 61-78.

Prais, Sigbert und Christopher B. Winsten (1954), "Trend Estimators and Serial Correlation," *Cowles Commission Discussion Paper*, 383, 1-26.

Preacher, Kristopher J., Patrick J. Curran und Daniel J. Bauer (2014), "Simple Intercepts, Simple Slopes, and Regions of Significance in MLR 2-Way Interactions " (abgerufen am 07.10. 2014), [abrufbar unter http://www.quantpsy.org/interact/mlr2.htm].

Proppe, Dennis (2007), "Endogenität und Instrumentenschätzer," in *Methodik der empirischen Forschung*, Sönke Albers und Daniel Klappe und Udo Konradt und Achim Walter und Joachim Wolf, eds. 2. Aufl. Wiesbaden: Gabler.

Quelch, John A. und Lisa R. Klein (1996), "The Internet and International Marketing," *Sloan Management Review*, 37 (3), 60-75.

Quinn, James B., Henry Mintzberg und Robert M. James (2002), The Strategy Process: Concepts, Contexts and Cases (4. Aufl.). New Jersey: Prentice Hall.

Raithel, Sascha, Marko Sarstedt, Sebastian Scharf und Manfred Schwaiger (2012), "On the Value Relevance of Customer Satisfaction. Multiple Drivers and Multiple Markets," *Journal of the Academy of Marketing Science*, 40 (4), 509-525.

Rangaswamy, Arvind und Gerrit H. Van Bruggen (2005), "Opportunities and Challenges in Multichannel Marketing: An Introduction to the Special Issue," *Journal of Interactive Marketing*, 19 (2), 5-11.

Rappaport, Alfred (1998), Creating Shareholder Value: A Guide for Managers and Investors (2. Aufl.). New York: The Free Press.

Rhee, Hongjai und David R. Bell (2002), "The Inter-Store Mobility of Supermarket Shoppers," *Journal of Retailing*, 78 (4), 225-237.

Rigby, Chloe (2014), "How Multichannel Is Providing Answers for Top UK Retailers," (abgerufen am 23.07. 2014), [abrufbar unter http://internetretailing.net/2014/04/how-multichannel-is-providing-all-the-answers-for-top-uk-retailers/].

Rindfleisch, Aric und Jan B. Heide (1997), "Transaction Cost Analysis: Past, Present, and Future Applications," *Journal of Marketing*, 61 (4), 30-54.

Rosenbloom, Bert (2013), Marketing Channels: A Management View (8. Aufl.). Toronto: South-Western, Cengage Learning.

Rossi, Peter E. (2014), "Even the Rich Can Make Themselves Poor: A Critical Examination of IV Methods in Marketing Applications," *Marketing Science*, 33 (5), 655-672.

Ruddick Corp (2011), "Annual Report - Form 10-K." Charlotte, North Carolina: Ruddick Corp.

Ruekert, Robert W., Orville C. Walker Jr. und Kenneth J. Roering (1985), "The Organization of Marketing Activities: A Contingency Theory of Structure and Performance," *Journal of Marketing*, 49 (1), 13-25.

Rust, Roland T., Tim Ambler, Gregory S. Carpenter, V. Kumar und Rajendra K. Srivastava (2004), "Measuring Marketing Productivity: Current Knowledge and Future Directions," *Journal of Marketing*, 68 (4), 76-89.

Rust, Roland T. und Bruce Cooil (1994), "Reliability Measures for Qualitative Data: Theory and Implications," *Journal of Marketing Research (JMR)*, 31 (1), 1-14.

Rust, Roland T., Katherine N. Lemon und Valarie A. Zeithaml (2004), "Return on Marketing: Using Customer Equity to Focus Marketing Strategy," *Journal of Marketing*, 68 (1), 109-127.

Sa Vinhas, Alberto und Erin Anderson (2005), "How Potential Conflict Drives Channel Structure: Concurrent (Direct and Indirect) Channels," *Journal of Marketing Research*, 42 (4), 507-515.

Sanburn, Josh (2011), "5 Reasons Borders Went Out of Business (and What Will Take Its Place)," (abgerufen am 19.09. 2014), [abrufbar unter http://business.time.com/2011/07/19/5-reasons-borders-went-out-of-business-and-what-will-take-its-place/].

Scheimann, Thorsten (2011), "Produktlebenszyklen: Immer schneller neuer," (abgerufen am 17.02. 2015), [abrufbar unter http://www.tagesspiegel.de/wirtschaft/produktlebenszyklen-immer-schneller-neuer/4041756.html].

Schulz, Ann-Christine (2011), Die Rolle der Finanzanalysten bei der Verbreitung von Managementkonzepten (1. Aufl.). Wiesbaden: Gabler.

Sexton Jr., Donald E. (1970), "Estimating Marketing Policy Effects on Sales of A Frequently Purchased Product," *Journal of Marketing Research*, 7 (3), 338-347.

Shankar, Venkatesh, Alladi Venkatesh, Charles Hofacker und Prasad Naik (2010), "Mobile Marketing in the Retailing Environment: Current Insights and Future Research Avenues," *Journal of Interactive Marketing*, 24 (2), 111-120.

Siccode.com (2014), "SIC Codes," (abgerufen am 10.12. 2014), [abrufbar unter http://siccode.com/en/codes/sic/52-59/retail-trade].

Soltes, Eugene (2014), "Incorporating Field Data into Archival Research," *Journal of Accounting Research*, 52 (2), 521-540.

Spiller, Stephen A., Gavan J. Fitzsimons, John G. Lynch Jr und Gary H. McClelland (2013), "Spotlights, Floodlights, and the Magic Number Zero: Simple Effects Tests in Moderated Regression," *Journal of Marketing Research*, 50 (2), 277-288.

Srinivasan, Shuba und Dominique M. Hanssens (2009), "Marketing and Firm Value: Metrics, Methods, Findings, and Future Directions," *Journal of Marketing Research*, 46 (3), 293-312.

Srinivasan, Shuba, Koen Pauwels, Jorge Silva-Risso und Dominique M. Hanssens (2009), "Product Innovations, Advertising, and Stock Returns," *Journal of Marketing*, 73 (1), 24-43.

Srivastava, Rajenda K., Tasadduq A. Shervani und Liam Fahey (1998), "Market-Based Assets and Shareholder Value: A Framework for Analysis," *Journal of Marketing*, 62 (1), 2-18.

Standard & Poor's (2002), "Standard & Poor's Research Insight: Getting Started (North America)." Englewood, CO: Standard & Poor's.

Stern, Louis W. und Torger Reve (1980), "Distribution Channels as Political Economies: A Framework for Comparative Analysis," *Journal of Marketing*, 44 (3), 52-64.

Stock, Ruth, Bjoern Six und Nicolas Zacharias (2013), "Linking Multiple Layers of Innovation-Oriented Corporate Culture, Product Program Innovativeness, and Business Performance: a Contingency Approach," *Journal of the Academy of Marketing Science*, 41 (3), 283-299.

Tang, Fang-Fang und Xiaolin Xing (2001), "Will the Growth of Multi-Channel Retailing Diminish the Pricing Efficiency of the Web?," *Journal of Retailing*, 77 (3), 319-333.

Teece, David J., Gary Pisano und Amy Shuen (1997), "Dynamic Capabilities and Strategic Management," *Strategic Management Journal*, 18 (7), 509-533.

Thomson Reuters (2014), "Journal Citation Reports," (abgerufen am 10.03. 2015), [abrufbar unter http://wokinfo.com/products_tools/analytical/jcr/].

Tobin, James (1969), "A General Equilibrium Approach To Monetary Theory," *Journal of Money, Credit & Banking*, 1 (1), 15-29.

U.S. Department of Labor (2015), "Wholesale Trade-Durable Goods and Wholesale Trade-Non-Durable Goods," (abgerufen am 21.01. 2015), [abrufbar unter https://www.osha.gov/pls/imis/sic_manual.display?id=43&tab=group; https://www.osha.gov/pls/imis/sic_manual.display?id=44&tab=group].

University of Virginia (2014), "1994 - 2008 - 14 Years of Web Statistics at U.Va!," (abgerufen am 21.01. 2015), [abrufbar unter http://www.virginia.edu/virginia/archive/webstats.html].

Urbany, Joel E. und Peter R. Dickson (1991), "Consumer Normal Price Estimation: Market versus Personal Standards," *Journal of Consumer Research*, 18 (1), 45-51.

US Census Bureau (2012), "Computer and Internet Access in the united States: 2012," (abgerufen am 25.09. 2014), [abrufbar unter https://www.census.gov/hhes/computer/publications/2012.html].

Uslay, Can, Z. Ayca Altinig und Robert D. Winsor (2010), "An Empirical Examination of the "Rule of Three": Strategy Implications for Top Management, Marketers, and Investors," *Journal of Marketing*, 74 (2), 20-39.

Van Tripj, Hans C. M., Wayne D. Hoyer und J. Jeffrey Inman (1996), "Why Switch? Product Category-Level Explanations for True Variety-Seeking Behavior," *Journal of Marketing Research*, 33 (3), 281-292.

Vanhuele, Marc und Xavier Drèze (2002), "Measuring the Price Knowledge Shoppers Bring to the Store," *Journal of Marketing*, 66 (4), 72-85.

Venkatesan, Rajkumar, V. Kumar und Nalini Ravishanker (2007), "Multichannel Shopping: Causes and Consequences," *Journal of Marketing*, 71 (2), 114-132.

Venkatraman, N. (1989), "The Concept of Fit in Strategy Research: Toward Verbal and Statistical Correspondence," *Academy of Management Review*, 14 (3), 423-444.

Verhoef, Peter C., P. K. Kannan und J. Jeffrey Inman (2015), "From Multi-Chanel Retailing to Omni-Channel Retailing: Introduction to the Special Issue on Multi-Channel Retailing," *Journal of Retailing*, 91 (2), 174-181.

VHB (2015), "Alphabetische Gesamtliste der Fachzeitschriften in VHB-JOURQUAL3," (abgerufen am 10.03. 2015), [abrufbar unter http://vhbonline.org/service/jourqual/vhb-jourqual-3/gesamtliste/].

Vorhies, Douglas W. und Neil A. Morgan (2003), "A Configuration Theory Assessment of Marketing Organization Fit with Business Strategy and Its Relationship with Marketing Performance," *Journal of Marketing*, 67 (1), 100-115.

Vorhies, Douglas W., Robert E. Morgan und Chad W. Autry (2009), "Product-Market Strategy and the Marketing Capabilities of the Firm: Impact on Market Effectiveness and Cash Flow Performance," *Strategic Management Journal*, 30 (12), 1310-1334.

Walker, Orville C. und Robert W. Ruekert (1987), "Marketing's Role in the Implementation of Business Strategies: A Critical Review and Conceptual Framework," *Journal of Marketing*, 51 (3), 15-33.

Wallace, David W., Joan L. Giese und Jean L. Johnson (2004), "Customer Retailer Loyalty in the Context of Multiple Channel Strategies," *Journal of Retailing*, 80 (4), 249-263.

Welge, Martin K. und Andreas Al-Laham (2012), Strategisches Management: Grundlagen, Prozess, Implementierung (6. Aufl.). Wiesbaden: Springer Gabler.

Wernerfelt, Birger (1984), "A Resource-Based View of the Firm," *Strategic Management Journal*, 5 (2), 171-180.

Wernerfelt, Birger und Cynthia A. Montgomery (1988), "Tobin's q and the Importance of Focus in Firm Performance," *American Economic Review*, 78 (1), 246-250.

White, Halbert und Xun Lu (2010), "Robustness Checks and Robustness Tests in Applied Economics." San Diego, California: Department of Economics.

Wooldridge, Jeffrey M. (2010), Econometric Analysis of Cross Section and Panel Data (2. Aufl.). Cambridge, Massachusetts: The MIT Press.

---- (2009), Introductory Econometrics. A Modern Approach (4. Aufl.). Mason: South-Western.

Xia, Yusen und G. Peter Zhang (2010), "The Impact of the Online Channel on Retailers' Performances: An Empirical Evaluation," *Decision Sciences*, 41 (3), 517-546.

Xu, Jiao, Chris Forman, Jun B. Kim und Koert Van Ittersum (2014), "News Media Channels: Complements or Substitutes? Evidence from Mobile Phone Usage," *Journal of Marketing*, 78 (4), 97-112.

Yadav, Manjit S. und Paul A. Pavlou (2014), "Marketing in Computer-Mediated Environments: Research Synthesis and New Directions," *Journal of Marketing*, 78 (1), 20-40.

Yarbrough, Larry, Neil A. Morgan und Douglas W. Vorhies (2011), "The Impact of Product Market Strategy-Organizational Culture Fit on Business Performance," *Journal of the Academy of Marketing Science*, 39 (4), 555-573.

Zentes, Joachim, Dirk Morschett und Hanna Schramm-Klein (2011), Strategic Retail Management: Text and International Cases (1. Aufl.). Wiesbaden: Gabler.

Zhang, Jie, Paul W. Farris, John W. Irvin, Tarun Kushwaha, Thomas J. Steenburgh und Barton A. Weitz (2010), "Crafting Integrated Multichannel Retailing Strategies," *Journal of Interactive Marketing*, 24 (2), 168-180.

Zhang, Xubing (2009), "Retailers' Multichannel and Price Advertising Strategies," *Marketing Science*, 28 (6), 1080-1094.

MARKETING UND MEDIEN

Herausgegeben von Prof. Dr. Thorsten Hennig-Thurau, Münster

Band 3
Georg Puchner
Kundenbindung durch Relationship Marketing-Instrumente
Lohmar – Köln 2011 • 348 S. • € 63,- (D) • ISBN 978-3-8441-0094-5

Band 4
André Marchand
Empfehlungssysteme für Gruppen – Entscheidungsunterstützung für den gemeinsamen Konsum hedonischer Produkte
Lohmar – Köln 2012 • 308 S. • € 59,- (D) • ISBN 978-3-8441-0116-4

Band 5
Anne Berit Knaevelsrud
Bindungs- und Bewältigungsreaktionen von Konsumenten nach dem Ende von Markenbeziehungen – Eine Studie am Beispiel von High-Involvementgütern
Lohmar – Köln 2012 • 248 S. • € 56,- (D) • ISBN 978-3-8441-0214-7

Band 6
Paul Marx
Providing Actionable Recommendations – A Movie Recommendation Algorithm with Explanation Capability
Lohmar – Köln 2013 • 240 S. • € 56,- (D) • ISBN 978-3-8441-0215-4

Band 7
Torsten Heitjans
Der Markenwert von Spielfilmen
Lohmar – Köln 2015 • 248 S. • € 56,- (D) • ISBN 978-3-8441-0391-5

Band 8
Julia Vogel
Internet Kills the Physical Store!? – Der Einfluss einer Multikanalstrategie auf den Unternehmenserfolg im Vergleich zur internetbasierten oder stationären Einkanalstrategie: Empirische Überprüfung eines Kontingenzmodells
Lohmar – Köln 2015 • 252 S. • € 57,- (D) • ISBN 978-3-8441-0426-4

JOSEF EUL VERLAG